Seawater Seasand
Ultra High Performance Concrete

海水海砂
超高性能混凝土

李田雨　刘小艳　包腾飞◎著

河海大学出版社
HOHAI UNIVERSITY PRESS
·南京·

内 容 简 介

本书旨在响应国家“海洋强国”战略，以我国河砂资源匮乏、传统海砂混凝土结构力学与耐久性问题突出、混凝土结构服役环境恶劣为出发点，结合海砂混凝土及超高性能混凝土材料的研究发展现状，介绍了使用海水海砂制备兼具优异力学性能与耐久性的海水海砂超高性能混凝土，具体包括海水海砂超高性能混凝土的制备、早期性能、力学性能、耐久性能及工程应用研究。

本书可供与建筑材料及海洋工程相关的技术人员阅读使用，也可作为高等工科院校土木、港航、材料及海洋等相关专业科研人员的参考用书。

图书在版编目(CIP)数据

海水海砂超高性能混凝土/李田雨，刘小艳，包腾飞著. —南京：河海大学出版社，2022.12(2023.4 重印)

ISBN 978-7-5630-7898-1

Ⅰ.①海… Ⅱ.①李… ②刘… ③包… Ⅲ.①海水—砂—高强混凝土 Ⅳ.①TU528.31

中国版本图书馆 CIP 数据核字(2022)第 246909 号

书　　名/海水海砂超高性能混凝土
HAISHUI HAISHA CHAOGAO XINGNENG HUNNINGTU
书　　号/ISBN 978-7-5630-7898-1
责任编辑/杜文渊
特约校对/李　浪　杜彩平
装帧设计/徐娟娟
出版发行/河海大学出版社
地　　址/南京市西康路 1 号(邮编:210098)
电　　话/(025)83737852(行政部)　(025)83722833(营销部)
(025)83787763(编辑室)
经　　销/江苏省新华发行集团有限公司
排　　版/南京月叶图文制作有限公司
印　　刷/广东虎彩云印刷有限公司
开　　本/787 毫米×1092 毫米　1/16
印　　张/15
字　　数/270 千字
版　　次/2022 年 12 月第 1 版
印　　次/2023 年 4 月第 2 次印刷
定　　价/78.00 元

前　言

超高性能混凝土具有超高强、高韧性、高耐久性及微裂缝强自愈合能力等优良特性，在国内主要应用在桥梁工程中，在国际上主要应用于高层建筑、大跨桥梁、海洋工程、水利工程、核电工程和特种结构中。随着建筑河砂资源短缺的日益严重，海洋工程以及近海区域淡水资源的匮乏，建筑河砂的巨大缺口和远程输送淡水资源的昂贵成本是必须正视的重大资源问题。海砂混凝土在近海地区具有显著的原材料资源优势，但普通海砂混凝土的力学性能与耐久性不足，海砂混凝土制备中仍然需要通过海水海砂淡化处理、添加氯离子固化剂、使用缓蚀剂或者其他缓蚀材料等方式来提升混凝土的各项性能指标，增加了成本与工序。海水与海砂中氯离子在混凝土中扩散、结合及游离氯离子引起的钢筋锈蚀问题是阻碍海砂混凝土应用的主要难题。2020 年 9 月，中国就明确提出 2030 年“碳达峰”与 2060 年“碳中和”的目标，“双碳”战略倡导绿色、环保、低碳的生活方式。加快降低碳排放步伐，有利于引导绿色技术创新，提高产业和经济的全球竞争力。建筑材料的生产尤其是水泥的生产过程中会产生大量的二氧化碳，如何在建筑材料中降低水泥用量，抑或大掺量使用固废，对“双碳”目标的实现意义重大。为此，本书基于超高性能混凝土制备理念，在胶凝材料中掺入粉煤灰、硅灰等工业废渣替代部分水泥形成“多元胶凝体系”；使用海砂替代传统的河砂作为细骨料并结合短切钢纤维形成混凝土材料中的“骨架”；进一步地使用海水替代淡水，采用超低水胶比并引入高性能聚羧酸减水剂来改善混凝土的和易性；通过高温热水养护技术，成功制备了海水海砂超高性能混凝土材料。

该混凝土材料解决了普通海砂混凝土力学性能差，侵蚀性离子（如氯离子、钠离子、硫酸根离子、镁离子、钙离子等）易破坏水泥砂浆以及锈蚀内部钢筋，最终造成混凝土结构开裂甚至倒塌的问题。制备的海水海砂超高性能混凝土具备优异的力学性能，同时表现出优异的耐久性，尤其是抗氯离子侵蚀性能，在海洋环境实地测试中表现出优异的服役效果。

全书可分为9章,其中:

第1章为绪论,介绍了超高性能混凝土与海砂混凝土的发展概况,同时介绍了本书的研究内容、研究思路和技术路线。

第2章为海水海砂超高性能混凝土的设计与制备,基于超高性能混凝土的制备理念,合理使用丰富的海水海砂资源,同时简化混凝土原材料种类、充分利用工业废渣等矿物掺合料,制备出具有优异力学特征与耐久性能的海水海砂超高性能混凝土。

第3章为海水海砂超高性能混凝土的早期工作性及物理性能研究,具体研究了新拌浆体的工作性差异及硬化过程中混凝土材料的物理、化学特征变化。

第4章为海水海砂超高性能混凝土的力学性能研究,力学性能是混凝土材料最重要的性能之一,本章从宏观力学性能与细观力学特征角度对比研究了海水海砂超高性能混凝土与淡水河砂超高性能混凝土的差异。

第5章为海水海砂超高性能混凝土的耐久性能研究,从抗盐冻、抗氯盐侵蚀、混凝土材料对内置钢筋的护筋性能、耐火性能、抗碳化性能以及抗硫酸盐侵蚀性能几个方面展开。同时通过微观表征技术探明海水海砂超高性能混凝土的抗侵蚀机理。

第6章为海水海砂超高性能混凝土的应用研究,针对海洋环境恶劣的服役环境与桥梁工程中刚柔复合铺装存在的问题,分别进行了海洋环境服役效果研究、海水海砂超高性能混凝土刚柔复合铺装的制备与结构特征研究。

第7章为海水海砂超高性能混凝土与淡水河砂超高性能混凝土性能差异的机理研究,对比分析了两种超高性能混凝土材料的力学与耐久性差异,同时基于微观表征技术探究力学与耐久性差异的机理。

第8章为X-CT技术在海水海砂超高性能混凝土研究中的应用,具体讨论了基于CT技术建模分析在海水海砂超高性能混凝土研究中的便捷性与技术难点。

第9章为海水海砂超高性能混凝土研究的思考与展望,是本书研究的总结,同时提出本研究工作目前存在的问题与对未来工作的展望。

本书的主要研究工作在河海大学完成,部分试验在中国科学院海洋研究所、长江水利委员会长江科学院、高性能土木工程材料国家重点实验室完成,本工作是在江苏省科技计划项目——碳达峰碳中和科技创新专项资金[重大科技示范：(城市多源固体废弃物负碳资源化利用技术研究与重大科技示范)项目(BE2022605)的资助下完成的]。本书主要由李田雨、刘小艳、包腾飞撰写，吕凯、左俊卿、刘睿丹、解宪、杨恒、刘大智、石芳荧等参加了有关的研究工作。本书稿在定稿出版过程中得到了吴春颖、田惠文等的指导和帮助，特此致谢。本书中的疏漏和不当之处，诚恳期望读者批评指正，以便后续补充完善。

李田雨　刘小艳　包腾飞

2022 年 9 月

目　录

第 1 章　绪论 …… 001

1.1　海水海砂混凝土的研究背景和意义 …… 001

1.2　超高性能混凝土的发展概况 …… 004

1.3　海砂混凝土的发展概况 …… 020

1.4　混凝土的耐久性机理研究 …… 026

1.5　X-CT 技术在超高性能混凝土研究中的应用 …… 031

1.6　存在问题与研究内容 …… 034

第 2 章　海水海砂超高性能混凝土的设计与制备 …… 039

2.1　SSUHPC 的设计 …… 039

2.2　SSUHPC 的原材料与制备 …… 045

2.3　结论 …… 051

第 3 章　海水海砂超高性能混凝土的早期工作性及物理性能研究 …… 053

3.1　水化热研究 …… 054

3.2　黏度与流动度研究 …… 058

3.3　自收缩研究 …… 061

3.4　混凝土孔隙液 pH 值变化 …… 063

3.5　混凝土中自由氯离子含量变化 …… 066

3.6　结论 …… 068

第 4 章　海水海砂超高性能混凝土的力学性能研究 …… 070

4.1　抗压强度测试 …… 070

4.2　抗折强度测试 …… 072

4.3　维氏硬度测试 …… 074

4.4 结论 …… 076

第 5 章 海水海砂超高性能混凝土的耐久性能研究 …… 078

5.1 SSUHPC 的抗冻性能 …… 080

5.2 SSUHPC 的抗氯盐侵蚀性能 …… 083

5.3 SSUHPC 的护筋性能 …… 085

5.4 SSUHPC 的耐火性能 …… 087

5.5 SSUHPC 的抗碳化性能 …… 097

5.6 SSUHPC 的抗硫酸盐侵蚀性能 …… 109

5.7 结论 …… 131

第 6 章 海水海砂超高性能混凝土的应用研究 …… 133

6.1 南海海洋环境中 SSUHPC 的服役性研究 …… 134

6.2 SSUHPC/FRUHPC 钢桥面刚柔复合铺装材料的抗疲劳性能研究 …… 143

6.3 结论 …… 155

第 7 章 海水海砂超高性能混凝土与淡水河砂超高性能混凝土性能差异的机理研究 …… 157

7.1 SSUHPC 与 FRUHPC 的力学性能与耐久性能对比 …… 158

7.2 SSUHPC 与 FRUHPC 性能差异的机理研究 …… 160

7.3 结论 …… 170

第 8 章 X-CT 技术在海水海砂超高性能混凝土研究中的应用 …… 172

8.1 X-CT 测试原理与 SSUHPC 原始数据的获取 …… 172

8.2 X-CT 切片数据的导入与预处理 …… 176

8.3 SSUHPC 三维模型的建立 …… 180

8.4 结论 …… 206

第 9 章 海水海砂超高性能混凝土研究的思考与展望 …… 207

9.1 关于 SSUHPC 研究工作的思考 …… 208

9.2 展望 …… 212

参考文献 …… 214

第 1 章
绪　论

1.1　海水海砂混凝土的研究背景和意义

1.1.1　研究背景

长江河道禁采、黄河禁采、珠江禁采、汉江禁采……国内用砂紧张的现象愈演愈烈。2018 年 4 月 26 日在深入推动长江经济经济带发展座谈会上，习近平总书记提出“共抓大保护，不搞大开发”[1]。2018 年 6 月，水利部办公厅发布了《关于开展全国河湖采砂专项治理行动的通知》(办建管函〔2018〕685 号)，该通知旨在进一步加强对河湖采砂的管理，打击非法采砂行为，保护河湖的“健康生活”，如图 1-1(a)所示。建筑河砂日益短缺的问题直接造成建筑工程停工，为了抢占河砂资源，工程用河砂的价格暴涨，仍缺口巨大，工程用河砂的短缺问题必须得到高度的重视；建筑用砂的开采已经逐渐转向海洋环境，有序开发、研究、利用丰富的海砂资源作为建筑骨料已经成为必然的发展趋势，如图 1-1(b)所示；研究开发海砂混凝土，既可以缓解河砂过度开采造成的环境问题，又能确保河道的稳定进而保证防洪、保障人民群众的生命财产不受河道溃堤造成的威胁[2]。合理地开发使用丰富的海砂资源，可以很好地解决因为河砂资源匮乏而造成的基础建设原材料短缺的问题；合理开发海砂资源，可以大力缓解因河砂资源短缺而造成的价格疯涨，促进经济建设稳步发展，使人民切实感受到科技的进步带来的福祉[2]。

海洋是我国的潜力所在、希望所在、优势所在，海洋开发正迎来前所未有的高潮。党的十九大报告已经明确作出总动员，号召发展海洋经济、海陆统筹发展、建设海洋强国，实现中华民族伟大复兴的中国梦[3]。近些年，沿海及海洋建设蓬勃发展，珠港澳大桥、青岛跨海大桥、杭州湾跨海大桥、美济岛、渚碧岛、永暑岛等海工建(构)筑物纷纷展现于世界的舞台。《2020 年中国海洋经济统计公报》显示 2020 年中国海洋工程建筑业继续保持平稳增长，一系列海洋工程项目稳步实施，智慧港口、5G 海洋牧场平台等新型基础设施建设加快推进，完成了在海洋工程建筑业提高产值 1 190 亿元的全年发展目标。然而这些设施建设面临着恶劣服役环境下的耐久性问题，其中不乏一些设施肩负着一些军事责任。海砂的开发和应用是我们急需解决的重大技术问题，关系到全社会的可持续发展。由于能源、资源的枯竭与短缺问题日益严重，从"十一五"开始我国就广泛开展国家层面的重点项目研究，大力开发、研究并使用我国丰富的海砂资源[2]。近年来，《中华人民共和国国民经济和社会发展第十三个五年规划纲要》《全国海洋经济发展"十三五"规划》不断重申建设海洋强国的重要性，持续推进海洋经济的健康发展。国务院批复的《"十四五"海洋经济发展规划》明确把海洋经济的发展放在实体经济上，推动海洋新兴产业蓬勃发展。

(a) 紧缺的河砂资源　　(b) 丰富的海砂资源

图 1-1　河砂、海砂资源现状对比[1, 2]

目前，我国诸多跨海、沿海大型基础设施正在建设中，如果采用传统的混凝土，需要从内陆运输大量的河砂和淡水，既影响建设工期，又增加了建设成本。随着我国建设规模的不断扩大，河砂的需求量也在逐年增加。根据《2015—2020 年中国破碎设备行业市场分析与投资战略规划报告》，中国砂石产量超过世界总产量的三分之一，仅在 2014 年，中国的砂石需求量已达到 1.4×10^{10} t，由此可预测 2030 年我国的砂石需求量将达到 2.5×10^{10} t[4]。但由于遭到不正当与过度开采，河砂资源日益匮乏，人们不得不将注意力放到储量丰富的海砂上。利用丰富的海水海砂制备耐蚀高强海工混凝土是一种创新的思路，但是这其中也存在着诸多问题：首先，沿海地区的大型基础设施服役于恶劣的海洋环境中，海水中的大量氯离子侵蚀使钢筋脱钝锈蚀，并且酸碱性物质会与混凝土反应，从而导致混凝土的膨胀开裂[5]，大幅降低了结构的承载能力，而常年的干湿与盐雾耦合作用会导致钢筋与混凝土之间的黏结性能明显劣化，从而削弱钢筋混凝土构件的耐久性；其次，海水海砂中含有大量的氯盐，氯盐会影响硅酸盐水泥的水化过程[6,7]，且在钢筋的电化学腐蚀过程中起催化剂的作用，减薄混凝土钢筋表面的碱性钝化膜，促使钢筋发生腐蚀[8]，大大降低钢筋混凝土结构的强度和耐久性。日本、韩国、中国等国家早期均出现过严重的混凝土质量问题和钢筋腐蚀问题[9]，原因在于海砂的不合理利用或滥用。在地震等突发性荷载作用下，海砂混凝土结构可能显得更加脆弱，例如，发生在土耳其的1998年的Adana-Ceyhan地震和1999年的Izmit地震中，由于在混凝土中使用的是未淡化海砂，钢筋腐蚀导致钢筋截面的减小和锚固强度的降低[10]。

1.1.2 研究意义

混凝土在遭到侵蚀破坏后，需要耗费大量的人力财力进行维护修补；对初始混凝土加保护层，或者选用特定的原材料及养护方式，都将大大提高成本。如何从混凝土的配合比设计着手，降低化学外加剂使用的同时设计出具有较高力学性能与耐久性的海水海砂混凝土，是一项紧迫的任务。针对海砂混凝土出现的各种问题，传统的解决方式包括添加阻锈剂等外加剂、海砂淡化并过筛处理、多种砂混合使用、减少或在非警戒区域使用海砂混凝土等，增加了成本与工序，并不能保证力学性能与耐久性兼顾。针对使用海水海砂制备混凝土出现的问题（如图1-2所示），迫切地需要一种新型海水海砂耐蚀海工混凝土的制备方法，使建（构）筑物的寿命得以延长，更好地服役于海洋恶劣环境。在沿海、临海地区就地取材使用丰富的海水/海砂资源，在传统的混凝土原材料中提高工业废渣的使用比例并降低拌合水的用量，制备出具备高抗侵蚀能力的超高性能海工混凝土，对降低施工与维护成本、减缓传统建筑资源过度开发、促进建筑废旧物资循环利用、提高资源利用效率、实现可持续发展以及建设海洋强国具有深远的经济与社会效益。

(a) 钢筋锈蚀膨胀造成表面混凝土剥落　　(b) 钢筋锈蚀膨胀造成结构开裂

图 1-2　海洋环境钢筋混凝土腐蚀破坏[5]

1.2　超高性能混凝土的发展概况

20 世纪 90 年代初，超高性能混凝土作为一种新型水泥基材料被提出以来，得到了国内外学者专家的广泛关注。自首次提出 UHPC 以来，发展国际国内大事记如图 1-3 所示。Larrard 和 Sedran[11] 在 1994 年的时候使用石英砂作为骨料，制备出 28 d 抗压强度达到 164.9 MPa 的混凝土试样，第一次提出“超高性能

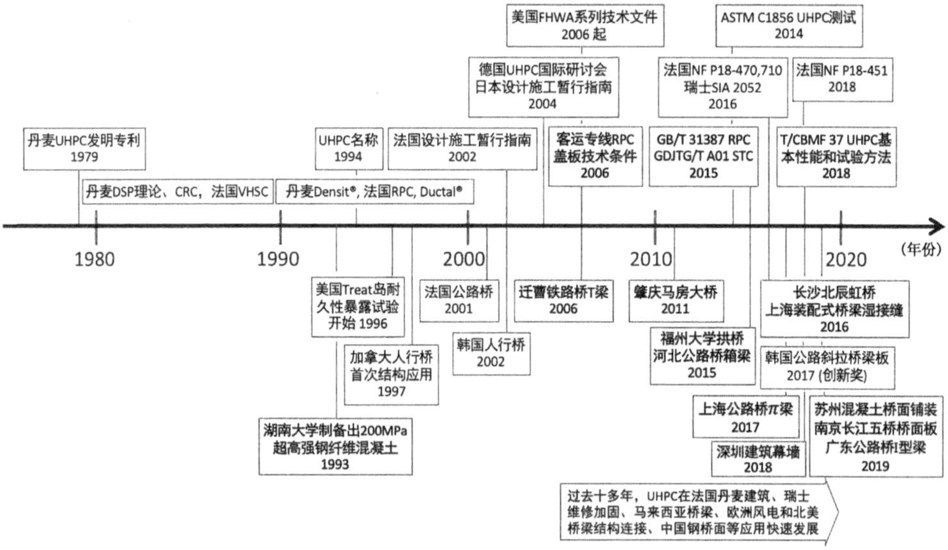

图 1-3　UHPC 发展国际国内大事年表[14]

混凝土(Ultra High Performance Concrete,UHPC)”的概念。1995 年法国的 Bouygues 公司(Richard 和 Cheyrezy[12])在 Larrard 研究的基础上,与 Larfarge、Rhodia 合作发展了新型超高性能混凝土——活性粉末混凝土(Reactive Powder Concrete,RPC),后由 Larfarge 将该产品注册商标为 Ductal ©。按照强度等级分类,RPC 可分为 RPC200 和 RPC800。UHPC 具有超高强、高韧性、高耐久性及微裂缝强自愈合能力等优良特性,是一种新型水泥基复合材料,它显著提高了混凝土结构的服役年限,同时大大降低服役期间维护修补产生的费用,大幅降低了整体成本。国内外比较认可的 UHPC 抗压强度通常需要高于 150 MPa 的标准,这个强度标准是普通混凝土的 3～16 倍。在掺入钢纤维后,UHPC 的延性和能量吸收性通常能超过高性能混凝土的 300 倍,可有效提高基础设施的抗震性能[13]。

1.2.1 UHPC的制备

超高性能混凝土与普通混凝土由于在制备上存在很大的差别,尤其是前者以细砂为骨料,掺入大量矿物掺合料,使用减水剂以及微细钢纤维,增强了基体内部的匀质性,使得制备出的混凝土材料具有高强度、高韧性等力学特征。考虑水泥与高效减水剂的相容性是配制超高性能混凝土的重要部分,从水泥的矿物成分上来看,选用 C_3A 含量较低的水泥,混凝土的制备需要保证所用水泥拥有 42.5 及以上的强度等级,同时,一般使用硅酸盐水泥或者普通硅酸盐水泥。矿物掺合料可以用于混凝土中,部分取代水泥,常用的矿物掺合料,例如矿渣、粉煤灰、石灰石粉、硅灰等工业废渣或者天然物质,具有潜在的胶凝性;高掺量的矿渣、粉煤灰使混凝土具有耐腐蚀性好、后期强度高等特征,同时,矿物掺合料的使用可以部分替代水泥以达到降低混凝土制备成本的目的。由于超高性能混凝土的配制思路是剔除粗骨料,在进行骨料选用时,应尽量选择粒径分布相对集中且偏细的砂进行混凝土的配制,优选颗粒级配,缩小同级颗粒粒径的差距。由于超高性能混凝土的水胶比极低(通常低于 0.25),为保证超高性能混凝土拌和物易于成型和产生高的密实度,必须掺入一定量的高性能减水剂。纤维可以显著改善混凝土材料的韧性以及抗裂性能,考虑到纤维添加过多会结团的问题,在 UHPC 的原材料设计中只能加入适量的钢纤维,一般选择掺入长度 6 mm～20 mm的钢纤维。钢纤维长度过短时无法在水泥基材料中发挥有效作用,钢纤维过长则会造成搅拌成型困难，增加混凝土中的界面缺陷。

Wang 等人[15]在研究 UHPC 拌合物流动度及抗压强度时发现，使用水泥加硅灰形成二元胶凝体系并复合使用矿渣粉、石灰石粉，同时仍然使用粗骨料，当水胶比为 0.26、胶砂比 0.14、且矿渣粉和石灰石粉用量均为水泥用量的 40%时，制备出的 UHPC 浆体流动性最佳，且强度最高。标准养护下混凝土的 90 d 抗压强度达到 175.8 MPa，整一年时混凝土的抗压强度达到 182.9 MPa。Soliman 等人[16]在研究 UHPC 配合比设计时发现，基于 CPM 模型[17]可以较为高效地获得最佳配合比，此时得到 UHPC 混合物具有最大堆积密实度。硅灰是混凝土中常用的矿物掺合料，当使用玻璃粉替代硅灰时：玻璃粉替代硅灰量为 30%、50%时，标准养护 91 d 的 UHPC 抗压强度最高，分别达到 196.0 MPa 和 185.0 MPa；玻璃粉替代硅灰量为 30%、50%时，在 90℃高温热养护条件下 2 d 后，混凝土的抗压强度值更是达到 234.0 MPa 和 220.0 MPa；高温养护可以显著提高 UHPC 的力学性能[16]。Kwan 等人[18]研究了平均粒径 2.6 μm 的微球粉煤灰（Fly Ash Microsphere，FAM）的用量对 UHPC 原材料的堆积密度以及硬化后混凝土抗压强度的影响：当 FAM 的用量（体积分数）小于 40%时，UHPC 原材料混合物的堆积密实度随 FAM 含量的增加呈现出不断提高的趋势；当 FAM 的用量（体积分数）大于 40%时，随着 FAM 用量的持续增加，UHPC 原料混合物的堆积密实度反而出现不断降低的现象；40%体积分数的用量是 FAM 在 UHPC 原料中的最佳用量，此时混合物的堆积密实度最大，同时新拌浆体的流动性表现良好，硬化后的强度也得到显著提高。

研究结果表明[19, 20]，与标准养护相比，80℃蒸汽养护和 210℃蒸压养护均有效加快了混凝土力学性能，这是因为高温和高压显著提高了胶凝体系的水化进程。目前常用的 UHPC 养护制度包括标准养护制度、80℃蒸汽养护和 210℃蒸压养护。在普通混凝土中高温和高压提高了胶凝体系中水泥和矿物掺合料的反应速率和水化程度，增加了 C-S-H 凝胶、AFt 等水化产物的数量，改善了混凝土孔结构，显著提高了混凝土性能。同时，研究发现[19]在养护温度大于 70℃时 AFt 会分解为 AFm，温度降低时 AFm 又会在一定时间内重新转化为 AFt。Zdeb[19]研究了热养护参数（预热时间 t_1、最高温度 Tmax 及冷却后持续时间 t_3）对混凝土力学性能的影响，当养护方式为蒸汽养护时，放缓预热时间使混凝土的环境升温速率比较平缓，可以避免由于加热速率过快造成的混凝土缺陷，同时热养护温度和养护时间可以相互优化，当养护温度较高时缩短养护时间提高效率，当养护时间充足时降低养护温度可以达到节约能源的效果；在预热时间 6 h 条件下，最高养护温度 90℃时养护 12 h 或者最高养护温度 250℃时养护 6 h，均能使 UHPC 的力学性能达到最佳。Ahmad[20]采用两种不同养护方式对不同钢纤维掺量三种 UHPC 试块进行了抗压性能试验，结果显示：在其他控制条件一致的前提下，采用水养护的方式可以显著提高 UHPC 的力学性能，自然养护后 UHPC 的力学性能表现不佳；水养护和自然养护对 UHPC 力学性能造成的影响随着混凝土中钢纤维用量的提高变得越来越弱，两种养护方式对 UHPC 抗压强度的影响程度均降低；自然养护下 UHPC 力学性能的增长速率优于水养护下的混凝土试件。微观结构方面，90℃养护条件下水化产物主要为C-S-H(Ⅲ)，几乎不存在 AFt 和 $Ca(OH)_2$。

1.2.2 UHPC 的早期特征

Liu[21]研究发现当 W/B 为 0.20、灰岩粉含量为 158 kg/m^3 时，此时拌合的 UHPC 浆体具有良好的流动性，UHPC 的最大抗压强度达到 160 MPa，最大抗弯强度为 36.9 MPa；新拌 UHPC 浆体的黏度随石灰石粉掺量的增加而大大降低，当水泥掺量从 388 kg/m^3 降低到 150 kg/m^3 时，新拌 UHPC 浆体的黏度也从 60 000 mPa·s 降低到 18 000 mPa·s。王震宇[22]研究发现与使用标准砂相比，石英砂使新拌 UHPC 浆体流动性明显降低。同样，钢纤维也会造成新拌 UHPC 浆体流动性降低、黏度增加。

骨料粒径、水胶比、活性掺合料的种类及掺量、钢纤维掺量以及龄期都是影响混凝土材料自收缩的重要原因，UHPC 特有的配合比设计，使自身的收缩问题得到大大的改善。钢纤维的使用，可以极大改善水泥基材料收缩的问题，由于 UHPC 致密的结构，外界水分很难渗入混凝土中并与未反应的胶凝材料继续水化，所以在标准养护下混凝土不存在干燥收缩的问题。在混凝土配合比设计时采用低水胶比的同时使用微细钢纤维，可有效减小 UHPC 的收缩值[23]。适当提高粉煤灰这类矿物掺合料的掺量，并在养护时采用高温蒸养，可有效改善 UHPC 的收缩，同时 UHPC 具备优于普通混凝土的后期稳定收缩值。普通混凝土中一般有超过 30%的水泥未完全水化，与之相比 UHPC 胶凝材料用量高、水胶比低，势必有大量未水化颗粒存在。研究表明水胶比为 0.33 的高性能混凝土中约有56%的水泥未水化完全，水胶比为0.2的UHPC中有超过70%的水泥未水化，并不是水化程度越高混凝土性能就越优异，未水化的颗粒和水化产物之间形成了界面，未水化颗粒在基体中起到了骨架作用，反而有利于提高基体的性能。

1.2.3 UHPC的力学性能

在力学性能方面，与普通混凝土相比UHPC实现了水泥基材料强度跨越式的提升。由于在原材料组成中使用钢纤维，钢纤维自身的强度和弹性模量以及钢纤维与水泥等胶凝材料硬化后紧密的结合，使混凝土的抗压强度显著提高。同时，钢纤维的存在极大地改善了混凝土材料的抗拉、抗剪及抗冲击性能，使混凝土材料自身拥有较高的变形能力和抗拉强度，1%～2%的钢纤维体积掺量就可以使混凝土迈入延性材料的行列，如图1-4所示。Graybeal[24]通过控制钢纤维体积掺量，测试不同龄期混凝土的抗压强度并总结分析，来研究UHPC的弹性模量与轴心抗压强度之间的关系。通过拟合分析，得到弹性模量与轴心抗压强度的关系为：

$$E(\text{MPa}) = 3\,840\sqrt{f_c} \tag{1-1}$$

(a) UHPC梁试件单裂纹应变局部化导致破坏　　(b) 梁样断裂后横断面

图1-4　抗折测试后UHPC的损坏形貌[25]

Nguyen等人[26]发现几何尺寸和几何形状对UHPC力学性能影响不明显。Smarzewski等人[27]在研究纤维的种类、数量和用法对UHPC力学性能的影响时发现：钢纤维对混凝土的力学性能影响最大，钢纤维的最佳体积掺量为1%；当钢纤维与聚丙烯纤维复合使用时，随着聚丙烯纤维用量的增加，UHPC的劈裂抗拉强度呈不断降低的变化规律。UHPC浇筑时的浇筑方式也会对UHPC抗折强度产生影响，垂直分块时UHPC的抗折强度为22.8 MPa，低于水平分层得到UHPC的抗折强度24.7 MPa[28]。Yazici等人[29,30]对不同养护条件下的UHPC抗压、抗折强度研究时发现，标准养护下混凝土的强度最低，提高养护温度或增加养护环境的压力均能起到提高混凝土力学性能的目的。而普通的热水养护通常会降低UHPC稳定后的抗压、抗折强度，如图1-5所示。同时，UHPC界面区显微硬度与水泥石本体硬度没有明显的差别，这表明超高强混凝土内部结构更趋于均匀，如图1-6所示。国内外学者研究UHPC，得其抗压强度主要分布在80.0 MPa～250.0 MPa，抗折强度主要分布在10.0 MPa～50.0 MPa之间，见表1-1、表1-2。

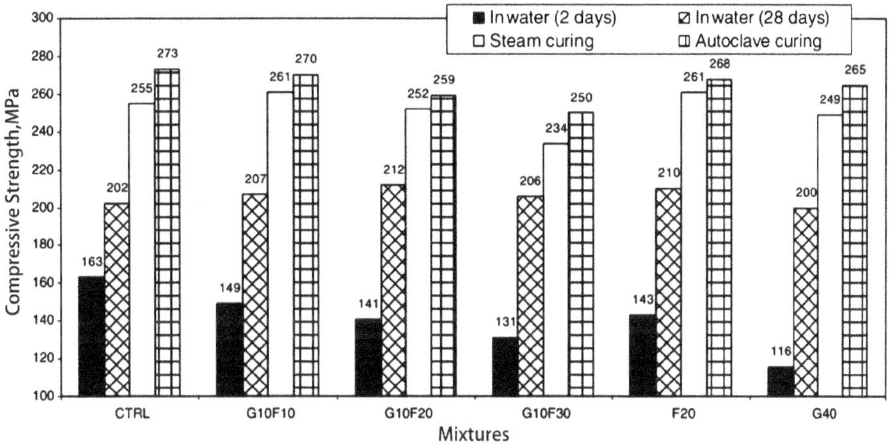

图1-5 标准养护、热水养护以及高压蒸汽养护后UHPC抗压强度对比[29]

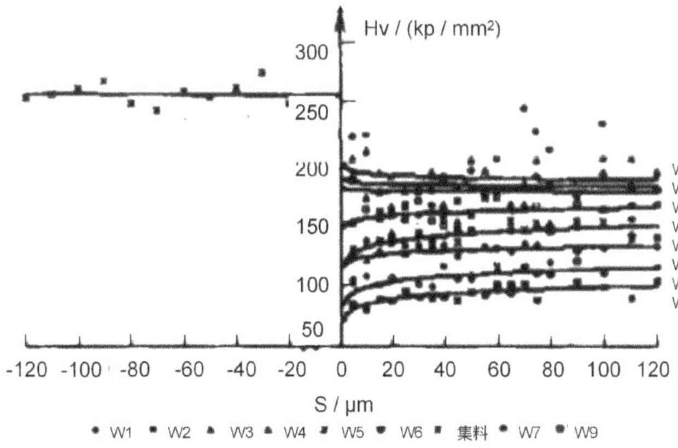

图1-6 超高强混凝土的界面显微硬度[31]

表 1-1　国内外学者研究得 UHPC 抗压强度分布范围

研究学者	抗压强度/MPa
鞠彦忠，等[32，33]	153.3～188.7
Zdeb[19]	183.0～215.0
Ahmad，et al.[20]	92.0～163.0
徐海宾，等[34]	125.7～170.6
刘数华，等[35]	153.2～234.5
Kusumawardaningsih，et al.[36]	172.7～189.4
An，et al.[37]	91.2～147.3
Graybeal[24]	26.9～200.0
金凌志，等[38]	90.3～134.4
吴炎海，等[39]	136.0～192.0

表 1-2　国内外学者研究得 UHPC 抗折强度分布范围

研究学者	抗折强度/MPa
Park，et al.[40，41]	12.4～47.9
Wu[42]	19.0～38.3
Yoo，et al.[43]	17.7～46.6
安明喆，等[44]	21.0～24.8
Nguyen，et al.[26]	29.6～38.9
Yazici，et al.[29]	23.4～38.7
Yazici，et al.[30]	9.9～29.9
张哲，等[28]	22.4～24.8

超高性能混凝土不仅具有超高的抗压强度，还具备高韧性等力学特征。UHPC 中钢纤维的使用显著改善了微观裂缝的产生和发展问题，即 UHPC 在面临疲劳问题时，在应力-应变曲线上，达到峰值后仍有软化现象，该值的增加只提高了混凝土的延性，对结构延性的提高作用不大。超高性能混凝土中的钢纤维可以显著地限制宏观裂纹的发生和扩展，增强结构的塑性变形能力，提高混凝土材料的耐疲劳特性[45-49]。疲劳荷载作用下 UHPC(RPC)的破坏形式如图 1-7 所

示。近年来，公路运输重载、超载现象日趋严重，桥梁在重载作用下会产生较大的挠度变形，导致路面层产生较大的弯曲和拉应力，而在行车荷载的反复作用下，路面层中会产生弯曲和拉应力的交变，所以在钢桥面铺装层中很容易产生疲劳破坏和开裂，如图 1-8 所示。疲劳问题是钢板桥面服役过程中面临的最大问题，而超高性能混凝土具有优异的抗疲劳性能[50-55]，可显著提高钢板桥面的服役寿命。

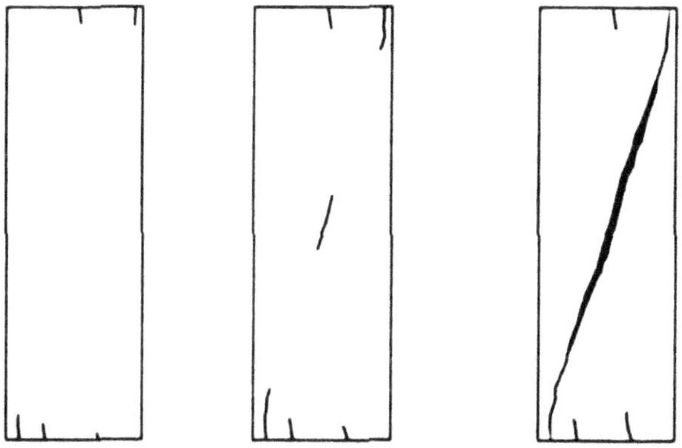

(a) 裂纹潜伏阶段　(b) 裂纹稳定扩展阶段　(c) 裂纹失稳定破坏阶段

图 1-7　疲劳荷载作用下 RPC 试件宏观裂纹演变[51]

(a) 纵向裂缝　(b) 横向裂缝　(c) 网状开裂

(d) 脱层破坏　(e) 车辙破坏　(f) 推移破坏

图 1-8　公路表层在行车荷载作用下出现的疲劳破坏与开裂[53]

研究发现 UHPC 的疲劳过程呈三阶段形式，分别为第一阶段裂缝形成、第二阶段裂纹稳定开展、第三阶段裂纹失稳开展[53]。图 1-9 展示的是钢筋-UHPC 梁的疲劳破坏形式。与普通混凝土相比，UHPC 在疲劳变形和裂纹扩展的第一阶段即表现出远优于普通混凝土的耐疲劳特征。Ocel 等人[46]对浇筑 UHPC 的Ⅰ型预应力梁研究发现，在进行的 1 200 万次循环加载过程中，UHPC 预应力梁虽然在 64 万次循环时出现了第一次裂纹，但整个疲劳测试结束后

(a) 试件 B1-S 破坏形态

(b) 试件 B1-65-2 破坏形态

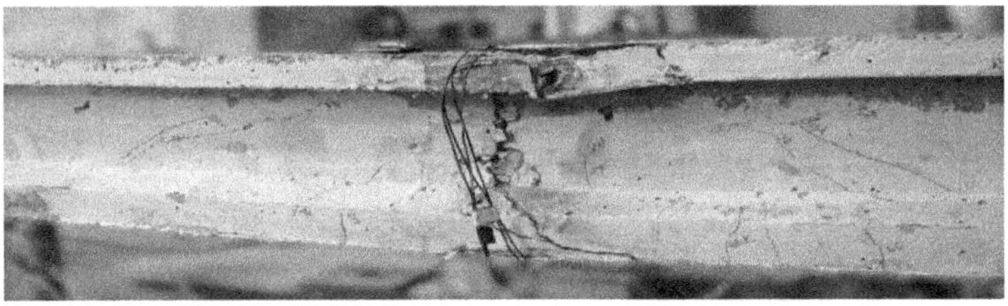

(c) 试件 B2-S 破坏形态

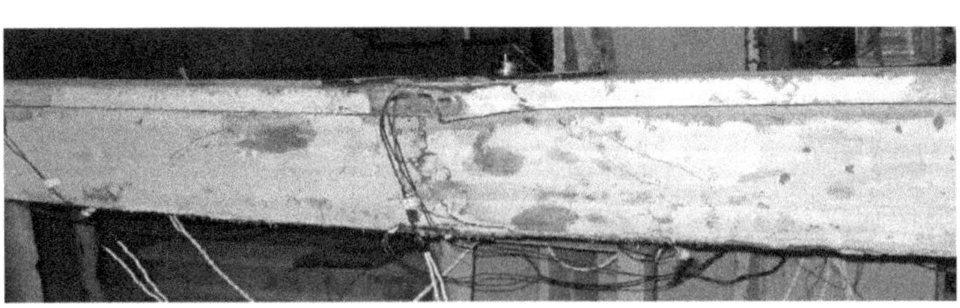

(d) 试件 B2-65 破坏形态

图 1-9　疲劳荷载作用下 UHPC 试件破坏形态[53]

UHPC 的Ⅰ型预应力梁仍然没有完全破坏，UHPC 材料表现出优异的耐疲劳性能。Birol 等人[47]对使用聚乙烯醇纤维制备的 UHPC 进行抗疲劳性能测试发现随着应力参数的提高 UHPC 可以经受的疲劳循环次数不断降低。UHPC 的疲劳测试数据表现出很大的离散性，水泥基体中钢纤维的掺量和分布情况对 UHPC 的疲劳寿命产生极大的影响，同时，UHPC 的疲劳破坏规律可以参考常规混凝土[48-50]。UHPC 材料的疲劳寿命试验结果离散性比较明显，很难得到准确稳定的结果，因此需要采取合理科学的方法进行研究结果分析[51]。

1.2.4 UHPC 的耐久性

除了具备优异的力学性能，UHPC 的各项耐久性同样突出。UHPC 的水胶比通常不大于 0.25，很低的水胶比使混凝土的干缩值非常低，因此当 UHPC 水化进行到一定程度后，其致密的结构保证了其优异的耐久性特征。

近年来，国内建筑行业的蓬勃发展推动了各种高强高性能混凝土的广泛使用，与普通混凝土相比，高强高性能混凝土具有显著的优点，同时不足与缺陷也比较明显。高温对高强混凝土的影响很大，如果发生火灾，密闭高温的环境下高强混凝土非常容易爆裂，对居民的生命安全造成严重的威胁，不利于建筑物的正常使用。目前有关超高性能混凝土高温火灾性能的研究尚不多。意大利的 Majorana 等人[56]开展 UHPC 高温损伤和爆裂的数值模拟研究，认为高温和蒸汽压引起的损伤将会影响 UHPC 的渗透性。Felicetti 等人[57]在以 600℃为目标温度时对 UHPC 进行缓慢恒定速率升温，从初始温度一直加热到目标温度的过程中混凝土没有出现异响、爆裂。国内学者也对活性粉末混凝土的高温爆裂等性能进行了研究。刘娟红等[58]使用大掺量粉煤灰、硅灰等矿物掺合料制备的 RPC 并进行系统的高温抗爆性能测试，研究发现在此类混凝土中聚丙烯纤维能够显著改善活性粉末混凝土抗爆裂性能，如图 1-10 所示。朋改非[59]系统研究了 RPC 高温后静、动态力学特性及纤维的影响规律，并从细观的角度分析了钢纤维抗高温爆裂的机理。Hertz[60]在高强混凝土中掺加了钢纤维针对其抗爆性能研究，发现钢纤维对高强混凝土的抗爆性能无明显增加，且爆裂的可能性随钢纤维掺量的增加而增加。研究发现[57-60]标准养护、高温养护和 210℃蒸压养护条件下 UHPC 均具有优异的耐水性能、抗碳化性能和耐腐蚀性能；掺有矿物掺合料的新型 UHPC 抗氯离子渗透性能，数据显示电通量仅为 10 C～35 C；UHPC 具有优异的抗碳化性能，碳化深度几乎为零。

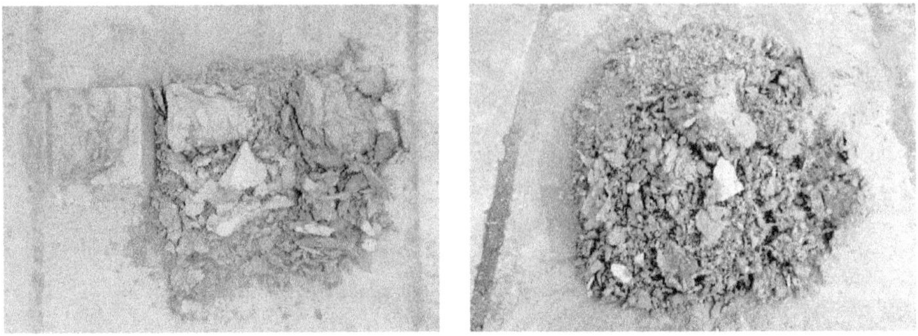

(a) 30%掺量粉煤灰 UHPC 爆裂后形态　　(b) 50%掺量粉煤灰 UHPC 爆裂后形态

图 1-10　不同掺量矿物掺合料对 UHPC 耐火抗爆性的影响[58]

Peng 等人[61, 62]在研究 UHPC 时将抗压强度为 187.0 MPa 与 190.3 MPa 的活性粉末混凝土放入 5%的 Na_2SO_4溶液中干湿循环 150 次，发现测试结束后混凝土试件的质量损失几乎为零，同时抗压强度耐蚀系数均超过 98%。Smarzewski 等[63]在研究不同钢纤维体积分数对 UHPC 的影响时发现在钢纤维体积分数为 0.75%和 1% 时，将抗压强度为 94.6 MPa～154.9 MPa 的 UHPC 放入 14%的 Na_2SO_4溶液中干湿循环 150 次后 UHPC 质量损失分别只有 0.05%、0.14%，如图 1-11 所示。

图 1-11　UHPC 在经历硫酸盐腐蚀后产生的钙矾石与开裂的形貌[63]

正是因为目前研究大多认为 UHPC 具有十分优异的耐久性特征，有关硫酸盐侵蚀对 UHPC 微结构方面的影响几乎空白。Magureanu 等人[64]对抗压强度为 123.0 MPa、142.0 MPa 的 UHPC 进行了 1 098 次冻融循环。试验结果显示：冻融循环略微提高了 UHPC 的抗压强度、静弹性模量和动弹性模量，如图 1-12 所示。Zhou[65]在开展了 1 200 次冻融循环后发现 UHPC 的质量损失只有 4%，如图 1-13 所示。

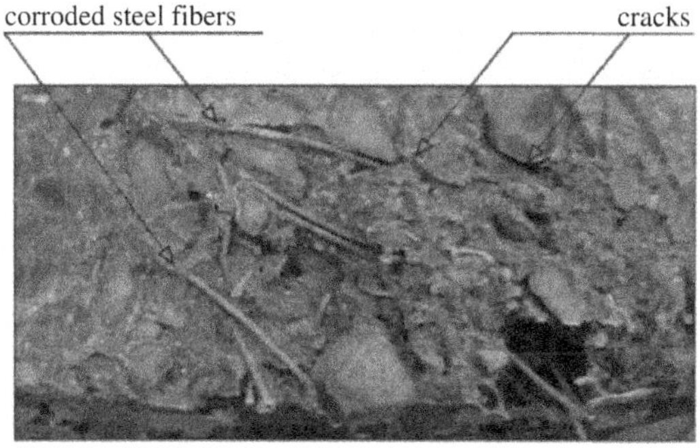

图 1-12　UHPC 在冻融破坏后纤维锈蚀与开裂[64]

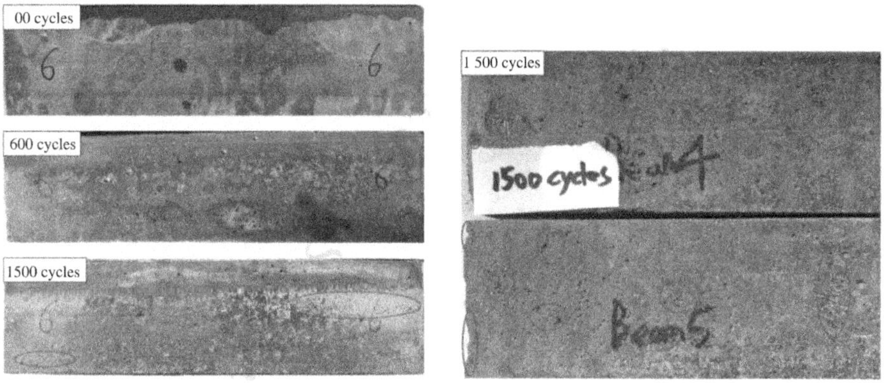

(a) 冻融破坏后 UHPC 外表面损伤情况　　(b) 冻融破坏后 UHPC 底部损伤

图 1-13　UHPC 在冻融破坏前后形貌变化[65]

Pierard 等人[66]对 UHPC、高性能混凝土、普通混凝土进行控制条件下对比试验，在 1%浓度的二氧化碳中开展 91 d 碳化侵蚀，并研究其碳化情况。研究结果表明：高性能混凝土、普通混凝土在进行 91 d 碳化后碳化深度分别达到 6 mm、15 mm，而 UHPC 碳化深度仅为 1 mm。Abbas 等人[25]按照 ASTM

C1202 进行了 UHPC 的抗氯盐侵蚀加速试验，研究使用 8 mm～16 mm 长度的钢纤维以 0%～6%的体积掺量制备多组 UHPC 试件，在各组 UHPC 试件养护到 28 d 和 56 d 时分别在 3%、3.5% 和 10%的氯离子溶液中进行抗氯离子渗透性试验。钢纤维锈蚀情况如图 1-14 所示。无论混凝土原材料参数怎么改变或者氯离子溶液浓度如何，在测试过程的 6 h 内各组 UHPC 试件的电通量均少于 100 C，这表明 UHPC 具有优异的抗氯离子渗透性能。Wilhelm[67]在北冰洋深海 3 000 m 下测得 UHPC 服役一年后碳化 900 μm 左右。Spiesz[68]、Ganesh[69]测得 UHPC 的电通量也仅控制在 80.1 C～138.9 C 的范围内，远低于高强混凝土或普通混凝土的电通量。

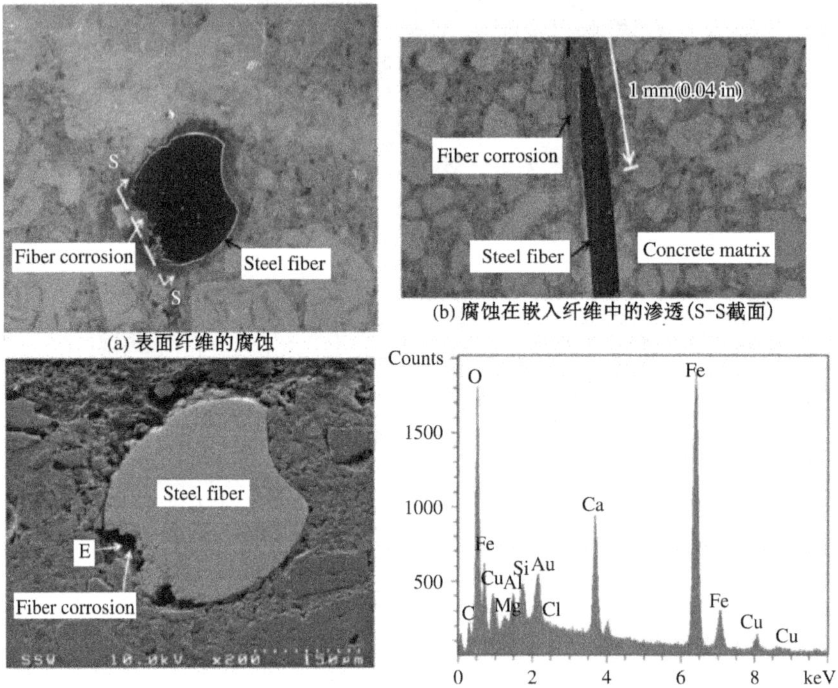

(a) 表面纤维的腐蚀　(b) 腐蚀在嵌入纤维中的渗透(S-S截面)

(c) 扫描电镜图像　(d) EDX 分析

图 1-14　表面纤维的光学和扫描电镜图像[25]

与此同时，相关学者也对 UHPC 进行了海洋环境实地研究，Li[70]通过实地试验和模型研究了海洋环境下超高性能混凝土(UHPC)的镁致水化动力学。Wilhelm 等人[67]在北冰洋进行了为期一年的深海实地研究，考察了 UHPC 混凝土(155.0 MPa 和 175.0 MPa 两种)壳体的耐久性以及海洋环境对 UHPC 的影响，如图 1-15 所示。大约一年后，水泥浆在混凝土直接与海水接触的区域溶解，混凝土表面变得粗糙。扫描电镜（SEM）、X 射线衍射（XRD）和能谱分析（EDS）结果表明，该区域只有骨料和微细二氧化硅。在 320 d 内侵蚀破坏约 900 mm，但对整个结构密封性无负面影响。碳化侵蚀导致了水泥浆体的溶解和 C-S-H 相的破坏，主要原因是方解石补偿深度（CCD）[71]。

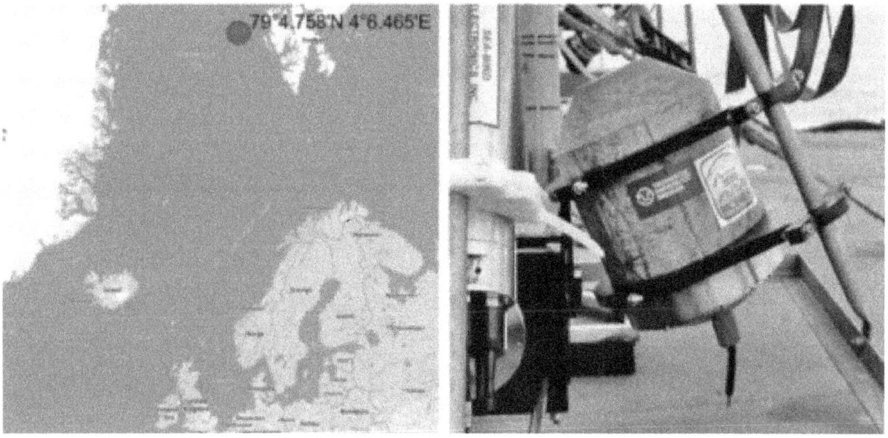

(a) 北冰洋深海测试前测试地点及样品形貌

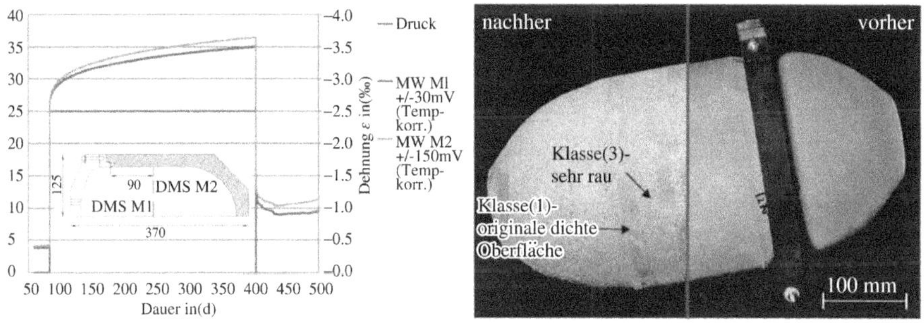

(b) 海底浸泡一年后 UHPC 外观变化

图 1-15　UHPC 在北冰洋的深海测试[67]

1.2.5　UHPC 的工程应用与研究

在国内，UHPC 的工程应用主要集中在桥梁工程中，例如，湖南湘潭的昭华大桥、湖南长沙的桐关大桥、苏州东环快速路跨运河桥、湖南益阳青龙洲大桥、贵州贵阳的歆民路桥、浙江嘉兴的焦山门桥、广东东莞的梨川大桥、广东汕头的礐石大桥、湖南株洲的枫溪大桥、北京通州的北运河大桥、广东佛山的佛陈大桥、南京长江五桥、长沙北辰三角洲跨街天桥、广东肇庆的马房特大桥第 11 跨等[72]，如图 1-16 所示。尤其是在湖南大学 Shao[73]设计的钢- UHPC 复合桥面结构，妥善解决了钢桥桥面铺装服役周期短、抗疲劳性能差的技术难题，增强了钢桥的市场竞争力。在其他领域，南京倍立达公司继 2018 年完成中国第一个 UHPC 幕墙项目——深圳悦彩城展示中心，深圳的超高层建筑“京基100”（京基金融中心）、杭州的余杭大剧院、宁波的未来城科普中心、南京雨花中学等结构中也部分运用了 UHPC 材料。

(a) 苏州东环快速路跨运河桥

(b) 北京通州的北运河大桥

图 1-16　UHPC 在我国桥梁中的应用实例[14]

在国际上 UHPC 材料应用于高层建筑、大跨桥梁、海洋工程、水利工程、核电工程和特种结构上[74]。用到 UHPC 材料的案例如加拿大 Sherbrooke 人行桥、法国 Bourg-lès-Valence 公路桥、日本 Sakata-Mirai 人行桥、韩国 Sunyudo 人行桥、美国在爱荷华州 Mars Hill 公路桥、德国 Gartnerplatz 多跨桥、奥地利 Wild 公路拱桥、马来西亚 Batu 6 桥等，在桥梁工程中 UHPC 得到广泛应用，如图 1-17 所示。

1.2.6　UHPC 的标准化

我国正在逐渐完善 UHPC 的标准化。2006 年，铁道部发布技术文件《客运专线活性粉末混凝土（RPC）材料人行道挡板、盖板暂行技术条件》。国标《活性粉末混凝土》（GB/T 31387—2015）、广东省交通运输行业地方标准《超高性能轻型组合桥面结构技术规程》（GDJTG/T A01—2015）于 2015 年编制颁布。还有湖南省工程建设地方标准《活性粉末混凝土结构技术规程》（DBJ 43/T 325—2017）、中国建材联合会和 CCPA 标准《超高性能混凝土基本性能与试验方法》

(a) 加拿大 Sherbrooke 人行桥

(b) 法国 Bourg-lès-Valence 公路桥

(c) 日本 Sakata-Mirai 人行桥

(d) 韩国 Sunyudo 人行桥

图 1-17 UHPC 在国外桥梁中的典型应用[14]

(T/CBMF 37—2018、T/CCPA 7—2018)、河北省地方标准《超高性能混凝土制备与工程应用技术规程》(DB13/T 2946—2019)。

在国外，Association Française de Normalisation(AFNOR，法国标准化协会)于 2016 年颁布规范 National Addition to Eurocode 2-Design of Concrete structures: Specific Rules for Ultra-High Performance Fiber-Reinforced Concrete(UHPFRC)；澳大利亚 The University of New South Wales(新南威尔士大学)于 2000 年颁布规范 Design Guidelines for Ductal Prestressed Concrete Beams；日本 Japan Society of Civil Engineers(日本土木工程学会)于 2006 年颁布规范 Recommendations for Design and Construction of Ultra-high Strength Fiber Reinforced Concrete Structures (Draft)；美国 Federal Highway Administration(联邦公路局)于 2013 年颁布规范 Design Guide for Precast UHPC Waffle Deck Panel System, Including Connections；瑞士 The Structural Maintenance and Safety Laboratory (结构养护与安全实验室) and cole Polytechnique Fede Rale de Lausanne(洛桑联邦理工学院)于 2016 年颁布规范 Recommendation: Ultra-high Performance Fiber Reinforced Cement-based

Composites (UHPFRC), Construction Material, Dimensioning and Application。

1.2.7 UHPC 的发展趋势

(1) UHPC 用于结构维修加固

UHPC 用于维修加固,已经成为最具市场竞争力的桥梁维修加固技术体系,其技术经济优势也在世界范围获得验证、认可和应用。世界许多国家包括中国都面临大量桥梁老化问题,需要维修加固或更换,各个国家均重视并发展用于桥梁维修的 UHPC 加固技术[14]。在维修加固领域,未来创新发展的内容包括,适应不同场合、不同结构的多样化 UHPC 成型施工方法,快速维修加固材料和施工技术等等,美国对钢桥梁的 UHPC 维修加固研究取得了比较丰富的科研成果[14]。中国也已经开展了 UHPC 维修加固研究和应用,但主要局限在混凝土桥梁的维修加固。大量老化的码头、隧道、水利水电、建筑等混凝土结构,同样面临老化、存在结构缺陷以及不能满足现在对结构承载能力或抗震性要求等各种各样的问题[14]。UHPC 维修加固技术和方法具有显著的技术和经济优势,未来可用于更广泛的工程领域,具有很大的市场发展空间。

(2) UHPC 装配式建筑

中国正在大力推进建筑产业化、装配化,UHPC 除用于湿接缝结构连接具有技术和经济优势外,使用 UHPC 生产部分构件如楼梯、阳台、轻质“三明治”保温墙板,设计应用合理,也可以从减小构件重量、减小建筑整体自重、降低运输吊装安装施工成本等方面获得经济性,并提升装配式建筑质量。这类构件与装配式钢结构建筑结合应用,可形成相互补充的装配建筑体系。在这方面,丹麦取得非常好的应用效果,我们也应该在装配式建筑领域发展由相应设计、预制生产、结构连接、安装以及相应标准规范等构成的技术体系。

1.3 海砂混凝土的发展概况

中国除了有广阔的陆地面积,领海面积也幅员广阔。广阔的领海带来的是幅员辽阔的临海浅海以及 18 000 多千米的海岸线,6 500 多个 500 平方米以上的海岛。广阔的海域面积背后是丰富的海洋资源。在我国科研人员近六十年的调查整理下，得到我国海洋资源的详细信息，根据其中关于海砂资源的介绍可知：我国的海砂资源一部分主要分布在大陆架浅海区域，被称之为浅海海砂；另一部分主要为海岸海砂，这部分主要分布在海岸和近岸海域[75]。海砂作为土木工程材料在世界上很多国家和地区都曾得到应用。我国的沿海地区拥有丰富的海砂资源，由王圣洁等人[76,77]的初步估算得到中国近海的海砂资源总量约为 $6.796\times10^{11}\ m^3\sim6.849\times10^{11}\ m^3$。欧洲各国也很早就开始对海砂资源进行详细系统的调查、评价及应用，广泛开发利用海砂资源，且需求量和开采量逐年递增，这其中荷兰是欧洲各国中使用最多的国家之一[78,79]。欧洲各国对应用在混凝土中的海砂有着严格的标准要求，对其中最关键的参数氯离子含量有着严格的控制标准。其中英国标准(BS 882：1992)明确规定预应力混凝土、热养护钢筋混凝土中氯离子含量不得超过 0.01%。日本由于地缘问题造成本国资源匮乏，从“二战”结束后日本就开始在河沙匮乏地区尝试使用海砂建造房屋，战后日本经济建设的前二十年中，调查显示[80]998 个混凝土工厂中有 380 个工厂在使用海砂制备混凝土，海砂混凝土生产率占到 38.1%。在日本虽然海砂使用率比较高，但是日本对海砂的控制标准非常严格。当混凝土中使用海砂时，每方混凝土中氯离子含量不得超过 0.3 kg。如果在海砂混凝土中采取氯离子固化技术等，对氯离子的标准为每方混凝土中不得超过 0.6 kg。相关的规范标准如日本工业标准《用于钢筋混凝土中的阻锈剂》(JIS A6205)和修订的《建筑工程标准说明书》(JASS 5)。自 20 世纪 90 年代初韩国也开始尝试开发利用丰富的海砂资源，资料显示在韩国将海砂用作混凝土骨料的应用已经占到很大的比例，已经有大量工程中将海砂作为建筑用砂且这一比例持续攀升[82]。在韩国拥有的 $5.1\times10^9\ m^3$ 建筑集料储备中，蕴藏于海洋中的资源占比高达 46.5%，略高于 44.4%的蕴藏于土地中的资源，远高于 9.1%河流中的资源比例[83]。20 世纪 90 年代中后期，我国相关科研人员完成了中国近海建筑砂砾石资源潜力评价报告，报告对我国的海砂资源储备、分布、走向等信息进行了详细分析论证[80]。在我国长三角、珠三角人口集中区、基建成熟区均有将海砂用于混凝土制备的现象，这其中比较典型的是广东的深圳、珠江地区和浙江的宁波和舟山地区。资料显示浙江宁波地区将海砂用于制备混凝土的总量占到混凝土总量的 35%～40%，这还只是 2002 年的数据[84,85]。与传统河砂相比，海砂的含泥量较低、颗粒粒形好、细度均匀，相关研究表明也可以用作混凝土细骨料。我国拥有漫长的海岸线和广阔的浅海，海砂资源丰富，分布较集中。与河砂相比沿海地区海砂取用方便，开采时环境影响小、运输方便、更节能环保，将海砂应用于工程中能缓解建筑用砂紧缺的局面。

1.3.1 海砂海水对混凝土工作性的影响

研究发现，使用海水拌合混凝土可以大幅缩短初凝时间[86, 87]。当制备混凝土使用的海砂中贝壳含量较高时，混凝土的保水性和流动性较差，且随贝壳含量的增加持续下降[88]。Safi 等人[89]研究发现使用海砂制备的砂浆流动性随贝壳取代率增加而下降。Otsuki 等人[90]发现使用海水作为拌合水时制备的混凝土浆体坍落度相较于淡水制备的混凝土明显增大，在混凝土中通过使用粉煤灰、矿粉等辅助胶凝材料可以显著改善其和易性，在海水海砂混凝土中通过添加辅助胶凝材料同样可以达到改善混凝土和易性的目的和效果。

1.3.2 海砂混凝土的力学性能

Cagatay[91]在研究 20 世纪 90 年代末期土耳其地震倒塌的海砂混凝土建筑时发现，在混凝土中使用海砂对混凝土的长期力学性能会产生严重的负面影响；海砂混凝土相比于河砂混凝土的早期力学性能表现更好，但是研究表明，随着龄期的增长，海砂混凝土的长期力学性能表现弱于同配合比的河砂混凝土[92, 93]；而当海砂与河砂混合使用时，制备的混凝土早期力学性能就弱于纯河砂混凝土[94]。虽然相关研究表明海水和海砂在混凝土中的应用一定程度上限制了混凝土力学性能的发展，但整体上与淡水河砂混凝土的力学性能相差不大，处于相同水平[95]，如图 1-18。

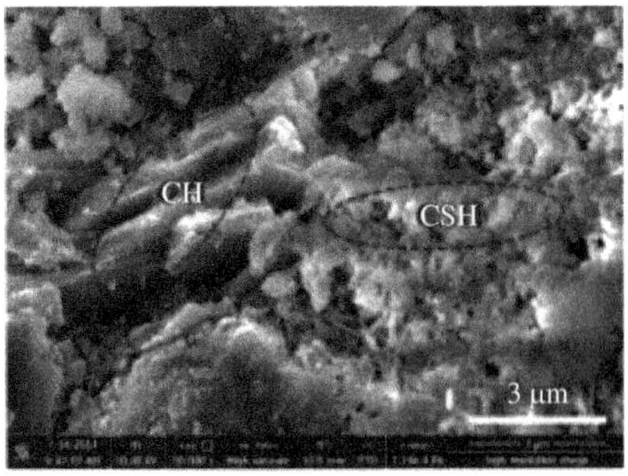

(a) 自来水水泥浆体

(b) NDI 海水水泥浆体

(c) DBH 海水水泥浆体　　(d) PRE 海水水泥浆体

图 1-18　使用不同海域海水制备的水泥净浆微观形貌[95]

另外也有研究表明，在使用海水和海砂制备混凝土时，其力学性能无论是在早期还是硬化后期均优于淡水河砂制备的混凝土，使用海水制备的混凝土，其力学性能能保持较长龄期的强度增长趋势[96, 97]。Dong[98]开发了一种新型海水海砂混凝土(SWSSC)与预制超高性能混凝土(UHPC)壳层混合梁并进行力学性能测试，由于 UHPC 壳体的存在，混合梁的剪切裂纹明显减少。国内外学者对海水和海砂混凝土抗压强度的研究结果有一定的分歧，这种分歧出现的最大原因是不同学者使用的海砂物理性能不同，混凝土种类也不同。对于海水海砂在混凝土中具体起到的作用，需要首先明确制备混凝土的前提条件。

1.3.3　海砂混凝土中钢筋锈蚀问题

使用海砂对混凝土的力学性能影响较小[99]，海砂中 Cl^- 在混凝土中扩散、结合及游离 Cl^- 引起钢筋锈蚀问题是阻碍海砂混凝土的应用的主要难题。除了限制海砂中的 Cl^- 含量可以防止钢筋锈蚀，确保混凝土结构安全耐久，还必须采取其他技术措施，国内外进行了大量的试验，研究在海砂混凝土中加入阻锈剂进行性能测试[100-106]。国内外专家学者都在尝试研究和使用内掺型有机阻锈剂以改善海砂混凝土中 Cl^- 带来的问题[107-109]。杨长辉等[110]研究发现在海砂混凝土中使用复合型阻锈剂，可以有效抑制混凝土中的钢筋发生锈蚀，阻锈效果显著。同时复合型阻锈剂可以显著改善海水海砂混凝土砂浆体的流动性，并不会对混凝土硬化后的力学性能造成过大的负面影响。一些学者[110-113]研究了粉煤灰、硅灰、高炉矿渣等外加剂对混凝土耐氯离子侵蚀的影响。待混凝土成型后，将阻锈剂刷在混凝土外表面形成保护层，这种阻锈剂可以与混凝土表面的水化产物发生一系列反应，反应后产生的物质具有一定的疏水效果，将空气中的 CO_2、H_2O 及氯盐等有害物质与混凝土隔绝开来，同时反应产物填充于混凝土表面的孔隙中，阻塞外界侵蚀离子的进入，保护混凝土以及内部钢筋不受侵害，提高混凝土的耐久性[106, 114-117]。研究表明[108-110, 118-119]采用渗透涂覆阻锈剂可以有效抑制海砂混凝土中钢筋锈蚀，这对于合理利用海砂资源具有重要意义。

1.3.4 海砂混凝土中氯离子对混凝土中胶凝材料的影响

深圳大学的邢峰团队对胶凝材料与海砂中氯离子的结合形式进行了系统研究[120-122]，研究发现与传统的掺入型氯离子与胶凝材料结合及传输方式不同，海砂型氯离子即海砂中的氯离子在混凝土中首先有一个从海砂表面到胶凝材料内部的渗透过程，渗透过程中与稳定后海砂中的氯离子有 60%左右被胶凝材料结合形成结合氯离子，并由此提出海砂型氯盐侵蚀概念。研究清楚海砂中氯离子在混凝土中的传输机理，为综合评价海砂混凝土以及促进、推广海砂在混凝土工程中的应用奠定了理论基础。

在使用海水海砂制备混凝土时，海水海砂中的氯离子并不是全部对混凝土中的钢筋造成伤害。一部分氯离子与水泥胶凝材料水化过程中产生的水化产物反应或结合，通过化学结合与物理吸附的形式，形成结合氯离子，结合氯离子对混凝土中的钢筋影响较小；没有被物理吸附或化学结合的氯离子则自由游离于混凝土孔隙液中，自由存在的氯离子则会对混凝土中的钢筋造成严重的损害，这部分氯离子称之为自由氯离子[123]，海砂混凝土中的氯离子存在形式如图 1-19、图 1-20 所示。

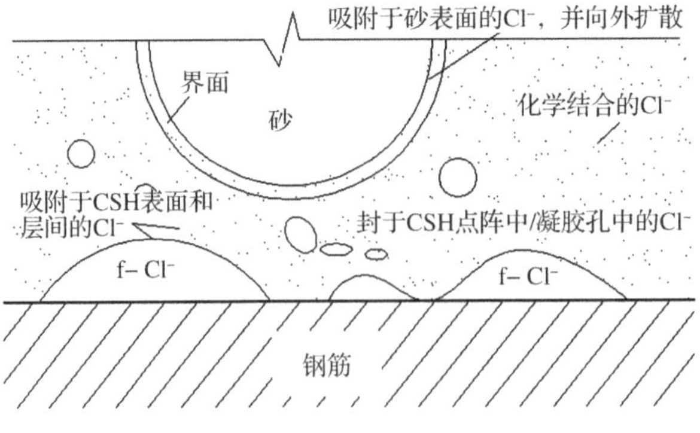

图 1-19　海砂混凝土中的氯离子存在形式[126]

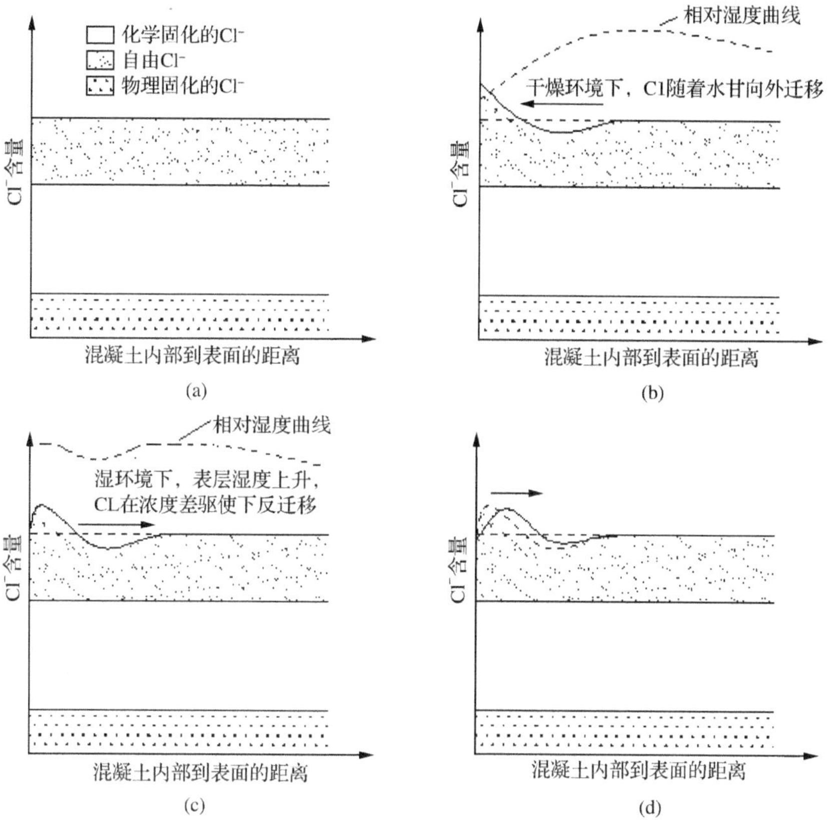

图 1-20　湿度变化(如干湿循环)作用下海砂混凝土中氯离子的内部迁移[126]

混凝土中氯离子的引入方式包括外渗型和内掺型，引入混凝土中的氯离子，大部分被物理吸附或者化学结合消耗掉，被混凝土中胶凝材料消耗的能力就是混凝土的氯离子结合能力[124]。从混凝土服役环境侵入的氯离子会与水泥中未水化颗粒 C_3A 和 C_4AF 反应生成 Friedel's 盐，此外还会以离子交换的形式从 AFm 相中置换阴离子形成 Friedel's 盐，这种就是外渗型氯离子；而像使用海水海砂作为原材料时引入的氯离子，则直接是和水泥中的与 C_3A 和 C_4AF 反应形成 Friedel's 盐，这种称之为内掺型氯离子[125]，如图 1-21 所示。

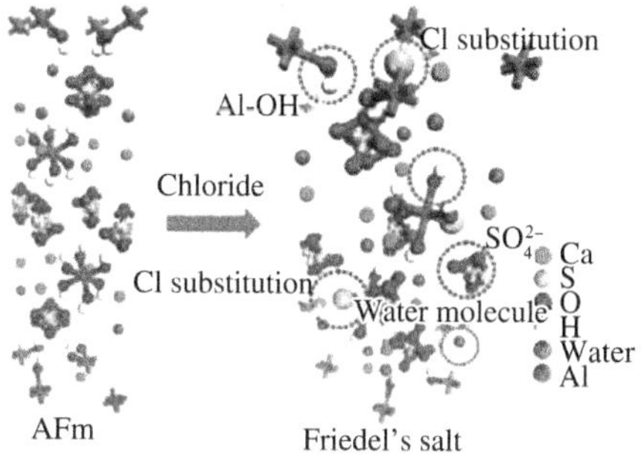

图 1-21　AFm 形成 Friedel's 盐的示意图[127]

1.4 混凝土的耐久性机理研究

钢筋混凝土结构在服役过程中主要遭受硫酸盐破坏、冻融破坏、碱集料破坏以及对内置钢筋的锈蚀破坏。对于混凝土结构遭受的各种侵蚀破坏，国内外学者进行了大量的机理研究。

1.4.1 硫酸盐侵蚀机理

从国内外研究结果和遭受硫酸盐侵蚀的沿海或海洋混凝土结构破坏实例分析可得到混凝土结构遭受硫酸盐侵蚀时有以下的特征：

(1) 混凝土结构表现出明显膨胀和开裂；

(2) 混凝土结构有些位置腐蚀较为严重，出现明显的剥落，局部位置表现出明显的集料裸露；

(3) 在低温环境下可能会形成泥状、无胶结能力的物质，导致混凝土结构强度出现明显的降低。

硫酸盐可以导致混凝土的膨胀、开裂、剥落，使混凝土降低或丧失强度和黏结性能。在硫酸盐侵蚀过程中会伴随很多次生过程，如盐结晶和镁盐侵蚀。根据硫酸盐和水泥水化产物形成的侵蚀产物种类分类，可分为钙矾石型硫酸盐侵蚀、石膏型硫酸盐侵蚀和碳硫硅钙石型硫酸盐侵蚀。

① 钙矾石型侵蚀

钙矾石(AFt)是硅酸盐水泥水化时较早出现的水化产物，当混凝土所处环境中的 SO_4^{2-} 向混凝土内部侵入时，水泥中未水化的 C_4AH_{13} 或 C_3A 与 SO_4^{2-} 进行反应并形成 AFt，反应过程如下：

$$C_3A + 3C\bar{S}H_2 + 26H \longrightarrow C_6A\bar{S}_3H_{32} \tag{1-2}$$

$$Ca(OH)_2 + SO_4^{2-} + 2H_2O \longrightarrow CaSO_4 \cdot 2H_2O + 2OH^- \tag{1-3}$$

$$C_4A\bar{S}H_{12} + 2C\bar{S}H_2 + 16H \longrightarrow C_6A\bar{S}_3H_{32} \tag{1-4}$$

当水泥石结构疏松时，未被水化产物填充的孔为 AFt 提供了处所。当混凝土结构相对致密，或者由于硫酸盐侵蚀造成大量 AFt 生成，溶解度极小的 AFt 不断析出并形成膨胀内应力。当产生的膨胀内应力大于混凝土的抗拉强度时，在宏观尺度表现为混凝土开裂和浆体剥落。

② 石膏型侵蚀

硬化水泥浆体中氢氧化钙与硫酸盐发生反应生成石膏，反应过程如下：

$$Ca(OH)_2 + SO_4^{2-} + 2H_2O \longrightarrow CaSO_4 \cdot 2H_2O + 2OH^- \quad (1-5)$$

$$C\text{-}S\text{-}H + 2H_2O + SO_4^{2-} \longrightarrow Ca\text{—depleted } C\text{-}S\text{-}H + CaSO_4 \cdot 2H_2O \quad (1-6)$$

随着硫酸盐侵蚀地进行，石膏不断形成，氢氧化钙不断被消耗造成水泥浆体pH值降低，低pH值环境造成混凝土中C-S-H失稳脱钙，从而引起混凝土的软化、强度降低等现象。

③ 碳硫硅钙石型硫酸盐侵蚀

近年来，由于碳硫硅钙石(thaumasite, TSA)引起破坏的工程在很多国家和地区出现。TSA型侵蚀使水泥混凝土中的胶凝材料变为“泥状”。通常TSA在低温(15℃以下，特别是0～5℃)及碳酸根离子存在的情况下形成。同时，pH值越高(≥10.5)越有利于碳硫硅钙石型硫酸侵蚀的发生，同时，TSA的产生过程中大量消耗C-S-H，造成混凝土强度生长不利，混凝土中的胶凝材料失去胶凝性变得无黏结力。

1.4.2 冻融破坏机理

在浸水饱和或潮湿状态下，由于温度正负交替变化使硬化的混凝土内部孔隙中的水冻结，产生冻结膨胀压、渗透压以及水中盐类的结晶压等，造成混凝土由表及里逐渐剥蚀的一种破坏现象称为冻融破坏[128]。国内外已有大量关于混凝土抗冻性的理论和试验研究，目前已经提出主要包括膨胀压理论、静水压理论、渗透压理论、结晶压理论等[129-133]理论。

膨胀压理论是最直观的一种冻融循环破坏机理。混凝土毛细孔中的水会在温度降低到冰点及以下后开始变成冰，从而发生一定程度的体积膨胀，体积膨胀毛细孔壁的约束作用产生膨胀压力，在孔周围的微观结构中产生拉应力。

Powers[134]首先提出混凝土冻融破坏的静水压力理论。当某些孔隙中的水冻结成冰时，混凝土的体积膨胀约为9%，迫使未冻结的孔隙溶液从冻结区域迁移到混凝土边界。孔隙溶液的运移需要克服黏滞阻力，产生静水压力。Powers

认为产生的静水压力大小与溶液的迁移距离、多孔介质内部的渗透性及结冰速率有关，如下式：

$$p_{\max}=\frac{v(1.09-\frac{1}{S})UCL}{3K} \tag{1-7}$$

式中，$p_{\max}$ 表示静水压力，MPa；v 表示水的黏度系数，Pa·s；S 表示饱水度，%；U 表示结冰速率，m/s；C 表示冷冻速度，m/s；K 表示多孔介质内部渗透性，m^3/s；L 表示水从结冰点到试件边界的最大距离，为两个相邻气泡距离的一半，m。

渗透压理论[135, 136]，渗透压理论认为混凝土冻结时，孔隙溶液的冰点与孔径尺寸有关，孔径越小，冰点越低。当大孔中的部分溶液先冻结后，由于混凝土孔隙液中含有 Na^+、K^+、Ca^{2+} 等离子，未冻溶液的离子浓度将不断提高，即大孔中未冻溶液的离子浓度大于小孔溶液，其结果将在大孔和小孔中的溶液之间形成浓度差。这种化学势能将产生渗透压，从而驱动小孔中未冻结的溶液迁移到冻结的大孔中。当渗透压力大于混凝土抗拉强度时，混凝土将受到破坏。

结晶压力论认为结晶产生的应力是引起冻融破坏的应力，与盐结晶类似，水结晶的时候也会产生应力——结晶压[137]。过饱和度是盐结晶的驱动力，而过冷度是冰的驱动力，晶核生成和长大的过程就是相变过程，并且这两种过程同时进行的。

1.4.3 氯盐侵蚀机理研究

混凝土中钢筋锈蚀的最主要原因是氯离子侵蚀，它是海工混凝土钢筋锈蚀的最常见形式。氯离子的来源有两种，一种是通过拌合水、集料和外加剂等原材料在混凝土浇筑过程中混入，称之为“内掺”；另一种是在海洋环境中的氯离子透过毛细孔侵入混凝土，称之为“外渗”。当氯离子侵入混凝土并与胶凝材料的水化产物发生反应时，部分氯离子会发生物理或化学结合，其余氯离子将游离于混凝土孔隙液中。由于被胶凝材料的水化产物结合掉的氯离子无法进行大自由度的迁移，无法移动到钢筋表面造成钢筋锈蚀；同时存在于混凝土孔隙液中的游离氯离子因为具有较高的自由度，是造成混凝土中钢筋锈蚀的主要“元凶”。混凝土内部的氯离子含量在混凝土成型后基本上已经稳定，外界环境氯离子侵入则是一个无法阻止的自然规律，需要通过提升混凝土的性能来降低氯离子在混凝土中的渗入速度。

钢筋混凝土结构耐久性劣化破坏的主要因素是钢筋锈蚀。钢筋锈蚀引起的混凝土裂缝缩短了钢筋混凝土结构的使用寿命。混凝土是一个固、液、气共存的非均质复杂系统。孔隙中充满饱和氢氧化钙溶液和少量氢氧化钠、氢氧化钾溶液，pH 值约为 12.5～14。因此混凝土中的钢筋表面一般会生成厚度为 2～6 nm 致密且强黏附性的钝化膜（γ-FeOOH），这层钝化膜限制了 O_2 和 H_2O 等有害物质的进一步侵入，因而处于"钝化"状态的钢筋一般不会发生腐蚀。由于混凝土碳化、氯离子侵蚀等因素，混凝土中钢筋的钝化膜也会被破坏。混凝土中钢筋在 O_2 和 H_2O 的影响下开始腐蚀。混凝土中钢筋开始腐蚀后，锈蚀钢筋的截面面积减小，导致钢筋混凝土结构承载力减小和钢筋握裹力下降；另一方面，腐蚀产物（铁锈，主要为 $Fe_2O_3 \cdot mH_2O$ 与 $Fe_3O_4 \cdot nH_2O$ 的混合物）会造成体积膨胀进而使混凝土内部形成拉应力，严重的会造成混凝土开裂，使整个混凝土结构不能安全使用，提前失效[138]。

1.4.4 碳化腐蚀机理研究

当环境中的 CO_2 与混凝土中的碱性物质与发生一系列物理化学反应生成 $CaCO_3$ 的过程，就是混凝土的碳化。碳化会使混凝土的碱性降低，从而失去对钢筋的保护作用，这是一般大气环境混凝土中钢筋锈蚀的前提条件[139]。在正常的大气环境下，混凝土中的碱性物质与 CO_2 的相互作用是一个很复杂的物理化学过程。混凝土是一个多孔介质，在其内部存在大小不同的毛细管、孔隙、气泡甚至缺陷，空气中的 CO_2 气体渗透到混凝土的孔隙中，与孔隙中的可碳化物质发生化学反应[140]。混凝土中可碳化物质主要有 $Ca(OH)_2$ 和 C-S-H。一般由于 C-S-H 含量低，其碳化反应不会导致混凝土孔隙溶液 pH 值变化，因此碳化反应主要考虑 $Ca(OH)_2$ 与 CO_2 的反应[140]：

$$\begin{aligned} &CO_2 + H_2O \longrightarrow H_2CO_3 \\ &Ca(OH)_2 + H_2CO_3 \longrightarrow CaCO_3 \downarrow + 2H_2O \end{aligned} \tag{1-8}$$

1.4.5 杂散电流腐蚀机理研究

杂散电流又称"迷流"，是不按照预定路线流通的泄漏电流[141]。与混凝土常见的氯离子侵蚀以及碳化侵蚀一致，杂散电流腐蚀对钢筋混凝土造成的损害均属于电化学腐蚀。当杂散电流进入到混凝土中的钢筋中，一开始，钢筋就出现了极化现象。一旦形成闭合电路，混凝土中的钢筋就处于通电状态，此时电化学腐蚀不断在钢筋处发生。杂散电流腐蚀属于电解腐蚀的一种，理论上满足 Faraday 定律，即钢筋的杂散电流腐蚀量与通过钢筋的电量成正比，其关系见式 1-9：

$$W=\frac{M}{nF}Q=kIt \tag{1-9}$$

式中 W 表示钢筋在时间 t 内的腐蚀量，单位为 kg；M 表示钢筋的摩尔质量，单位为 kg/mol；Q 表示时间 t 内流过的电量，单位为 C；n 表示钢筋被氧化过程中失去的价电子数；F 为 Faraday 常数，1 F = 96 485 C/mol；I 表示流出混凝土中钢筋的杂散电流，单位为 A；k 表示钢筋杂散电流腐蚀的电化学当量，$k=M/nF$[kg/(A·s)]。

1.4.6 其他侵蚀破坏机理

在海洋环境服役的混凝土结构常常会受到海浪冲击，结构上某些部位在重复荷载的作用下易发生疲劳损坏。此外，混凝土服役环境中如果含有一定的泥砂，波浪冲击过程中混凝土结构表面会产生冲刷磨损作用，导致混凝土大面积剥落。微生物腐蚀是指附着在混凝土表面的微生物生命活动引起或者促进材料的腐蚀和破坏行为。附着在混凝土表面的微生物的新陈代谢产物包括氨基酸和其他酸类，对混凝土结构具有一定的腐蚀作用，从而改变混凝土表面形貌，加快混凝土的中性化进程[142]。混凝土中存在的结晶盐通常是溶解度较高的盐，在混凝土内部达到浓度平衡后，当外界相对湿度降低时，会导致毛细孔中的水分蒸发，盐溶液被浓缩，直到结晶产生的结晶压力导致混凝土材料破坏。

混凝土的水化产物都属于碱性物质，并且都在一定程度上溶于水，只有在液相石灰含量超过水化产物自身极限浓度的条件下，这些水化产物才能稳定，不溶解于水中。当环境 pH 值降幅过大打破这种平衡后，水化产物氢氧化钙在孔隙溶液与外部环境的物质的量浓度梯度作用下不断流失，从而引起 C-S-H 凝胶、钙矾石不断脱钙溶出，导致孔隙溶液中 Ca^{2+} 的浓度不断下降，pH 值进一步降低，使水化产物逐渐失去胶凝性进而破坏水泥石的结构。

酸对于混凝土的侵蚀作用，一般是由于一些水泥水化产物被溶解，使水泥混凝土的结构被破坏，丧失凝聚力[143]。混凝土服役环境中的 CO_2、H_2S、SO_2、SO_3 等酸性气体溶于水后，与混凝土中的水化产物 $Ca(OH)_2$ 大量反应，伴随着 $Ca(OH)_2$ 的损失，混凝土出现结构破坏。H_2S 溶于水后与混凝土中的 $Ca(OH)_2$、C-S-H 反应，反应式如下[144]：

$$Ca(OH)_2 + H_2S \longrightarrow CaS + 2H_2O \tag{1-10}$$

$$C\text{-}S\text{-}H + H_2S + H_2O \longrightarrow CaSO_4 \cdot H_2O + C_mS_nH_x \tag{1-11}$$

1.5 X-CT 技术在超高性能混凝土研究中的应用

随着计算机技术的高速发展，CT 技术（Computed Tomography）逐渐被应用于混凝土材料的研究中，从而建立了混凝土真实细观结构与宏观性能间的联系[145-149]。X-CT 是一种无损检测技术，它以 X 射线为能量源，并通过计算机重构得到被研究对象内部特征属性。在 X-CT 技术被广泛应用于混凝土材料研究的近十几年中，其对混凝土及相关性能的研究范围越来越全面，同时可以起到的作用也越来越重要。针对混凝土中水泥的水化进程变化、混凝土中完整孔结构的系统分析、固体外加剂在混凝土中的分散情况、混凝土结构损伤分析以及各种侵蚀作用下混凝土特征变化等方面，X-CT 技术表现出独有的技术优势，其在混凝土领域的研究成果越来越被行业内所认可[145-149]，X-CT 设备如图 1-22 所示。

(a) X-CT 设备　　(b) X-CT 设备内部样品台

图 1-22　X-CT 测试设备[150]

Liu 等[150]基于 CT 图像建立了一种考虑骨料尺寸、形状和分布的多边形随机骨料建模方法及几种代表性截面形状的细观混凝土模型，为建立更大尺度的混凝土构件模型奠定了研究基础。Wang 等[151-153]在研究混凝土细微观非匀质性时借助 X-CT 技术获得混凝土连续切片并构建出三维重构模型，通过构建并分析模型，研究不同外力作用下混凝土的力学响应，总结其破坏机理。在通过孔结构研究混凝土整体宏观性能时，针对混凝土中孔结构可能存在的不足，Tian[154]通过 CT 图像分析表征了混凝土中孔结构的孔隙率和孔径分布。王宇[155]通过研究混凝土的 CT 图像也提出了土石混合体孔隙率的计算方法。吴文亮[156]等基于 CT 技术研究了交通工程中沥青混凝土路面内空隙的分布特性沿混凝土深度的变化规律。覃茜和徐千军[157,158]利用 CT 图像对混凝土内部初始缺陷的空间形貌进行了重构，并通过椭球近似表示缺陷，从而获得对混凝土初始缺陷分布规律的定量描述。在混凝土耐久性变化研究中，Jiang 等人[159]通过 16 mm 分辨率的 X-CT 扫描技术，发现了腐蚀过程中水泥砂浆覆盖层的形变与开裂规律，是一项重大的发现。Jang 等人[160]通过 X-CT 技术研究并记录了腐蚀过程中钢筋混凝土的整个变化过程，包括腐蚀产物的形成以及因此造成的局部开裂和裂纹扩展。Savija 等人[161]也通过 X-CT 技术研究了不同种类钢筋在混凝土中的腐蚀变化规律与差异，获得了较好的效果。

Miletić 等人[162]从预应力桥梁中提取了圆柱形 UHPC 样本，通过显微计算机断层摄影术(Micro-CT)获得了高分辨率的 Micro-CT 图像，如图 1-23 所示。利用扫描数据，进行三维图像重建和图像处理，通过基于局部强度梯度的图像后处理技术获得定量的纤维信息。试验结果表明，纤维排列具有高度的各向异性，纤维主要沿一个方向排列，这与铸造工艺和流动有关。Ruan[163]比较了常规成像、X 射线计算机断层扫描(CT 扫描)和电导率三种技术在超高性能混凝土(UHPC)中纤维分布研究中的优劣势。Xu[164]等人通过 X 射线计算机断层扫描(X-CT)和扫描电子显微镜(SEM)对 UHPC 的细观和微观进行分析，探讨了 UHPC 的蠕变机理，如图 1-24 所示。Kang[165]采用 X 射线计算机断层扫描(X-CT)和压汞法(MIP)两种方法研究了 UHPC 在 3 nm～10 mm(直径)范围内的孔隙结构，研究发现由于可测孔隙尺度的不同，每种方法提供的总孔隙度和孔径分布也不同。Oesch[166]使用 X 射线计算机断层扫描(X-CT)对从 FRC 板提取的岩芯样品和在模具中单独制备的 FRC 样品进行评估，并从生成的 CT 图像中提取纤维取向的测量值。结果表明，纤维在板坯内部的取向是高度各向异性的，而在单独浇注的样品中纤维的取向分布更加不均匀。Wang[167]等人利用X射线CT技术研究了UHPC试样中钢纤维和气泡的空间分布，如图1-25、图1-26所示。Gu[168]通过X射线计算机断层扫描(X-CT)、压汞法(MIP)和扫描电子显微镜(SEM)对冻融前后UHPC基体的微观结构进行检测。Oesch[169]等人为了实现这一目标，需要在很小的尺度上了解损伤起始和生长的性质。通过使用X射线计算机断层摄影术(X-CT)收集微尺度数据来了解UHPC在很小的尺度上损伤起始和生长的过程。从X射线CT图像中收集到的裂纹体积和表面积测量结果发现，裂纹体积和表面积与力学性能特征(如载荷和刚度)之间有明确的关系。这些趋势在刚度与裂缝体积和表面积之间呈现负梯度关系。在载荷与裂纹体积和表面积的相关性研究中也发现了一个明显的正梯度关系。

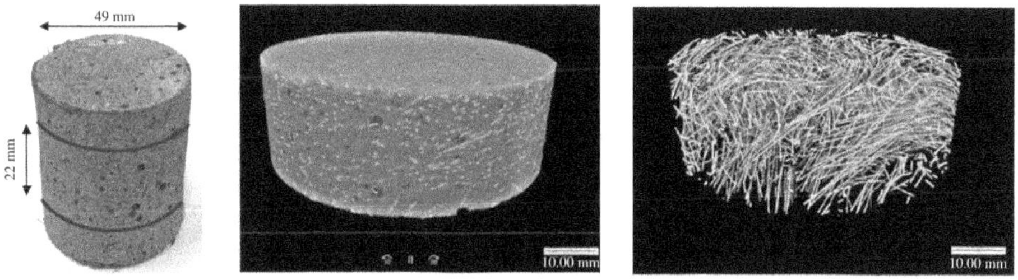

(a) 标记区域　(b) 样本的三维图像重建　(c) 提取的钢纤维的三维图像重建

图1-23　UHPC样品[162]

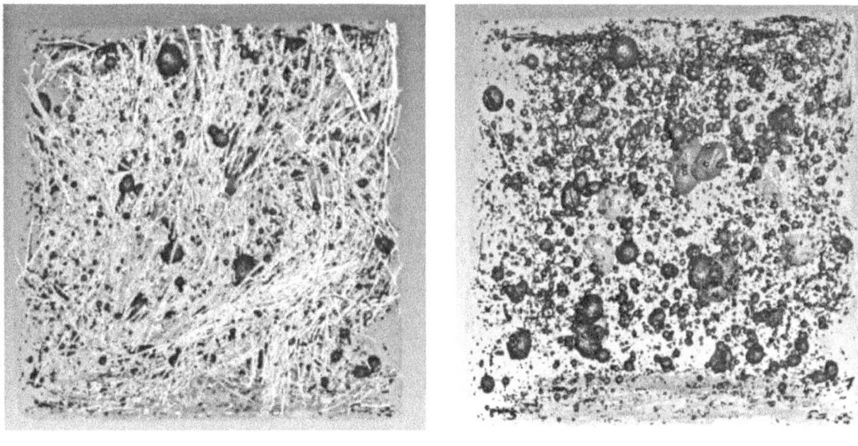

(a) 混凝土中钢纤维的分布　(b) 混凝土中孔的分布

图1-24　混凝土孔结构[164]

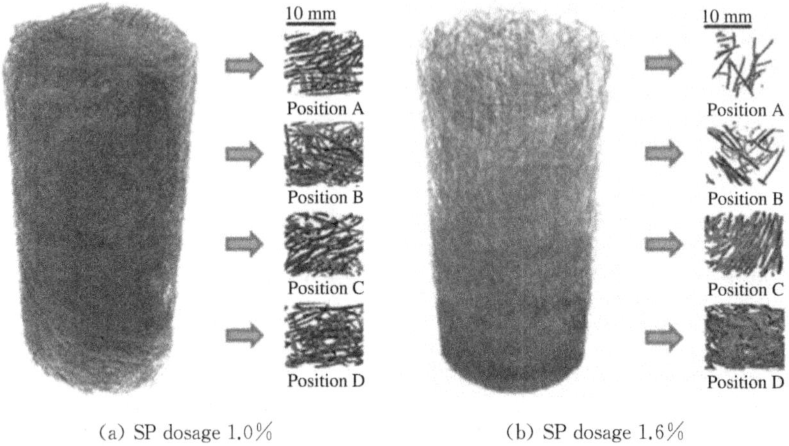

图 1-25 钢纤维在 UHPC 混凝土中的三维分布(2%钢纤维)[167]

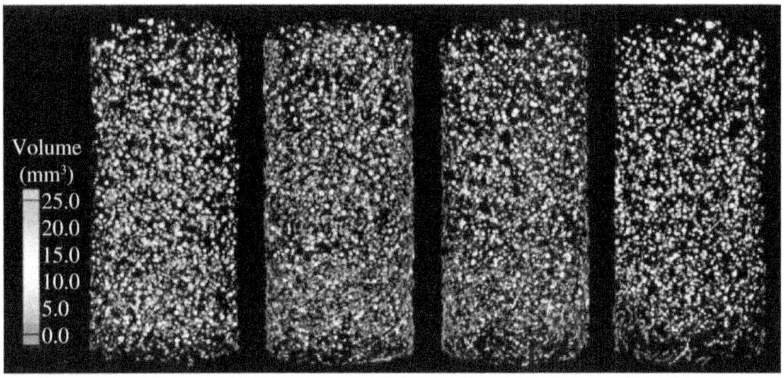

图 1-26 含 2%钢纤维的 UHPC 圆柱体试样中气泡分布(大于 2 mm)[167]

1.6 存在问题与研究内容

1.6.1 目前存在的主要问题

UHPC 由于其优异的性能，在过去几十年获得了广泛关注和系统研究，同时积极开展了工程应用并获得良好的市场反应。近年来，由于淡水与河砂资源的短缺问题日益尖锐，使用丰富的海水海砂资源制备混凝土已经成为行业内的研究热点。海水海砂混凝土的研制对缓解日益匮乏的河砂资源、实现可持续发展以及建设海洋强国具有深远的经济与社会效益。结合目前的研究现状，对UHPC以及海砂混凝土的研究成果颇丰，但是仍然存在以下主要问题：

(1) 在海水海砂混凝土的制备中仍然需要通过海水海砂淡化处理、添加氯离子固化剂、使用缓蚀剂或者其他缓蚀材料等方式来提高混凝土的各项性能指标，增加了工序与成本，并不能保证超高力学性能与优异耐久性的兼顾。如何从混凝土配合比设计着手，在降低化学外加剂使用的同时设计出具有较高力学性能与耐久性的海水海砂混凝土，是一项紧张又迫切的任务。

(2) 由于海水和海砂中氯离子等腐蚀性离子含量较高，在早期世界各地均出现"海砂屋"现象。UHPC具备超高的力学性能，基于UHPC的制备方法研制海水海砂超高性能混凝土是一种新的思路。海水海砂超高性能混凝土的力学性能可以达到什么水平，与淡水河砂UHPC相比力学性能差异如何有待深入研究。

(3) UHPC具有优异的耐久性，国内外学者针对UHPC的耐久性已经开展了广泛的研究，但是深入到耐久性变化机理的研究较少。围绕海砂混凝土的耐久性研究多是针对氯离子的侵蚀规律、固化技术，缺乏系统的耐久性变化机理研究。将海水海砂应用到UHPC中制备海水海砂超高性能混凝土，其耐久性变化规律以及耐侵蚀机理如何，亟待系统的研究。

(4) 传统的混凝土海水腐蚀试验多是配制模拟海水溶液或模拟海洋环境潮汐变化，虽然可以一定程度反应真实情况，但是无法还原海洋环境复杂多变的真实情况，在海洋环境实地开展的研究较少，针对性地开展UHPC在海洋环境的腐蚀机理研究更是少之又少。因此，对海水海砂超高性能混凝土进行海洋实地环境服役性研究并探明其腐蚀机理具有深远的意义。

1.6.2 研究内容

基于海水海砂混凝土与UHPC的研究现状，本研究结合国家发展战略与工程实际问题，从使用丰富的海水海砂资源角度着手，尝试基于UHPC的制备理念研发海水海砂超高性能混凝土。随后围绕海水海砂与淡水、河砂制备的UHPC进行了早期性能、力学性能、耐疲劳性、耐久性对比研究，对海水海砂超高性能混凝土的各项性能进行测试并比较其与淡水河砂UHPC之间的差异。在实验室研究的基础上对海水海砂超高性能混凝土进行海洋环境服役性研究，以南海实地环境测试本文研发海水海砂超高性能混凝土的服役效果并探明其海洋环境腐蚀机理。最后尝试通过 SEM、MIP、XRD 和 EDS 等技术研究海水海砂超高性能混凝土的耐久性变化机理，基于 X-CT 技术对海水海砂超高性能混凝土进行建模分析，研究其力学与耐久性能提升机理。研究内容主要包括以下几个方面：

(1) 海水海砂超高性能混凝土的制备

针对海砂混凝土力学性能不佳、钢筋易锈蚀破坏等问题，基于“紧密堆积原则”制备海水海砂超高性能混凝土。为了充分利用工业废渣、降低混凝土成本，在混凝土设计时大掺量使用粉煤灰、硅灰形成“水泥＋粉煤灰＋硅灰”三元胶凝体系，提高资源利用率。采用超低水胶比并使用高温热水养护，节约水资源、显著提高混凝土材料力学性能的同时大大缩短了养护时间。实现使用海水海砂制备的混凝土兼具超高力学性能与优异的耐久性。

(2) 海水和海砂的使用对超高性能混凝土早期性能的影响

通过量热法研究海水中的氯离子以及粉煤灰和硅灰等矿物掺合料对水泥水化进程的影响，比较研究海水海砂、钢纤维三种因素对新拌水泥基浆体流动度和黏度的影响，通过波纹管方法研究海水和海砂对混凝土早期自收缩的影响。同时，在 pH 值和自由氯离子含量两个指标上比较海水海砂与淡水河砂混凝土在早期硬化阶段碱度变化以及混凝土中自由氯离子含量的差异。综合比较海水海砂与淡水、河砂制备的超高性能混凝土在物理与化学性能上的差异。基于 X-CT 技术建立海水海砂超高性能混凝土的三维模型，研究海水海砂超高性能混凝土的孔结构以及钢纤维分布，并通过微观表征技术研究混凝土中水泥砂浆部分的特征，综合比较海水海砂超高性能混凝土与淡水河砂超高性能混凝土的差异。

(3) 海水海砂与淡水、河砂制备超高性能混凝土的性能差异形成机制

UHPC 是一种由水泥砂浆、孔隙和钢纤维组成的超高强度水泥基材料。初步研究发现，海水海砂超高性能混凝土与淡水河砂超高性能混凝土的力学和耐久性总体上处于同一水平，但仍存在一些差异。采用 X-CT、SEM、XRD 和 MIP 等技术对海水海砂超高性能混凝土与淡水河砂超高性能混凝土的性能进行了系统研究。最后，总结并提出海水海砂和淡水、河砂制备 UHPC 的性能差异机理。

(4) 海水海砂与淡水、河砂制备超高性能混凝土的力学性能与耐疲劳性差异

力学性能是混凝土材料最重要的性能特征，通过测试静态力学抗压强度、抗折强度研究海水海砂与淡水、河砂制备混凝土的力学性能，比较不同养护方式对混凝土力学性能造成的差异。疲劳问题是混凝土实际应用中最主要的破坏特征之一，使用 UTM-100 疲劳试验机重点比较了不同荷载、不同加载循环次数条件下海水海砂超高性能混凝土与淡水河砂超高性能混凝土的耐疲劳特征。

(5) 海水海砂超高性能混凝土的耐久性变化规律与抗侵蚀机理

系统比较了海水海砂超高性能混凝土与淡水河砂超高性能混凝土的抗碳化性能、抗冻性、耐火性、抗氯盐侵蚀性能、抗硫酸盐侵蚀性能以及护筋性。采用 SEM、XRD、MIP 和 EDS 等技术分析了各种腐蚀条件下混凝土的结构、形貌、浆体水化产物变化特征，并尝试总结海水海砂超高性能混凝土的抗侵蚀机理。通过在南海实地环境测试，研究海水海砂超高性能混凝土的形貌变化、力学性能变化、碳化情况以及混凝土孔隙液 pH 值与自由氯离子含量变化，对混凝土的性能特征进行宏观评价。采用 SEM、XRD、MIP 技术分析海洋环境测试前后混凝土的孔结构变化与混凝土腐蚀情况，进而探索海水海砂超高性能混凝土在南海海洋环境的受侵蚀机理。

1.6.3 研究路线

本研究使用海水和海砂替代传统的淡水河砂制备出海水海砂超高性能混凝土，在控制配合比一致的前提下制备淡水河砂超高性能混凝土作为对照。开展力学性能与耐久性研究，对比研究海水海砂超高性能混凝土与淡水河砂超高性能混凝土之间的性能差异；通过室内加速试验与海洋环境测试对比，研究海水海砂超高性能混凝土的各项性能及其与现场表现出的差异；通过宏观与微观研究相结合，既探究海水海砂超高性能混凝土与淡水河砂超高性能混凝土的性能变化规律，同时探明其机理；通过表征加建模的方法开展研究，更加全面地对海水海砂超高性能混凝土与淡水河砂超高性能混凝土进行对比分析。相关的技术路线也以此为基础。本书的研究技术路线如图 1-27 所示。

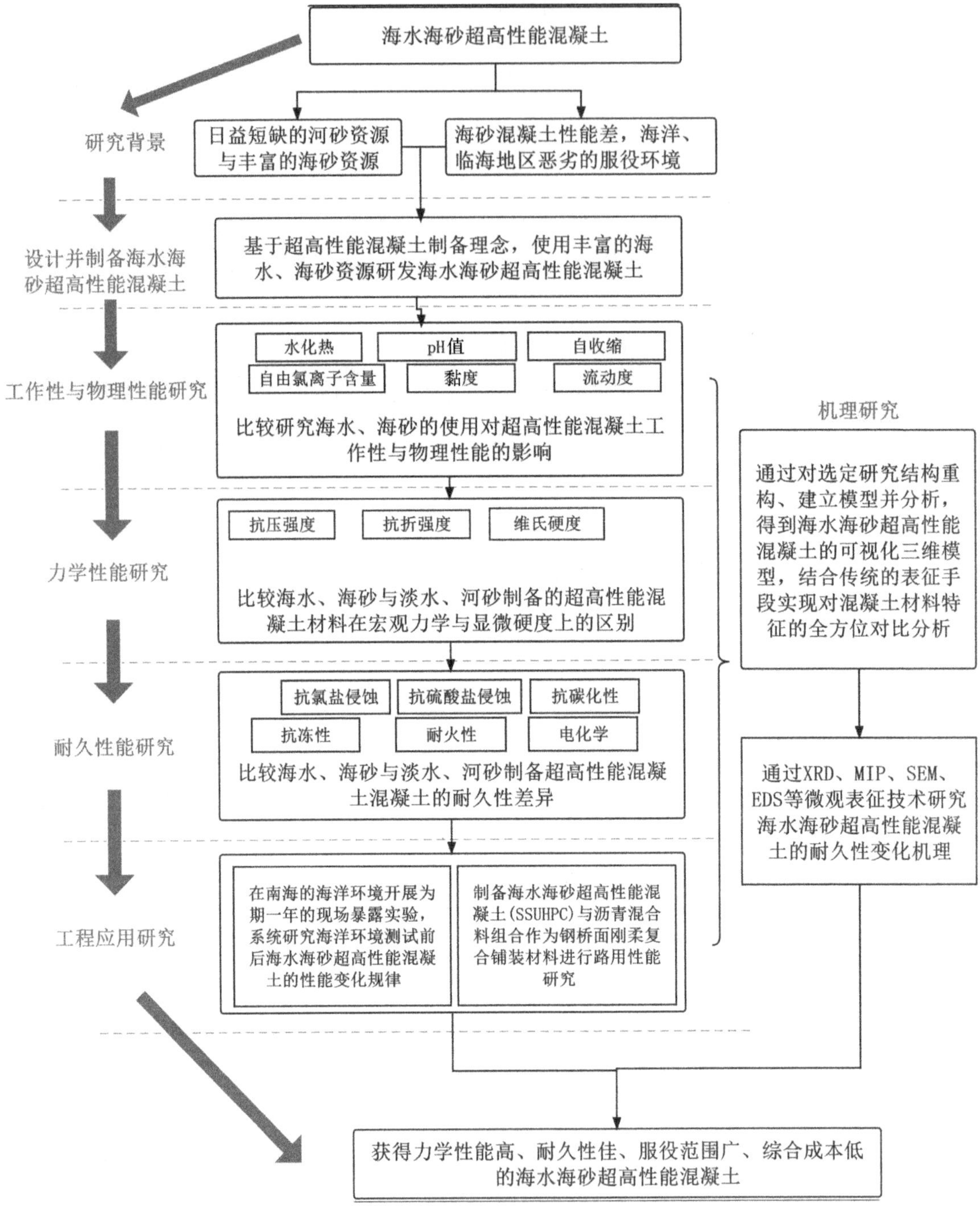
海水海砂超高性能混凝土
研究背景
日益短缺的河砂资源与丰富的海砂资源
海砂混凝土性能差，海洋、临海地区恶劣的服役环境
设计并制备海水海砂超高性能混凝土
基于超高性能混凝土制备理念，使用丰富的海水、海砂资源研发海水海砂超高性能混凝土
工作性与物理性能研究
水化热
pH值
自收缩
自由氯离子含量
黏度
流动度
比较研究海水、海砂的使用对超高性能混凝土工作性与物理性能的影响
机理研究
通过对选定研究结构重构、建立模型并分析，得到海水海砂超高性能混凝土的可视化三维模型，结合传统的表征手段实现对混凝土材料特征的全方位对比分析
力学性能研究
抗压强度
抗折强度
维氏硬度
比较海水、海砂与淡水、河砂制备的超高性能混凝土材料在宏观力学与显微硬度上的区别
耐久性能研究
抗氯盐侵蚀
抗硫酸盐侵蚀
抗碳化性
抗冻性
耐火性
电化学
比较海水、海砂与淡水、河砂制备超高性能混凝土混凝土的耐久性差异
通过XRD、MIP、SEM、EDS等微观表征技术研究海水海砂超高性能混凝土的耐久性变化机理
工程应用研究
在南海的海洋环境开展为期一年的现场暴露实验，系统研究海洋环境测试前后海水海砂超高性能混凝土的性能变化规律
制备海水海砂超高性能混凝土(SSUHPC)与沥青混合料组合作为钢桥面刚柔复合铺装材料进行路用性能研究
获得力学性能高、耐久性佳、服役范围广、综合成本低的海水海砂超高性能混凝土

图 1-27　技术路线

第 2 章
海水海砂超高性能混凝土的设计与制备

2.1 SSUHPC 的设计

使用海砂和海水替代传统的河砂和淡水资源制备混凝土,可以显著降低成本,解决资源短缺问题。基于 UHPC 的制备理念,如何合理使用丰富的海水海砂资源,同时减少化学外加剂的使用、充分利用工业废渣等矿物掺合料,制备出具有较高力学性能与耐久性的海水海砂超高性能混凝土,是本研究的宗旨。

2.1.1 原材料技术要求

(1) 水泥

水泥是混凝土原材料组成中重要的胶凝材料,胶凝材料可分为硅酸盐类水泥、非硅酸盐类水泥以及其他类别的胶凝材料[170]。

硅酸盐类水泥又包括通用硅酸盐水泥、海洋工程专用硅酸盐水泥、抗硫酸盐硅酸盐水泥以及中低热硅酸盐水泥。根据组成比例不同,通用硅酸盐水泥可分为硅酸盐水泥、普通硅酸盐水泥、矿渣硅酸盐水泥、火山灰质硅酸盐水泥、粉煤灰硅酸盐水泥以及复合硅酸盐水泥。

非硅酸盐类水泥可分为硫铝酸盐水泥和铁铝酸盐水泥,自发明至今已有 30 余年,在许多领域得到广泛的应用,包括福建东山岛南门海堤修复工程、青岛黄岛防砂堤、烟台-威海高速公路桥桥梁桥桩修补等工程。

其他类别的胶凝材料包括碱激发胶凝材料、磷酸镁水泥。

由于海洋环境的特殊性,包括海水化学组成、微生物、温度变化、潮差、盐雾等因素，混凝土结构在海洋环境下存在严重的海水腐蚀、强度降低、混凝土耐久性差等问题。为了保证混凝土结构在海洋这样恶劣的环境中能长期安全服役，通常对使用的水泥有以下要求：

① 水泥浆体结构稳定、密实，具有良好的抗渗性；

② 水泥水化产物稳定，抗腐蚀能力强；

③ 水泥浆体孔溶液长期保持高碱性，水化产物对氯离子的结合能力强；

④ 熟料的矿物组成合理、水泥碱含量低；

⑤ 水泥水化热低、早/后期强度发展合理、力学性能长期稳定。

在配制超高性能混凝土时，应考虑水泥与高效减水剂的相容性，从水泥的矿物成分看，应选用 C_3A 含量较低的水泥；水泥的比表面积不宜过大，以保证水泥具有较小的需水量。配制混凝土时宜选用强度等级不低于 42.5 且质量稳定的硅酸盐水泥或普通硅酸盐水泥。

(2) 矿物掺合料

矿物掺合料也称为辅助性胶凝材料，包括矿渣、粉煤灰、石灰石粉、硅灰等工业废渣或者天然物质，用于混凝土中部分取代水泥，具有潜在的胶凝性；高掺量的矿渣、粉煤灰使混凝土具有耐腐蚀性好、后期强度高等特征，同时矿物掺合料的使用可以部分替代水泥以达到降低混凝土制备成本的目的[171-176]。在常用的掺合料中粉煤灰的水化活性相对较低，替代水泥的比例一般不超过五分之一[15-18]，过多使用会造成混凝土强度下降幅度明显增加。硅灰的活性在常用掺合料中最高，但是因其对混凝土工作性的影响较大且价格较高，因此掺量一般不超过 15%[15-18]。

① 粉煤灰

按照《用于水泥和混凝土中的粉煤灰》(GB 1592—2005)的规定，根据粉煤灰的细度、需水量、烧失比、含水率等指标将其分为Ⅰ级、Ⅱ级和Ⅲ级，当粉煤灰与水泥混合时，Ⅰ级粉煤灰的 28 天活性指数不低于 70%。超细粉煤灰颗粒较细，玻璃粒子的聚集度小，单个玻璃微珠体多，光滑球形粒子在水泥浆体中起到润滑、滚动作用，因粒子表面吸附而出现的双电层结构加强了润滑作用。在流动性、和易性得到改善的同时，增加了保水性和均匀性，降低了需水量，起到了减水作用。在超高性能混凝土中应用粉煤灰，可以改善新拌混凝土的流变性质。

在常用的掺合料中粉煤灰的水化活性相对较低，替代水泥的比例一般不超过五分之一，过多使用会造成混凝土强度下降幅度明显增加。

② 矿渣粉

按照《用于水泥、砂浆和混凝土中的粒化高炉矿渣粉》(GB/T 18046—2017)的规定，根据矿渣粉的比表面积和活性指数，可将其分为 S75、S95、S105 三个等级。矿渣粉的主要成分为 SiO_2 和 CaO，特别是 CaO 含量通常达到 40%左右，可较高比例地替代水泥。

③ 石灰石粉

石灰石粉是一种混凝土掺合料，有类似其他矿物掺合料的效应，如微集料效应、微晶核效应、形貌效应、密度效应、分散效应。除此之外，石灰石粉具有"憎水效应"，超细石灰石粉因为其表面的需水膜很薄，需水量少，当石灰石粉的粒径与水泥的粒径基本相同时，由于其良好的憎水性能，能够有效地改善混凝土的和易性。石灰石粉在混凝土中的掺加，可以改善拌和物的高黏度，更方便浇筑成型。石灰石粉在混凝土中替代水泥的比例通常为 20%～30%。

④ 硅灰

硅灰是从冶炼硅铁和工业金属硅工厂的烟道收集的超细粉料。按照《砂浆和混凝土用硅灰》(GB/T 27690—2011)所规定的，硅灰中 SiO_2 含量不应低于 85%。硅灰是超高性能混凝土中最常用的活性组分，由于其高活性和颗粒填充作用，对于超高性能混凝土强度的保证具有重要作用。硅灰在超高性能混凝土中主要起如下作用：

火山灰效应：硅灰具有极强的火山灰活性。拌和混凝土时，硅灰的部分小颗粒迅速溶解，并与水化产物 $Ca(OH)_2$ 反应生成 C-S-H 凝胶，填充于水泥石结构之中，改善浆体的微观结构，提高硬化体的力学性能和耐久性，改善水泥石与骨料表面之间的界面区的性能。

填充效应：硅灰的平均粒径比水泥粒径低 2 个数量级，能够很好地填充于水泥颗粒的空隙间，增加了超高性能混凝土浆体的密实度，提高了超高性能混凝土的强度。

形态效应：硅灰具有极好的球形颗粒形态，其形态效应可以明显提高超高性能混凝土浆体的流变性能。

硅灰的活性在常用掺合料中最高，但是因其对混凝土工作性的影响较大且价格较高，因此掺量一般不超过 15%。

⑤ 钢渣粉

用于混凝土中的钢渣粉是采用转炉或者电炉炼钢的废渣，钢渣粉的颗粒呈不规则状且硬度较高，用在混凝土中可以显著提高混凝土的耐磨性。

⑥ 其他类型的掺合料

其他类型的掺合料包括火山灰质材料、沸石粉、石英粉、偏高岭土等。

掺合料作为矿物外加剂，不同的种类具有不同的特点。具有潜在活性的掺合料往往具有火山灰活性，一方面可以促进水泥深入水化，另一方面自身可在有水的条件下硬化并产生一定强度。超细掺合料（粒径小于 10 μm）可以通过不同的机理和表现形式产生微填充效应，提高混凝土的密实性和水化程度，增加强度和抗渗性。同时，采用两种或者两种以上掺合料复合使用，能获得更好地提高混凝土力学与耐久性效果。在本文海水海砂超高性能混凝土的原材料设计中使用粉煤灰与硅灰两种矿物掺合料，粉煤灰和硅灰的水泥替代量分别为 25%和 15%。

（3）集料

集料是混凝土原材料中重要的组成部分，集料最初的功能是代替混凝土中价格较高的水泥填充一定体积以降低成本。按照粒径大小可将集料分为细集料与粗集料，粒径为 0.16～5 mm 的岩石颗粒为细集料，粒径大于 5 mm 的岩石颗粒为粗集料。按照密度大小可分为轻集料、普通集料和重集料，按照来源可分为天然集料和人工集料，按照集料在混凝土中化学活性程度不同又可分为活性集料与非活性集料。

由于超高性能混凝土的配制思路是剔除粗骨料，因此选用的细骨料多为颗粒粒径在 0.5～1 mm 之间的石英砂[177]。在进行骨料选用时，应尽量选择粒径分布相对集中且偏细的砂进行混凝土的配制，在本书海水海砂超高性能混凝土的原材料设计中使用细度模数为中砂的河砂与海砂。

（4）减水剂

减水剂是指在混凝土和易性及水泥用量不变的前提下，减少拌合用水量、提高混凝土强度；或者在和易性及强度不变的前提下节约水泥用量的外加剂。自 20 世纪 30 年代木质素磺酸盐减水剂被发明以来，减水剂经过了几十年的发展，形成了种类丰富的体系。普通减水剂、高效减水剂以及高性能减水剂三大类是目前最主要的减水剂类形。

普通减水剂包括木质素磺酸盐类、蜜糖类、腐殖酸类；高效减水剂包括萘系减水剂、丙酮减水剂、氨基磺酸盐减水剂以及三聚氰胺系减水剂;高性能减水剂主要是指聚羧酸减水剂。聚羧酸减水剂具有掺量低减水率高(30%以上),保坍性能好、收缩低且对凝结时间影响小,主要用于配置高流态、高保坍、高强混凝土,尤其在超高性能混凝土的制备上应用最广泛。

由于超高性能混凝土的水胶比极低(通常低于0.25),为保证超高性能混凝土拌和物易于成型和高的密实度,从而具有超高的力学性能,必须掺入一定量的高性能减水剂[178,179]。从某种意义上来说,高性能减水剂的性能(与水泥相容性、减水率及引气量等)直接决定了所配制超高性能混凝土的性能。在选择减水剂时,减水剂与水泥的相容性、减水率及引气量等因素应主要考虑。通常选用与水泥相容性良好、减水率高且引气量适当的减水剂来配制超高性能混凝土,在本书海水海砂超高性能混凝土的原材料设计中使用聚羧酸高性能减水剂。

(5) 钢纤维

钢纤维能够改善超高性能混凝土的力学性能,目前钢纤维已经成为超高性能混凝土制备必不可缺的材料之一。为了提高UHPC的韧性,一定要添加适量的钢纤维[180,181],为了避免并改善钢纤维团聚、分散性能差的问题,一般选择短切钢纤维,在UHPC中一般选择掺入长度6～20 mm的钢纤维。钢纤维长度过短时无法在水泥基材料中产生效力[182]。在本书海水海砂超高性能混凝土的原材料设计中使用长度为14 mm的镀铜光圆钢纤维。

(6) 拌合水

混凝土用水的水质应符合《混凝土用水标准》(JGJ 63—2006)标准要求。沿海地区淡水资源匮乏,必要时可采用海水进行混凝土拌合。目前海水的使用方式主要有海水直接使用和海水脱盐淡化后使用[183]。在本书海水海砂超高性能混凝土的原材料设计中使用淡水和模拟海水进行混凝土的拌合。

2.1.2 配合比设计

(1) 混凝土配合比参数的选择

水胶比:水胶比较高时,混凝土的强度和耐久性往往会低于水胶比处于低水平时的强度和耐久性。根据不同的目的和使用环境,需要设计合适的水胶比,以满足强度、耐久性和工作性的要求。制备抗压强度为200.0 MPa的UHPC时通常将水胶比控制在0.18～0.22之间。过低的水胶比会造成混凝土搅拌困难、流动性差，无法获得密实的效果，更无法保证后期强度与耐久性；水胶比过高则 UHPC 的抗压强度无法得到保证。由于海水海砂中的氯离子可以起到改善混凝土的效果，在本书海水海砂超高性能混凝土的配合比设计中尝试 0.14 的超低水胶比。

矿物细掺料掺量：在进行混凝土制备时矿物掺合料的掺量一般控制在 25%～55%之间。可以采用硅灰、磨细矿粉、钢渣粉、优质粉煤灰、石灰石粉等矿物掺合料，其中硅灰的掺量一般在 15%左右。在本书海水海砂超高性能混凝土的配合比设计中设定粉煤灰掺量 25%、硅灰掺量 15%，矿物掺合料总掺量为 40%，超细粉-硅灰的填充效应如图 2-1 所示。

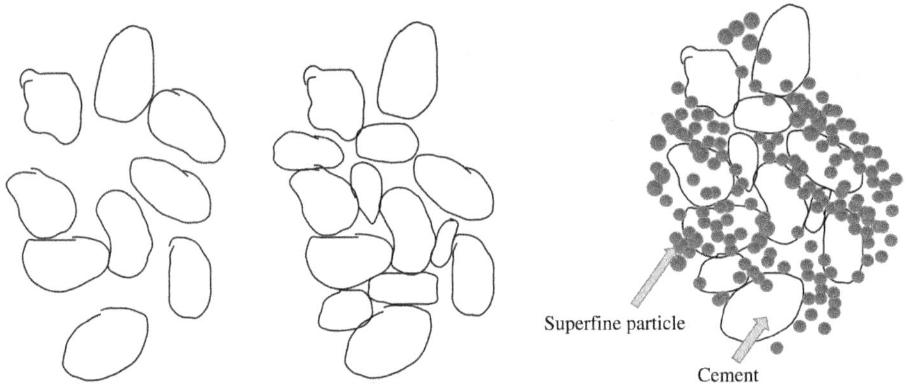

(a) Silicate cement slurry (b) Cement slurry containing superplasticizer (c) Cement slurry with silica powder

图 2-1 超细粉-硅灰的填充效应

为使 UHPC 混合物体系具有较高的堆积密实度，应使胶凝材料体系(包括水泥、石英石粉、超细粉煤灰和硅灰等)和“胶凝材料＋细骨料”复合体系这两个体系的颗粒级配符合或接近于最密实堆积状态的级配。该体系对 UHPC 原材料中大颗粒砂子与小颗粒粉体材料也同样适用。在本研究中设置“水泥-粉煤灰-硅灰”三元胶凝体系，同时建立“胶凝材料＋中砂”复合体系。

(2) 混凝土的制备

① 搅拌工艺

常规制备超高性能混凝土的工艺方法是：将胶凝材料、细集料、钢纤维等倒入搅拌机进行搅拌，再加入水和高效减水剂搅拌直至成流态混凝土。搅拌最终就是要将集料以及钢纤维均匀分散开，不使钢纤维聚集成团。超高性能混凝土拌和料在常温下凝固速率非常快，黏度很大，容易黏壁，搅拌均匀的超高性能混凝土拌和料，最好在 15 min 内成型完毕[184]。在本书海水海砂超高性能混凝土的制备过程中，首先将水泥、硅灰、粉煤灰、钢纤维混配并用搅拌机搅拌均匀，再加入海砂(河砂)继续搅拌均匀，最后加入模拟海水(淡水)和减水剂，机械搅拌 8 min～10 min 直至搅拌均匀，得到混凝土浆体。

② 养护方式

在一定温度范围内提高养护温度可以不断提高 UHPC 的力学性能，这个温度范围一般不超过 90℃[185]，在 UHPC 中使用热压养护会提高 UHPC 的抗压强度和韧性[186]。本书海水海砂超高性能混凝土的养护参数设置为温度 85℃的高温热水养护 48 h，同时采用标准养护作为对照。

2.2　SSUHPC 的原材料与制备

2.2.1　试验原材料

本文各项试验原材料的物理化学性能如下：

(1) 水泥

试验用水泥为南京海螺牌强度等级为 42.5 的普通硅酸盐水泥(P.O 42.5 水泥)，其主要物理性能和化学成分信息见表 2-1、表 2-2。

表 2-1　水泥的主要物理性能

凝结时间/min		抗压强度/MPa		抗折强度/MPa		细度/%	密度/(g/cm^3)	标准稠度用水量/%
初凝时间	终凝时间	3 d	28 d	3 d	28 d			
178	219	23.0	51.0	5.4	9.3	0.8	3.1	29.5

表 2-2　水泥的化学成分

化学成分/%							
CaO	SiO_2	Al_2O_3	MgO	Fe_2O_3	Na_2O	SO_3	烧失率
61.536	15.403	4.430	0.724	4.905	0.042	2.755	2.242

(2) 粉煤灰

试验用粉煤灰为Ⅰ级粉煤灰，如图 2-2 所示，粉煤灰的主要物理性能和化学成分信息见表 2-3、表 2-4。

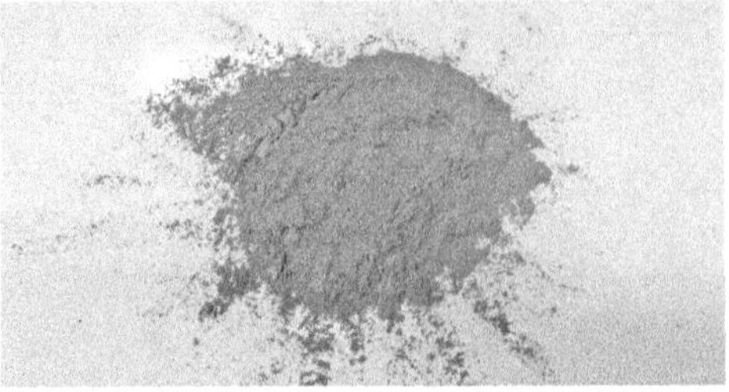

图 2-2　粉煤灰宏观形貌

表 2-3　粉煤灰的主要物理性能

需水率/%	细度/%	密度/(g/cm³)	抗压强度活性指数/%	比表面积/(cm²/g)	堆积密度/(cm³)	标准稠度/%
94	10	2.1	74	3 400	0.78	48

表 2-4　粉煤灰的化学成分

化学成分/%							
CaO	SiO_2	Al_2O_3	MgO	Fe_2O_3	Na_2O	SO_3	烧失率
1.4	58	29.9	2.7	4.2	3.1	0.7	3.3

(3) 硅灰

本书用的硅灰如图 2-3 所示，硅灰的主要物理性能和化学成分信息见表 2-5、表 2-6。

图 2-3　硅灰的外观形貌

表 2-5　硅灰的主要物理性能

堆积密度/(g/cm³)	比表面积/(m²/g)	平均粒径/μm
1.50	17.6	0.12

表 2-6　硅灰的化学成分

化学成分/%							
CaO	SiO_2	Al_2O_3	MgO	Fe_2O_3	Na_2O	SO_3	烧失率
0.588	98.35	0.352	0.414	0.003	0.101	0.192	2.81

（4）镀铜光圆钢纤维

试验使用的钢纤维是由赣州大业金属纤维有限公司生产的平直型镀铜钢纤维，钢纤维长度为 14 mm，钢纤维直径为 0.24 mm，抗拉强度不小于 2 850.0 MPa。

（5）河砂

试验用河砂的主要物理性能、宏观微观形貌以及粒径分布如表 2-7、图 2-4 所示。

表 2-7　河砂主要物理性能

细度模数	2.4	细度模数	2.4
表观密度/(kg/m^3)	2 743	含泥量/%	5
堆积密度/(kg/m^3)	1 600	贝壳含量/%	—
压实密度/(kg/m^3)	1 702	有机质含量	合格
含水率/%	0.5	轻物质含量/%	1

(a) 宏观形貌

(b) 宏观形貌

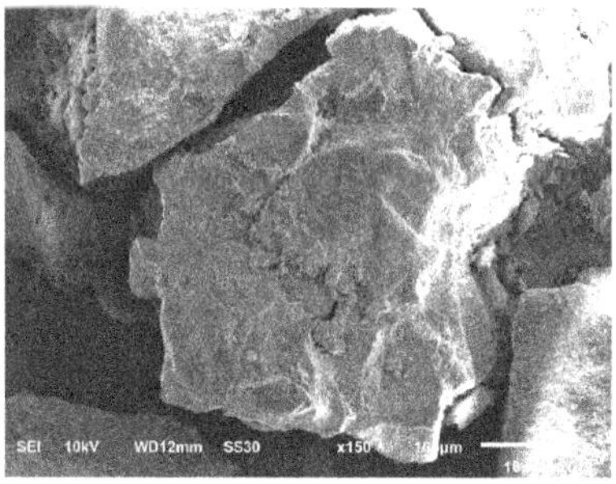

(c) 微观形貌

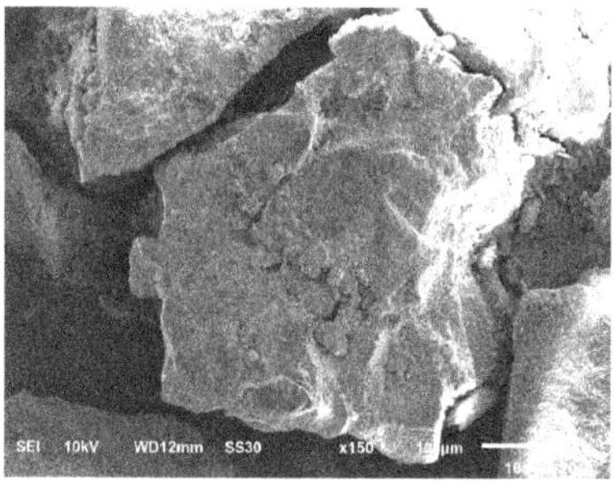

(d) 微观形貌

图 2-4　河砂的宏观、微观形貌

（6）海砂

试验用海砂产自福建漳州，其主要物理性能、宏观微观形貌以及粒径分布如表 2-8、图 2-5 以及图 2-6 所示。

表 2-8　海砂主要物理性能

细度模数	2.6
表观密度/(kg/m³)	2 611
堆积密度/(kg/m³)	1 497
压实密度/(kg/m³)	1 641
含水率/%	1.5
含泥量/%	0.16
贝壳含量/%	0.9
有机质含量	合格
轻物质含量/%	0.6
自由氯离子含量/%	0.058 3

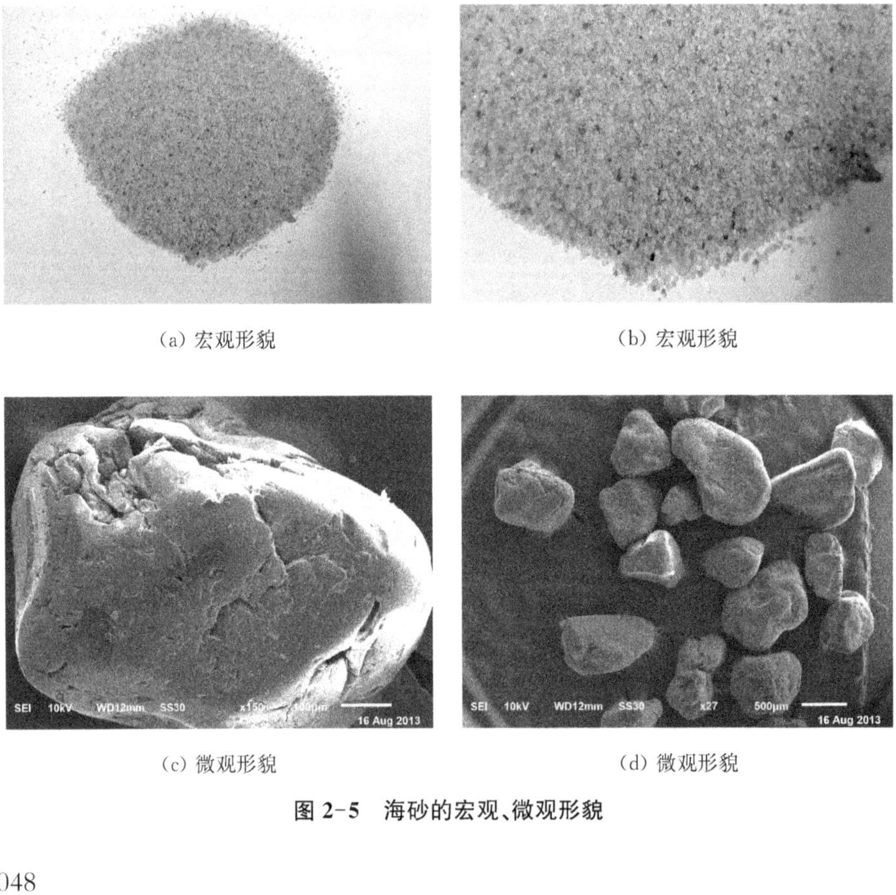

(a) 宏观形貌　(b) 宏观形貌

(c) 微观形貌　(d) 微观形貌

图 2-5　海砂的宏观、微观形貌

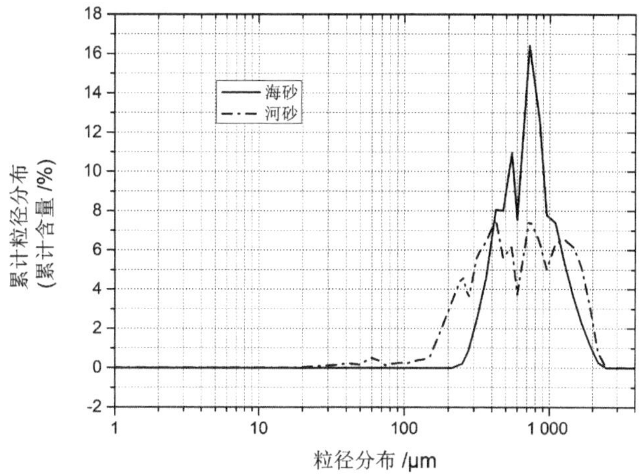

图 2-6　海砂与河砂的粒径分布对比

比较本研究中使用的河砂与海砂，从主要物理性能来看两种砂子细度模数接近，均属于中砂范围且海砂细度模数略高。两组砂子含泥量均小于 1%，海砂的贝壳含量为 0.9%。从图 2-5、图 2-6 中可知，两组砂子从宏观角度比较观察无明显差别，在颜色和细度上基本一致；从微观形貌来看，河砂的颗粒棱角更加分明，砂子颗粒表面粗糙不平，而海砂颗粒则表面均匀光滑、无明显棱角。从图 2-7 可知，两组砂子粒径分布基本一致，粒径都主要分布在 100 μm～2 000 μm 之间，同时我们可以观察到海砂的粒径分布更加集中，河砂的粒径分布相对广一些。

(7) 聚羧酸高性能减水剂

聚羧酸减水剂由山东郓城辉煌新型建材科技有限公司提供，外观呈橙黄色油状液体，固含量为 40%，密度为 1.05 g/cm³，减水剂掺量为粉料总质量的 1% 时，减水率为 35%～40%。

(8) 拌合水

本研究使用的拌合水分别是模拟海水和淡水，淡水为去离子水。世界海洋的平均盐度是 3.5%(质量分数)，其中氯化钠的含量最高，对钢筋混凝土耐久性影响最显著的侵蚀离子是 Cl^- 和 SO_4^{2-}，根据中国国家海洋局第三海洋研究所海洋资源环境管理与可持续发展研究中心提供的我国东南沿海海水主要成分配制试验用模拟海水，具体为：$NaCl$—26.518 g/L，$MgSO_4$—3.305 g/L，$MgCl_2$—

2.447 g/L，$CaCl_2$—1.141 g/L，KCl—0.725 g/L，$NaHCO_3$—0.202 g/L，NaBr—0.083 g/L。

2.2.2 SSUHPC的制备

本书的目的是在于比较使用海水海砂与淡水河砂制备的超高性能混凝土的差别，因此在进行配合比设计的时候以拌合水和砂的类型为变量进行配制，同时分别进行标准养护和高温热水养护，具体配合比见表2-9。在本研究中设置"水泥＋粉煤灰＋硅灰"三元胶凝体系，其中粉煤灰掺量为25%、硅灰掺量15%，合计替代40%的水泥用量；钢纤维体积掺量2%，质量掺量19%；胶砂比为1∶1.4，水胶比为0.14。

表2-9 不同配合比的原材料组成(质量比)

组	缩写	养护方式	水泥	粉煤灰	硅灰	钢纤维	高性能减水剂	海砂	河砂	模拟海水	去离子水
1	HAIS BY	标准养护	0.6	0.25	0.15	0.19	0.03	1.4	—	0.14	—
2	—	标准养护	0.6	0.25	0.15	—	0.03	1.4	—	0.14	—
3	HAIT BY	标准养护	0.6	0.25	0.15	0.19	0.03	—	1.4	0.14	—
4	—	标准养护	0.6	0.25	0.15	—	0.03	—	1.4	0.14	—
5	HES BY	标准养护	0.6	0.25	0.15	0.19	0.03	—	1.4	—	0.14
6	—	标准养护	0.6	0.25	0.15	—	0.03	—	1.4	—	0.14
7	HET BY	标准养护	0.6	0.25	0.15	0.19	0.03	1.4	—	—	0.14
8	—	标准养护	0.6	0.25	0.15	—	0.03	1.4	—	—	0.14
9	HAIS ZY (SSUHPC)	85℃热水养护48 h	0.6	0.25	0.15	0.19	0.03	1.4	—	0.14	—
10	HAIT ZY	85℃热水养护48 h	0.6	0.25	0.15	0.19	0.03	—	1.4	0.14	—
11	HES ZY (FRUHPC)	85℃热水养护48 h	0.6	0.25	0.15	0.19	0.03	—	1.4	—	0.14
12	HET ZY	85℃热水养护48 h	0.6	0.25	0.15	0.19	0.03	1.4	—	—	0.14

成型、养护工艺如下：

将水泥、硅灰、粉煤灰、钢纤维混配并用搅拌机搅拌均匀，加入海砂(河砂)继续搅拌均匀，再加入海水(清水)和减水剂，机械搅拌8 min～10 min直至搅拌均匀，得到混凝土浆体，根据不同测试要求制备不同规格的试件并装模震动后养护。在试件成型后，立即将试件移至标准养护室内继续养护，成型 24 h 后拆模。养护方式分为标准养护和热水养护：标准养护为拆模后将混凝土试件移至温度为 20±2 ℃，湿度不小于 95%的标准养护室养护至 28 d；热水养护为试块成型 24 h 后拆模并移至温度 85℃恒温水浴箱内养护 48 h。所有混凝土试件在养护到期后先冷却至室温再进行后续试验。根据原材料组成、养护方式的不同分别命名为配合比 1～12；同时，用 HAIS 表示原材料为海水和海砂，HAIT 表示原材料为海水与河砂，HES 表示原材料为淡水与河砂，HET 表示原材料为淡水与海砂，BY 表示标准养护，ZY 表示热水养护；最后，将使用海水和海砂制备并采用热水养护制得的海水海砂超高性能混凝土命名为 SSUHPC，即 Seawater Seasand Ultra High Performance Concrete；将使用淡水和河砂制备并采用热水养护制得的淡水河砂超高性能混凝土命名为 FRUHPC，即 Freshwater Riversand Ultra High Performance Concrete，如图 2-7 所示。

(a) SSUHPC 外观形貌　　(b) FRUHPC 外观形貌

图 2-7　海水海砂与淡水河砂超高性能混凝土的形貌对比

2.3　结论

本章基于超高性能混凝土的制备方法，使用海水和海砂替代传统的淡水河砂制备出高性能海工混凝土，区别于传统的混凝土制备原则，“紧密堆积”与“超低水胶比”等设计使海水海砂混凝土达到超高性能混凝土的力学与耐久性特征；在控制配合比一致的前提下制备淡水河砂超高性能混凝土作为对照，客观严谨地对海水海砂超高性能混凝土进行了力学与耐久性能研究。

超高性能混凝土与普通混凝土由于在制备上存在很大的差别，尤其是以细砂为骨料、掺入大量矿物掺合料、使用减水剂以及微细钢纤维的使用，使得制备出的混凝土材料具有高强度、高韧性等力学特征。在配制超高性能混凝土时，考虑水泥与高效减水剂的相容性，选用 C_3A 含量较低、质量稳定、强度等级不低于 42.5 的硅酸盐水泥或普通硅酸盐水泥。矿物掺合料包括矿渣、粉煤灰、石灰石粉、硅灰等工业废渣或者天然物质，用于混凝土中部分取代水泥具有潜在的胶凝性；高掺量的矿渣、粉煤灰使混凝土具有耐腐蚀性好、后期强度高等特征，同时矿物掺合料的使用可以部分替代水泥以达到降低混凝土制备成本的目的。由于超高性能混凝土的配制思路是剔除粗骨料，在进行骨料选用时，选择粒径分布相对集中且偏细的砂进行混凝土的配制。

从主要物理性能来看，本书使用的河砂与海砂细度模数接近，均属于中砂范围且海砂细度模数略高，两组砂子粒径分布基本一致。由于超高性能混凝土的水胶比极低（通常低于 0.25），本书设定水胶比为 0.14，为保证超高性能混凝土拌和物易于成型和高的密实度，掺入一定量的高性能聚羧酸减水剂。为改善超高性能混凝土的韧性和抗裂性能，通常需要加入一定量的钢纤维，考虑到钢纤维过长容易结团，钢纤维长度过短时无法在水泥基材料中产生效力，钢纤维过长则会造成搅拌成型困难、增加混凝土中的界面缺陷，本书选择掺入长度 14 mm 的镀铜光圆钢纤维。

第3章 海水海砂超高性能混凝土的早期工作性及物理性能研究

矿物掺合料包括矿渣、粉煤灰、石灰石粉、硅灰等工业废渣或者天然物质，用于混凝土中部分取代水泥，具有潜在的胶凝性，高掺量的矿渣、粉煤灰使混凝土具有耐腐蚀性好、后期强度高等特征；作为混凝土原材料时，海水和海砂中的氯离子会影响水泥基材料的早期水化进程进而影响混凝土的早期性能，可能会造成混凝土性能的损伤。研究发现[187]，当混凝土原材料中掺入矿物掺合料时，单方混凝土中水泥用量降低的同时也降低了水泥水化产生的放热量，矿物掺合料的水化同时消耗了部分热量，进一步降低混凝土的水化热。在钢筋锈蚀过程中，孔溶液 pH 值有着重要作用[188]，通过挤压法获得混凝土孔隙液并测得 pH 值是行业内比较认可且有效的方法[189,190]。当混凝土中的钢筋所处环境能保持一定的碱度，pH>11.5 的条件下，混凝土中的钢筋钝化膜不会被破坏，此时钢筋处于钝化状态，不会发生明显的锈蚀。事实上，当混凝土碱度低于 11.5 时，钢筋就开始脱钝并产生锈蚀。McPolin[191]和刘志勇[192]两位学者的研究结果表明挤压法测得的 pH 值用来表示混凝土孔隙液的真实值是一种简单高效的测试方法。

工作性是评价新拌混凝土的重要指标，包括流动性、可塑性、易密性和稳定性等。对于新拌混凝土浆体，进行水化热、黏度、流动度、自收缩以及混凝土孔隙液 pH 值测试，比较研究海水与海砂的使用对混凝土的影响。本章使用量热仪研究粉煤灰、硅灰这两种矿物掺合料以及海水中的氯离子对水泥基材料早期水化进程放热量和放热速率的影响。通过黏度和流动度比较海砂、海水、钢纤维三种材料对新拌水泥基材料工作性的影响，同时采用波纹管方法测试新拌 UHPC 浆体的自收缩，系统研究海砂、海水以及养护方式对早期硬化阶段 UHPC 碱度的影响，并比较模拟海水和海砂的使用对 UHPC 中自由氯离子含量的影响。

3.1 水化热研究

3.1.1 试验方法

物理、化学及生物变化通常会涉及焓变，用量热法测试这些过程的热量和吸(放)热速率，是一种常用的测试手段，测试水泥在水化过程中的放热速率和放热量是量热法的应用之一。通常情况下，(半)绝热量热仪用来测量绝热状态下混凝土或者砂浆在硬化过程中的温度变化，测量水泥水化热。

等温量热仪可以用来定量水泥的水化动力学。在等温量热仪中，热流传感器将小样品(S)中产生的热功率(P)转换成热，传导到恒温环境中的散热器里。将具有相似性质(特别是相似的比热)又不会产生任何热量的参照样品(R)作为基准组，这种布置可显著降低测量中的噪音。样品信号和参照信号的偏差即为等温量热仪的输出信号。

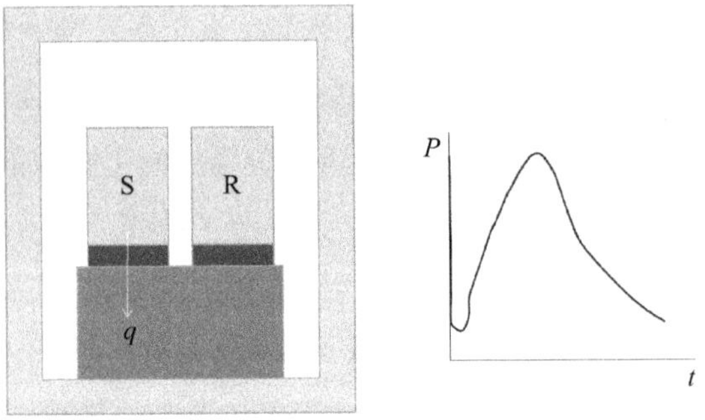

P—热功率；R—参照组；S—样品；*t*—时间

图 3-1　等温量热仪示意图

在进行水化热测定前，选择合适的量热仪，本研究中选择 TAM-AIR 水泥及混凝土水化热测量仪，并校准量热仪的恒温器温度。预先称量安培瓶中的样品，并在安培瓶中进行搅拌。为了避免环境的影响，保持环境的恒温恒湿。

当用量热仪进行定量测试时，应对其参数进行校准，其中包括校准系数、基线和时间常数。校准系数称为 ε (单位：W/V)，通常通过电子校准，将量热仪中的热流传感器的电压转化成热功率。当装样品的安培瓶中没有任何热量产生时，对应于基线 U_0。当测量 7 d 水化热时，应先测量 1 d～2 d 的基线，消除样品中惰性物质的影响。当测量到热流传感器的电压 U，热功率 P 可由下式计算：

$$P=\varepsilon(U-U_0) \tag{3-1}$$

其中，P 是热功率，单位为 W；ε 是校准系数，单位为 W/V；U 是电压，单位为 V；U_0 是基准电压，单位为 V。

在这个公式的基础上，也可计算比热功率：

$$P=\frac{\varepsilon(U-U_0)}{m} \tag{3-2}$$

其中，m 是样品中水泥（胶凝材料）的质量，单位为 g。

第三个校准参数是时间常数，可用 Tian 方程式校正时间常数，等温量热仪的时间常数是 100 s～1 000 s，相对于水泥水化来说可忽略 Tian 方程式，但测试水泥水化早期时应考虑时间常数。

通过 TAM-AIR 水泥及混凝土水化热测量仪测量水泥＋清水、水泥＋粉煤灰＋硅灰＋清水、水泥＋粉煤灰＋硅灰＋模拟海水的 90 h 水化放热量与放热速率变化。

表 3-1　水化热测试配合比

	水泥	粉煤灰	硅灰	高性能减水剂	模拟海水	去离子水
1	1	—	—	0.03	—	0.14
2	0.6	0.25	0.15	0.03	—	0.14
3	0.6	0.25	0.15	0.03	0.14	—

3.1.2　试验结果与讨论

为了研究粉煤灰、硅灰的复掺以及海水对水泥水化热的影响，取三组配合比如 3.1.1 节所述进行测试。图 3-2 所示为三种配合比水泥浆体水化 90 h 放热量变化图。在 0 s～160 s 内，纯水泥水化放热量最高，掺入粉煤灰、硅灰的水泥浆体水化放热量略低，使用模拟海水拌合的水泥浆体水化放热量最低；在160 s～35 h 内，使用模拟海水拌合的水泥浆体水化放热量最高，掺入粉煤灰、硅灰的水泥浆体水化放热量略低，纯水泥水化放热量最低；在水化 35 h 时纯水泥水化放热量超过了掺入粉煤灰、硅灰的水泥浆体，在水化 72 h 时及以后，纯水泥水化放热量最高。

水化一开始，随着硅酸盐水泥水化，水化产物的大量生成，将出现明显的温升现象。水化前 160 s，粉煤灰、硅灰对水泥水化放热具有延峰、削峰作用。当胶凝材料总用量不变时，水泥被粉煤灰、硅灰部分替代，使总的放热量降低；此外，水化早期粉煤灰与硅灰的作用更多是稀释水泥颗粒，自身的火山灰反应并未充分进行，从而降低放热量，对混凝土早期的温升起到缓解作用。160 s 往后粉煤灰与硅灰的火山灰效应使其进行二次水化，放热量超过纯水泥。而使用模拟海水拌合，拌合水中含有 NaCl，其中氯离子与水泥水解后的 $Ca(OH)_2$ 起反应生成 $CaCl_2$，加速 $Ca(OH)_2$ 的溶解、扩散和结晶，从而促进水泥水化生成的 $Ca(OH)_2$ 加强从反应表面向低浓度区输出，促进了水泥水化，因此放热量最高且放热时间延长。在水化 72 h 及以后，使用模拟海水拌合的水泥浆体放热量趋于平缓，而用去离子水拌合的水泥浆体放热量仍然增加。

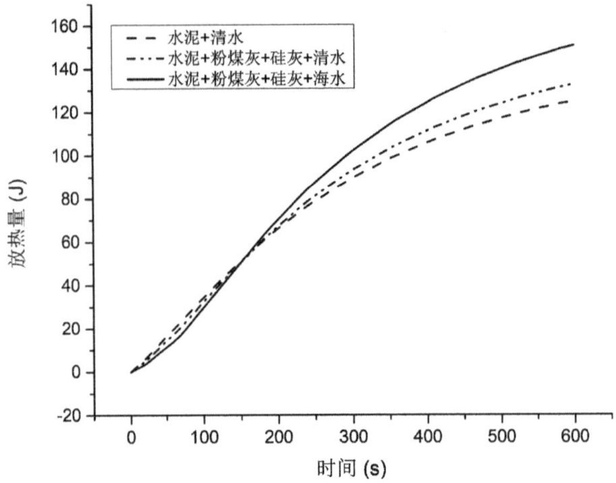

(a) 水化前 600 s

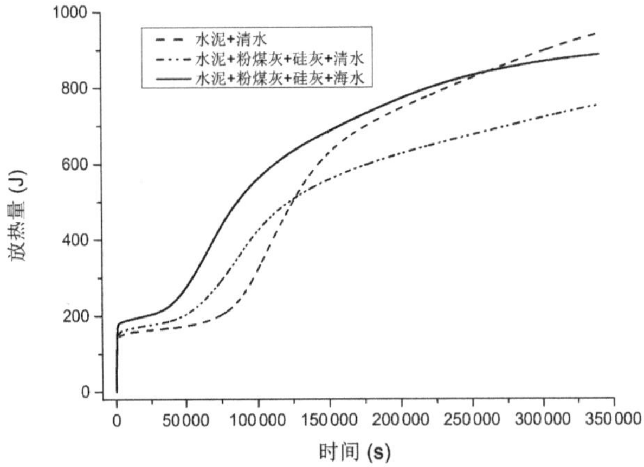

(b) 水化 600 s～90 h

图 3-2　0～90 h 放热量变化图

图 3-3 所示为三种配合比水泥浆体水化 72 h 放热速率变化。在 0 s～60 s 内，纯水泥水化放热速率最高，掺入粉煤灰、硅灰的水泥浆体水化放热速率略低，使用模拟海水拌和的水泥浆体水化放热速率最低；在 60 s～22 h 内，使用模拟海水拌和的水泥浆体水化放热速率最高，掺入粉煤灰、硅灰的水泥浆体水化放热速率略低，纯水泥水化放热速率最低；在水化 50 h 以后三种配合比水化放热速率趋于平缓。

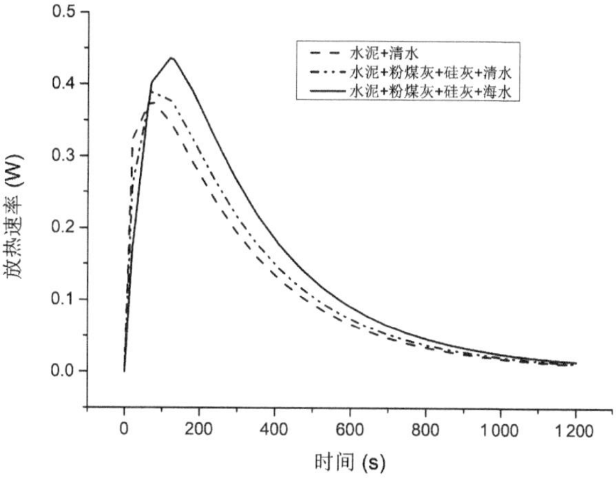

(a) 水化前 1 200 s

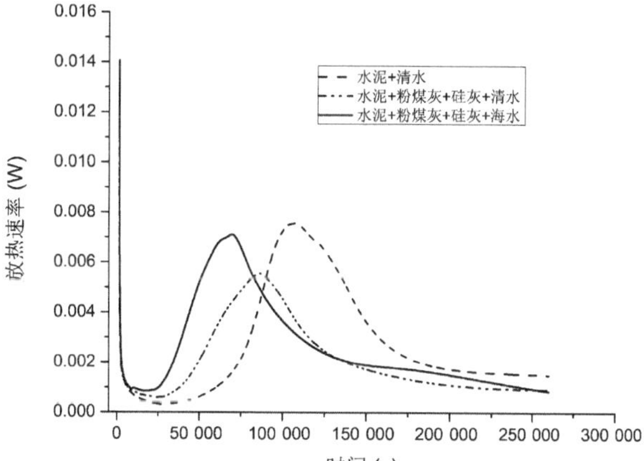

(b) 水化 1 200 s～72 h

图 3-3　0～72 h 放热速率变化

出现这种现象的原因可能是由于粉煤灰、硅灰等量取代水泥后，一方面水泥熟料的用量减少，发热量相对减少，与此同时粉煤灰与硅灰主要起到稀释水泥颗粒的作用，并未大量进行火山灰反应，使得一开始的水化放热速率出现降低的现象；而拌合水中含有 NaCl，其中氯离子与水泥水解后的 $Ca(OH)_2$ 起反应生成 $CaCl_2$，使得一开始的水化放热速率出现降低的现象。随后粉煤灰与硅灰的火山灰效应进行二次水化，放热速率超过纯水泥。使用模拟海水拌和，氯离子与水泥水化后产生的 $Ca(OH)_2$ 起反应生成 $CaCl_2$，加速 $Ca(OH)_2$ 的溶解、扩散和结晶，从而促进水泥水化生成的 $Ca(OH)_2$ 加强从反应表面向低浓度区输出，促进了水泥水化，使放热速率达到最高。使用模拟海水拌和的水泥浆体水化放热速率曲线的第一个峰更高，高出 15.8%，第二个峰出现时间比去离子水拌合的水泥浆体早，这表明模拟海水中氯离子的掺入会使水泥早期水化反应更加剧烈，使混凝土产生较高的早期强度。

3.2 黏度与流动度研究

3.2.1 试验方法

液体在流动时，在其分子间产生内摩擦的性质，称为液体的黏性，黏性的大小用黏度表示，是用来表征液体性质相关的阻力因子。绝缘油的黏度与一般液体的黏度概念相同，就是液体的内摩擦，即表示绝缘油在外力作用下，作相对层流运动时。绝缘油分子间产生内摩擦阻力的性质。绝缘油的内摩擦力愈大，黏度也愈大，流动愈困难，散热性能差。

黏度的表示方法较多，大体可分为两类：按黏度定义直接测得的黏度称为"绝对黏度"，如动力黏度、运动黏度等。在一定条件下与已知黏度的液体比较所测得的黏度称为"相对黏度"或"条件黏度"，如恩氏黏度等。

根据测定方法，黏度一般分为三种：动力黏度、运动黏度和恩氏黏度。

本研究使用的是上海高致精密仪器有限公司生产的 NDJ-9S 数字式黏度计（见图 3-4），按照标准《水泥胶砂流动度测定方法》（GB/T 2419—2005）进行流动度测试。水泥胶砂流动度是表示水泥胶砂流动性的一种量度，在一定加水量下，流动度取决于水泥的需水性。流动度以水泥胶砂在流动桌上扩展的平均直径（单位：mm）表示。

1. 仪器应安装在高度不低于 300 mm 的实心混凝土基座上，基座上预先放置三个 M10 螺栓，其距离与跳桌底三个距离相同。安装时应在基座上垫砂浆，并用螺母固紧，调整跳桌呈水平。

2. 使用前接通电源，打开电源开关，启动，跳动 25 次，自动停止，用湿布擦好圆盘平面和截圆锥模、模套(漏斗)捣棒，放在跳桌的圆盘玻璃中间位置，盖好湿布。

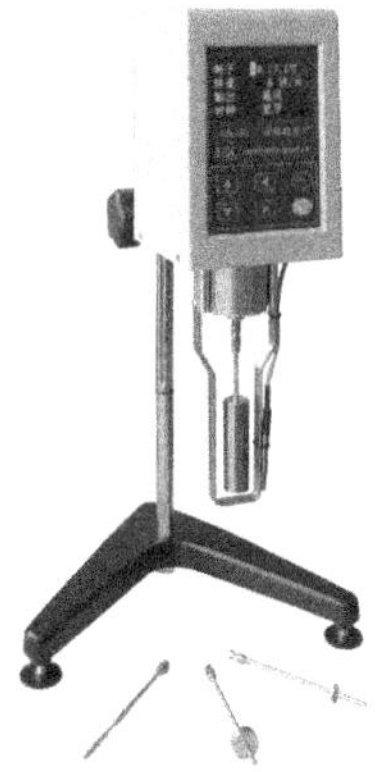

图 3-4　NDJ-9S 数显黏度计

3. 将按规定拌和好水泥胶砂，分两层装入模内，第一层装至截圆锥模高的三分之一，用小刀在垂直两个方向划实十余次，再用捣棒自边缘到中心均匀捣 15 次，接着装第二层胶砂水泥，装到高于截圆锥模约 2 cm，同样用小刀划实十余次，再用捣棒自边缘到中心均匀捣 10 次(装水泥胶砂捣实时用手将截圆锥模扶持住不动)。

4. 捣压完毕取下模套，用刮平刀将高出截圆锥模的胶砂刮平，刮平后将截圆锥模垂直向上轻轻提起，打开电源开关，启动电机，开始转动，电机继续以每秒一次的速度转动，共达 25 次，自动停止。

5. 跳动完毕，用分度值 0.02 mm 的卡尺测量水泥胶砂底部扩散的直径与相对垂直的直径的平均值为该水泥在该水量时的胶砂流动度，以 mm 表示。

3.2.2　试验结果与讨论

黏度在本研究中用来反映新拌 UHPC 的流动性，它是浆体内部发生内摩擦的物理量，即浆体自身抵抗形变的能力，按照 3.2.1 节所述进行新拌 UHPC 浆体黏度与流动度测试。不同配合比新拌 UHPC 浆体的黏度值和流动度如图3-5、图 3-6 所示。对比配合比 1 到配合比 8 八组新拌 UHPC 浆体的的黏度值可知，钢纤维的使用大大增加了 UHPC 拌和物的黏度，降低了流动度。使用淡水、河砂拌和的 UHPC 浆体黏度值最高，达到了 566 000 mPa · s，流动度最低，为 26 mm；使用模拟海水、河砂拌和时 UHPC 浆体黏度值为 39 960 mPa · s，流动度为 68 mm；使用模拟海水海砂拌和时 UHPC 浆体黏度值为 7 590 mPa · s，流动度为 182 mm；使用淡水、海砂拌和时 UHPC 浆体黏度值最低，为 8 700 mPa · s，流动度最大，为 256 mm。

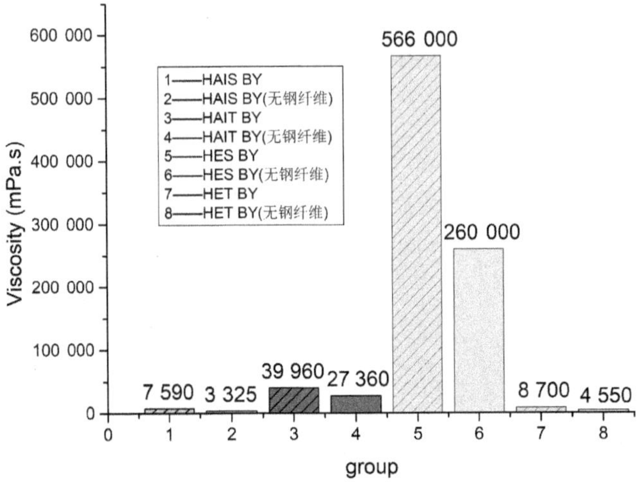

图 3-5　不同配合比混凝土浆体黏度值

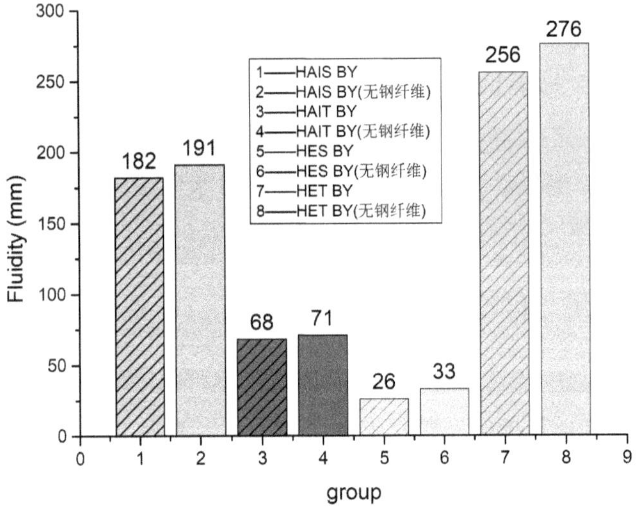

图 3-6　不同配合比混凝土浆体流动度

配合比 1、2 流动性较好，而配合比 5、6 几乎没有流动性，主要原因可能是河砂中存在大量的粉末，含泥量较高，导致其蓄水严重，致使拌合物流动性明显降低。模拟海水海砂中氯离子与水泥水化后产生的 $Ca(OH)_2$ 起反应生成 $CaCl_2$，促进水化使水泥颗粒间的摩擦阻力减小，达到低黏度的效果。同样，钢纤维的存在降低了 UHPC 浆体流动性，增加了黏度。

3.3　自收缩研究

3.3.1　试验方法

Lynam 于 20 世纪 30 年代首次观察到水泥基材料的自收缩(Autogenous shrinkage)现象[13]，也被称为自干燥(self-desiccation)体积变形。自收缩现象被发现以来，学术界以及工程界一直都没有重视该现象。这是因为早期使用的混凝土强度较低，水灰比相对较大，自收缩现象不明显且混凝土的干燥收缩远大于自收缩。直至近年，工程应用混凝土的强度不断提高，水灰比不断降低，导致混凝土中出现了大量自收缩引起的开裂现象，影响了混凝土的耐久性，从而引发了学术界及工程界的广泛重视。特别是高强混凝土和超高强混凝土的出现和广泛应用使得近年来对自收缩的研究广泛开展。

由于对水泥基材料自收缩概念的理解不同，以及所依据的标准不同，自收缩的测试方法十分多样。根据测试原理的不同，可以分为直接测试法和间接测试法，如图 3-7 所示。

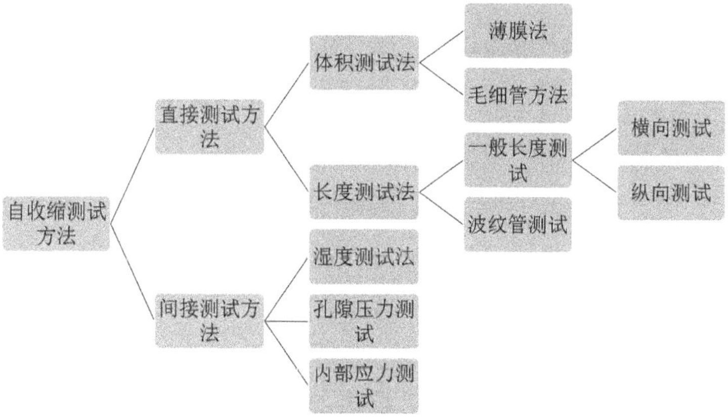

图 3-7　自收缩测试方法分类[19]

本研究依据 ASTM C1698-09 提出的波纹管方法测试新拌混凝土浆体的自收缩。在波纹管测试中，先将波纹管一端密封，灌入浆体后在震动台上震动密实，之后将另一端密封。灌入样品时不能拉伸波纹管，否则会导致测试偏差。将波纹管装入测试台并在波纹管两端安装千分表，每隔一段时间记录千分表读数变化，整个实验过程在恒温恒湿无震动环境中进行，如图 3-8 所示。

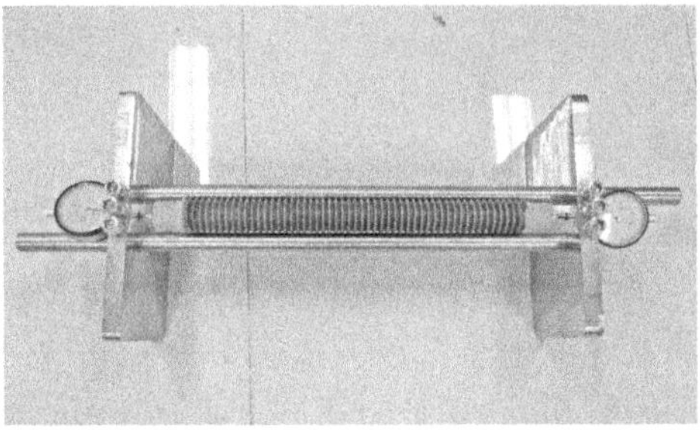

图 3-8 波纹管自收装置

采用下式计算自收缩应变：

$$L_{t_n}=(l\mathrm{a}_{(t_{n+1})}-l\mathrm{a}_{(t_n)})+(l\mathrm{b}_{(t_{n+1})}-l\mathrm{b}_{(t_n)}) \tag{3-3}$$

其中，L_{t_n} 是时刻 t 样品的收缩量，a、b 分别是两端的千分表，$l\mathrm{a}_{t_n}$ 是时刻 t 千分表的读数。

3.3.2 试验结果与讨论

使用模拟海水海砂、模拟海水河砂、淡水河砂以及淡水海砂的四种配合比 UHPC 浆体拌和后 0 min～2 600 min 收缩量变化曲线如图 3-9 所示。使用模拟海水、河砂拌和的 UHPC 浆体收缩量增幅最先降低，在 140 min 时收缩量增幅开始降低，最终收缩量为淡水河砂混凝土的 50%；在 600 min 之前配合比 1、3、5 的收缩量增幅基本相同，配合比 1、3 略高于配合比 5，在 800 min 时配合比 1、3、5 的收缩均达到峰值，不再增加，此时配合比 1、3 的收缩量基本相同，为配合比 1 收缩量的 85%。

与使用淡水、河砂拌和的 UHPC 相比，模拟海水或者海砂的使用均能降低自收缩的量以及收缩时间。由本书水化热研究部分可知，使用模拟海水拌和混凝土，氯离子与水泥水化后产生的 $Ca(OH)_2$ 起反应生成 $CaCl_2$，加速 $Ca(OH)_2$ 的溶解、扩散和结晶，使水化反应更加充分，从而导致内部水分更快更多地被消耗；氯离子的存在使水化放热峰时间缩短，从而缩短了自收缩发生的时间，同时海砂比河砂含泥量更低，粒径更加均匀，有利于抑制自收缩。

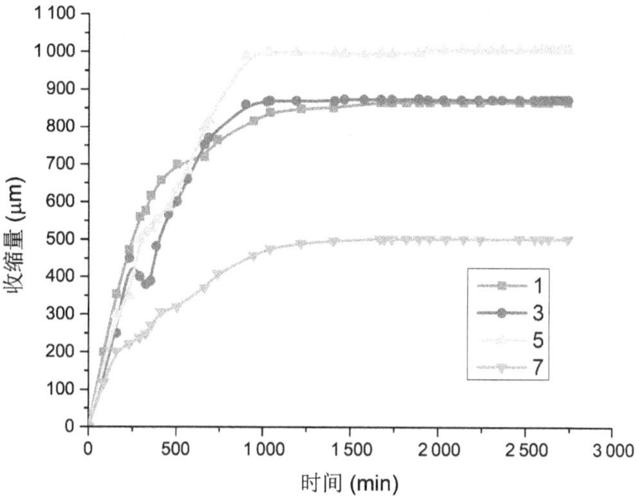

图 3-9　不同配合比混凝土材料早期自收缩曲线

3.4　混凝土孔隙液 pH 值变化

3.4.1　试验方法

采用固液萃取法制备混凝土孔隙液并测 pH 值，混凝土真实孔隙液的 pH 值与模拟孔隙液 pH 值之间的关系虽有一定的误差，但模拟孔隙液 pH 值基本反映了真实孔隙液 pH 值的变化趋势。对水化不同龄期的试块沿纵深方向打磨取粉，在 5 mm、10 mm、15mm 和 20 mm 深处分别取样。将混凝土粉磨试样过筛（0.08 mm 方孔筛），称取 10 g 溶入 10 倍重量的蒸馏水中，用橡皮塞塞紧以防碳化，每隔 5 min 摇匀一次，2 h 后静置，24 h 后过滤，使用酸度计（FE28-Standard 型）测定溶液 pH 值，如图 3-10。

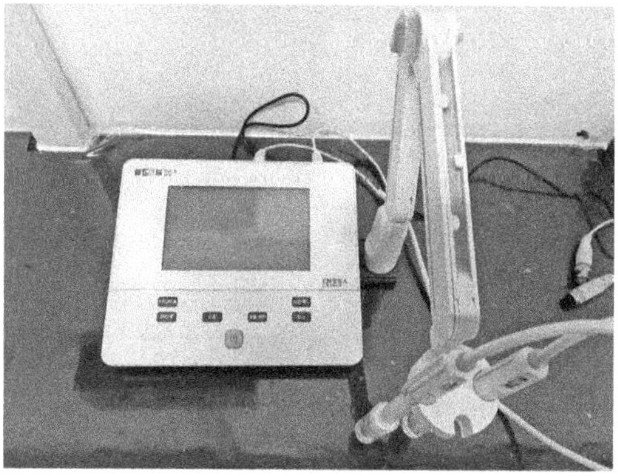

图 3-10　FE28-Standard 酸度计示意图

3.4.2 试验结果与讨论

为研究模拟海水海砂的使用以及养护方式对 UHPC 早期硬化阶段孔隙液 pH 值的影响，按照 2.2 所述制备配合比 1、3、5、7、9、10、11 以及 12 共八组混凝土，并按照 3.4.1 节所述测试不同龄期由表层到内部混凝土孔隙液的 pH 变化。图 3-11、3-12 分别为配合比 1、3、5 和 7 混凝土的水化 3 d、7 d、14 d 以及 28 d

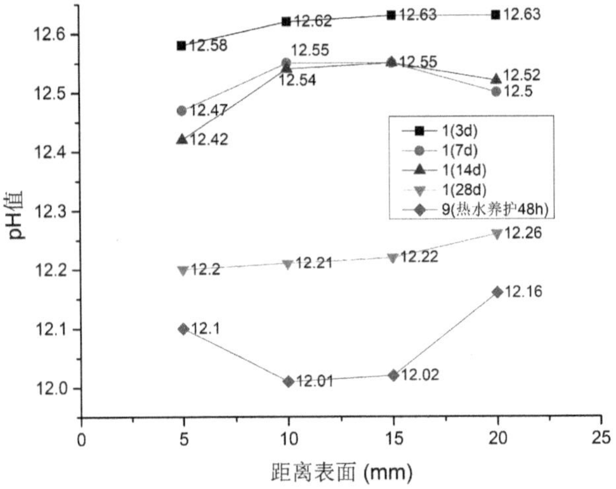

(a) 配合比 1 和 9 的 pH 值变化

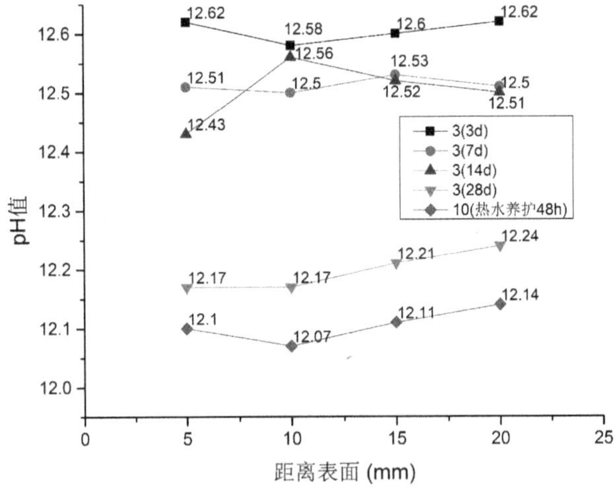

(b) 配合比 3 和 10 的 pH 值变化

图 3-11 配合比 1、9、3 和 10 pH 值变化图

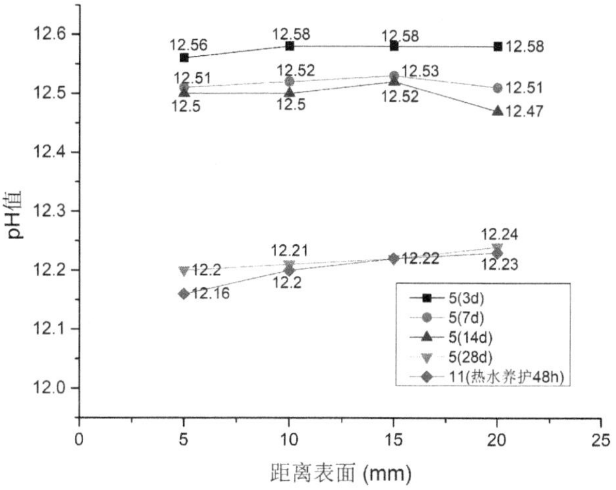

(a) 配合比 5 和 11 的 pH 值变化

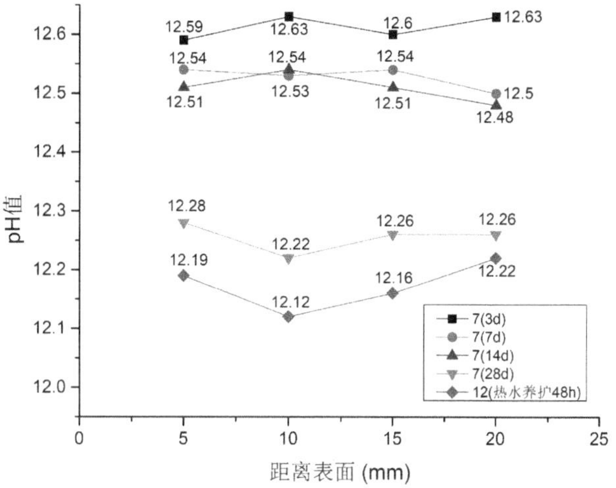

(b) 配合比 7 和 12 的 pH 值变化

图 3-12　配合比 5、11、7 和 12 pH 值变化图

混凝土孔隙液 pH 值变化以及配合比 9～12 的混凝土孔隙液 pH 值变化。使用模拟海水海砂、模拟海水河砂、淡水河砂以及淡水海砂的四种配合比混凝土热水养护 48 h 后混凝土孔隙液 pH 值略低于标准养护 28 d 混凝土孔隙液 pH 值；随着标准养护时间的推移，混凝土孔隙液 pH 值呈逐渐降低的变化；距混凝土表面越深，pH 值呈增加的趋势；与淡水河砂拌和混凝土相比，使用海砂、模拟海水并未使混凝土孔隙液 pH 值发生大幅度降低。单一或同时使用模拟海砂海水对标准养护混凝土孔隙液 pH 值几乎不产生影响，而热水养护后使用模拟海水海砂的混凝土孔隙液 pH 值发生了下降，其中同时使用模拟海水海砂的混凝土孔隙液 pH 值最低，最小值仅为 12.01。从混凝土中钢筋锈蚀的机理来看，当pH>11.50 时，钢筋处于钝化状态。单一或者同时使用模拟海水海砂、标准养护或者热水养护，混凝土 pH 值均大于 11.50。

3.5 混凝土中自由氯离子含量变化

3.5.1 试验方法

混凝土中钢筋锈蚀的最主要原因是氯离子侵蚀，氯离子侵蚀是混凝土中钢筋锈蚀的最常见形式。氯离子的来源有两种，一种是通过拌合水、集料和外加剂等原材料在混凝土浇筑过程中混入，称之为“内掺”；另一种是在海洋环境中的氯离子透过毛细孔侵入混凝土，称之为“外渗”。氯离子侵入混凝土中与胶凝材料的水化产物发生复杂的物理化学反应，部分氯离子会被物理或者化学结合，其余的游离在混凝土孔隙液中。由于被胶凝材料的水化产物结合掉的氯离子无法进行大自由度的迁移，其无法移动到钢筋表面造成钢筋锈蚀。同时存在于混凝土孔隙液中的游离氯离子因为具有较高的自由度，是造成混凝土中钢筋锈蚀的主要“元凶”。因此在本节对标准养护和热水养护到龄期后的海水海砂超高性能混凝土和淡水河砂超高性能混凝土进行自由氯离子含量测试，比较海水与海砂的使用在超高性能混凝土中对自由氯离子含量的影响。

海砂中自由氯离子含量测定按照《普通混凝土用砂、石质量及检验方法标准》(JGJ 52—2006)规定进行。海砂中氯离子含量测定方法如下，将海砂用四分法缩分至 1 500 g 放在烘箱中，105℃烘至恒重后冷却至室温，称取 500 g 装入容量为 1 000 mL 的带塞磨口瓶中，加入 500 mL 蒸馏水并盖上盖子，摇动 1 次后放置 24 h。24 h 后每隔 5 min 摇动 1 次，共摇动 3 次，便于氯盐充分浸出。将磨口瓶上部已澄清的溶液用滤纸经漏斗流入到烧杯中，用移液管吸取 50 mL 滤液，注入三角瓶中，再加入质量分数 5%的铬酸钾(K_2CrO_4)指示剂 1 mL，用 0.01 mol/L 硝酸银标准溶液滴定至呈砖红色为止。记录消耗的硝酸银标准溶液毫升数，通过计算得到海砂中氯离子含量。

混凝土中自由氯离子含量测定：

按照《水工混凝土试验规程》(SL 352—2006)规定。采用滴定法进行混凝土的水溶性氯离子含量测定，分别进行 3 d、7 d、28 d 测定。目的是测定硬化混凝土中砂浆的水溶性氯离子含量，为查明钢筋锈蚀原因及判定混凝土密实性提供依据。具体试验步骤如下：

取混凝土中的砂浆约 30 g，研磨至全部通过 0.63 mm筛，并用磁铁的磁性去掉粉中的金属粉末。然后置于 105±5℃烘箱中烘 2 h，取出后放置干燥器冷却至室温。称取 20 g 左右(精确至 0.01 g)，质量为 G 的砂，置于三角烧瓶中，并加入 200 mL 蒸馏水 V_3，剧烈震荡 1 min～2 min，浸泡 24 h；

将上述试样过滤。用移液管分别吸取 V_4 滤液 20 mL，置于两个三角烧瓶中，各加 2 滴酚酞，使溶液呈微红色，再用稀硫酸中和至无色后，加铬酸钾指示剂 10 滴，立即用硝酸银溶液滴至无色后，用氯离子含量测定仪进行测定。用于滴定的仪器是雷磁牌 ZDJ-4A 自动电位滴定仪。如图 3-13 所示；

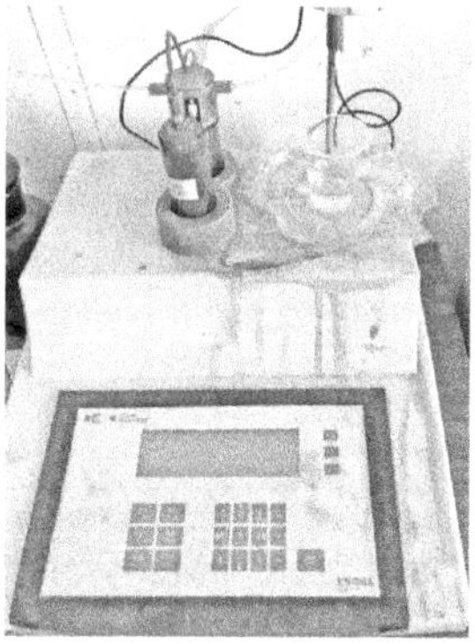

图 3-13　雷磁牌 ZDJ-4A 自动电位滴定仪

水溶性氯离子含量应按下式计算：

$$P=\frac{C_{AgNO_3}\times V_5\times 0.035\,45}{G\times\frac{V_4}{V_3}}\times 100 \qquad (3-4)$$

式中，P 为砂浆样品中水溶性氯离子含量，用 % 表示；C_{AgNO_3} 为硝酸银溶液浓度，单位为 mol/L；G 为砂浆样品质量，单位为 g；V_3 为浸样品的水体积，单位为 mL；V_4 为每次滴定时提取的滤液体积，单位为 mL；V_5 每次滴定时消耗的硝酸银溶液体积，单位为 mL。

以两次测值的平均值作为测定结果。

3.5.2　试验结果与讨论

本节对标准养护和高温热水养护到龄期后的海水海砂超高性能混凝土、淡水河砂超高性能混凝土进行自由氯离子含量测试，比较海水与海砂的使用对超高性能混凝土中自由氯离子含量的影响。按照3.5.1节所述对本文使用的海砂以及配合比1、5、9、11四种混凝土养护到期后进行滴定，测试结果如表3-2所示。

由测试结果可知，本研究使用的海砂具有较高的自由氯离子含量，为0.058 3%，超过《海砂混凝土应用技术规范》(JGJ 206—2010)规定的海砂水溶性氯离子含量不大于0.03%的要求。但是无论是标准养护还是高温热水养护后的混凝土，其自由氯离子含量均低于《海砂混凝土应用技术规范》(JGJ 206—2010)规定的海砂混凝土水溶性氯离子含量不大于0.06%的要求，海水海砂超高性能混凝土中的自由氯离子含量均略低于使用淡水、河砂制备的混凝土，无明显差异。

表3-2　自由氯离子含量

	海砂	配合比1	配合比9	配合比5	配合比11
含量(%)	0.058 3	0.012 7	0.020 1	0.015 5	0.021 6

3.6　结论

本章通过量热仪测量粉煤灰、硅灰以及模拟海水中氯离子对水泥水化进程的影响，同时通过测试黏度和流动度两个指标比较模拟海水海砂、钢纤维三种材料对新拌水泥基材料工作性的影响。采用固液萃取法制备混凝土孔隙液，系统研究海砂、模拟海水以及养护方式对早期硬化阶段超高性能混凝土碱度的影响，并比较模拟海水和海砂的使用对超高性能混凝土中自由氯离子含量的影响。

水化一开始，随着硅酸盐水泥的水化，大量水化产物生成的同时热量不断放出，进而造成温度不断提高。粉煤灰、硅灰等量取代水泥后，一方面使水泥用量减少，发热量相对减少，与此同时粉煤灰与硅灰主要起到稀释水泥颗粒的作用，并未大量进行火山灰反应，使得一开始的水化放热速率出现降低的现象，从而降低放热量，对混凝土早期的温升起到缓解作用。模拟海水中氯离子的掺入会使水泥早期水化反应更加剧烈，加速水化，使混凝土具备较高的早期强度。

模拟海水海砂中氯离子与水泥水化后产生的$Ca(OH)_2$起反应生成$CaCl_2$进而促进水化，同时使水泥颗粒间的摩擦阻力减小，最终表现为水泥浆体的黏度明显降低、流动度增大，使混凝土更易于泵送，降低了施工难度；钢纤维的存在则降低了水泥浆体的流动性、增加了黏度。氯离子的存在使水化峰时间缩短，从而降低了自收缩发生的时间，同时海砂比河砂含泥量更低，粒径更加均匀，有利于抑制自收缩。与使用淡水、河砂制备混凝土相比，模拟海水海砂的使用均能降低自收缩的量以及收缩时间，减少混凝土裂缝的产生。

使用模拟海水海砂制备超高性能混凝土，其混凝土孔隙液 pH 值与淡水、河砂制备的超高性能混凝土基本相同。相比于高温热水养护，标准养护下混凝土水化时间更充足，混凝土中自由氯离子含量更低。本文制备的海水海砂超高性能混凝土与使用淡水、河砂制备的混凝土中自由氯离子含量无明显差异，相比之下使用模拟海水海砂制备的超高性能混凝土中自由氯离子含量更低。

第4章 海水海砂超高性能混凝土的力学性能研究

超高性能混凝土具有高强度、高韧性等力学特征，国内外学者研究[19, 20, 24, 32-39, 195-197]的超高性能混凝土抗压强度大多在 80.0 MPa～300.0 MPa，在以水胶比、纤维用量、规格参数、养护方式以及制备工艺为变量时；超高性能混凝土的抗折强度在 10.0 MPa～50.0 MPa，在以钢纤维用量、矿物细掺合料种类与掺量、尺寸规格、养护方式以及浇筑方式为变量时[26, 30, 40-44, 198]，由于海水和海砂中氯离子等腐蚀性离子含量较高，在早期世界各地均出现“海砂屋”现象，造成严重的后果[9, 199]。随着近年来对于海砂混凝土的研究越来越详细，国内外研究学者对海水海砂混凝土的力学性能有一定的分歧[91-96]：一方面认为海水海砂中的氯离子会加快水泥水化，导致混凝土早期强度明显提高；另一方面海砂中的贝壳会造成混凝土强度的损失。

本章使用模拟海水海砂与淡水、河砂，并分别采用标准养护和高温热水养护技术，制备八种混凝土材料进行对比研究。测试各组混凝土材料的抗压强度、抗折强度与维氏硬度，比较研究模拟海水海砂与淡水、河砂制备混凝土的力学性能差异，探明使用模拟海水海砂制备的混凝土能否达到超高性能混凝土的力学性能标准。

4.1 抗压强度测试

4.1.1 试验方法

混凝土抗压强度的测试依据《水工混凝土试验规程》（SL/T 352—2020）进

行，抗压强度按照式 4-1 计算：

$$f_{cc}=\frac{P}{A} \tag{4-1}$$

式中，P 为破坏荷载，单位为 N；A 为混凝土试件承压面积，单位为 mm^2；f_{cc} 为抗压强度，单位为 MPa。所测数据取 3 个试件测值的平均值为该组试件的抗压强度试验结果，误差范围在 5%以内。

图 4-1　混凝土力学性能测试

4.1.2　试验结果与讨论

通过抗压强度研究标准养护下海水海砂（HAIS BY）、海水河砂（HAIT BY）、淡水河砂（HES BY）以及淡水海砂（HET BY）制备的混凝土材料在早期硬化阶段强度演变过程。同时对四种混凝土材料进行高温热水养护得到海水海砂（HAIS ZY—SSUHPC）、海水河砂（HAIT ZY）、淡水河砂［HES ZY（FRUHPC）］以及淡水海砂（HET ZY），并比较标准养护与高温热水养护后混凝土强度的差别。八组混凝土材料的抗压强度测试结果如图 4-2 所示。

在水化早期 3 d 龄期时，使用模拟海水海砂制备的混凝土强度高于淡水、河砂制备的混凝土，标准养护 7 d 以后使用淡水、河砂制备的混凝土抗压强度始终在同龄期混凝土中保持最高；标准养护下海水海砂、海水河砂、淡水河砂以及淡水海砂制备的混凝土 28 d 抗压强度分别为 131.9 MPa、135.9 MPa、143.3 MPa

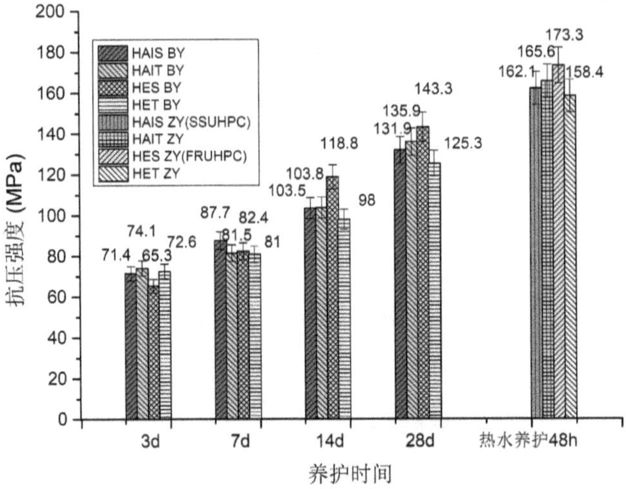

图 4-2 不同配合比混凝土抗压强度变化

和 125.3 MPa。在混凝土材料的力学性能基本稳定时，模拟海水海砂（HAIS BY）混凝土的抗压强度为淡水、河砂（HES BY）混凝土的 92.1%，这表明海水和海砂的使用均会造成混凝土材料稳定力学性能的降低。与标准养护 28 d 的抗压强度相比，高温热水养护使混凝土材料的抗压强度进一步提高。

海水海砂[HAIS ZY(SSUHPC)]、海水河砂(HAIT ZY)、淡水河砂[HES ZY(FRUHPC)]以及淡水海砂(HET ZY)混凝土抗压强度在高温热水养护下达到 162.1 MPa、165.6 MPa、173.3 MPa 和 158.4 MPa，分别提高了 22.8%、21.9%、20.9%和26.4%，与其他学者[1-22]研究的 UHPC 相比，本书采用高温热水养护制备的四组混凝土材料抗压强度均高于《活性粉末混凝土》(GB/T 31387—2015)中最低要求 RPC100 的抗压强度 100 MPa，同时高于国际上明确提出的 UHPC 抗压强度标准——150.0 MPa[13]，达到了超高性能混凝土的指标要求。

4.2 抗折强度测试

4.2.1 试验方法

混凝土抗折强度的测试依据《水工混凝土试验规程》(SL/T 352—2020)进

行，抗折强度计算公式为：

$$f_f=\frac{PL}{bh^2} \tag{4-2}$$

式中，P 为破坏荷载，单位为 N；L 为支座间距，单位为 mm；b 为混凝土试件宽度，单位为 mm；h 为混凝土试件高度，单位为 mm；f_f 为抗折强度，单位为 MPa。所测数据取 3 个试件测值的平均值为该组试件的抗折强度试验结果，误差范围在 3%以内。

4.2.2　试验结果与讨论

通过抗折强度两个指标研究标准养护下海水海砂（HAIS BY）、海水河砂（HAIT BY）、淡水河砂（HES BY）以及淡水海砂（HET BY）制备的混凝土材料在早期硬化阶段强度演变过程。同时对四组混凝土材料进行高温热水养护得到海水海砂[HAIS ZY（SSUHPC）]、海水河砂（HAIT ZY）、淡水河砂[HES ZY（FRUHPC）]以及淡水海砂（HET ZY）的强度演变过程，并比较标准养护与高温热水养护后混凝土强度的差别。八组混凝土材料的抗折强度测试结果如图 4-4所示。

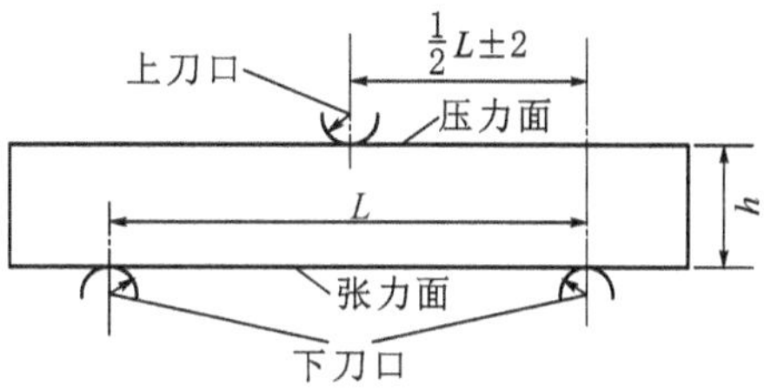

图 4-3　混凝土抗折(弯)性能测试

海水海砂[HAIS ZY（SSUHPC）]、海水河砂（HAIT ZY）、淡水河砂[HES ZY（FRUHPC）]以及淡水海砂（HET ZY）混凝土抗折强度达到 46.5 MPa、47.9 MPa、55.9 MPa 和 44.9 MPa，分别提高了 23.1%、25.5%、17.9%和 31.5%，与其他学者研究的 UHPC 相比，本书采用高温热水养护制备的四组混凝土抗折强度均高于《活性粉末混凝土》（GB/T 31387—2015）中最低要求 RPC100 的抗折强度 12.0 MPa。

与使用淡水、河砂制备的混凝土相比，模拟海水海砂的使用一定程度上使混凝土的早期力学性能提升，但是后期强度有所降低。以模拟海水为拌合水、海砂作为骨料时，可溶出性盐能够在一定程度上促进水泥的水化，提高砂浆的早期强度。这是因为模拟海水和海砂中含有 NaCl，模拟海水和海砂中的氯离子的存在

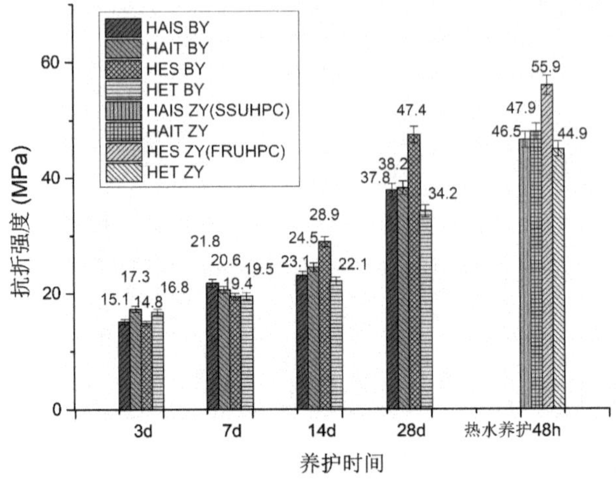

图 4-4　不同配合比混凝土抗折强度变化

促进了 $Ca(OH)_2$的溶解，同时溶解后进一步地扩散和结晶，推动水泥的水化向生成更为成熟的水化产物方向发展。河砂为骨料的混凝土材料的强度增长较快，水化龄期为 14 d、28 d 时，混凝土材料的抗压强度最高。

高温热水养护进一步提高了混凝土材料的强度。高温热水养护由于其特有的养护条件，可以使内部环境保持均匀的传热速度，在温度缓慢逐步上升的水环境中，混凝土材料所处环境相对更加温和，不会出现剧烈变化造成严重的结构破坏。混凝土在早期硬化阶段是不断产生热量并向外散热的，当混凝土处于高温高压的密闭环境，外界的客观条件会造成混凝土内部散热不畅，内部水分气化并产生大量贯穿通道，增加混凝土中的孔隙率，使混凝土结构破坏进而影响混凝土的强度。与此同时热水养护加速了粉煤灰和硅灰的二次反应，早期水化速度快，水化产物多，改善了混凝土的界面，从而表现为热水养护 48 h 即超过标准养护 28 d 强度的结果。

4.3　维氏硬度测试

4.3.1　试验方法

硬度反映的是材料抵抗局部塑性应变的能力，维氏硬度一般用来表征混凝土界面的显微硬度，是指用一个相对面间夹角为 136° 的金刚石正棱锥体压头，

在规定载荷 F 作用下压入被测试样表面，保持定时间后卸除载荷，测量压痕对角线长度 d，进而计算出压痕表面积，最后求出压痕表面积上的平均压力，即为测试样品的维氏硬度值，用符号 HV 表示。

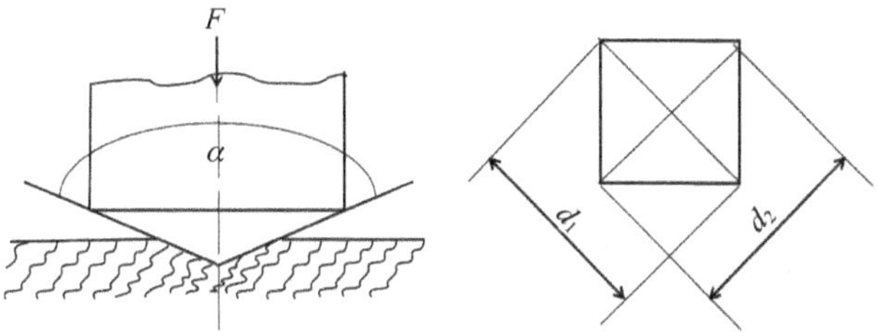

(a) 压头压痕　　(b) 压头规格

图 4-5　维氏硬度测试原理

当混凝土试件养护到期后，取其不同试件制成显微硬度仪所需的规格尺寸，然后对表面进行打磨、抛光，使用 HVS-1000Z 维氏硬度计进行维氏硬度测试。试验力除以压痕表面积的商就是维氏硬度值，维氏硬度值计算公式：

$$HV = C \times \frac{F}{\text{压痕表面面积}} = 0.102 \times \frac{2F_{\sin}\frac{\alpha}{2}}{d^2} \approx 0.189\,1 \times \frac{F}{d^2} \quad (4\text{-}3)$$

式中 HV 为维氏硬度符号；F 为试验力，单位为 N；α 为金字塔压头顶点锥形面的角度，角度为 136°；d 为压痕两对角线 d_1、d_2 的算术平均值，单位为 mm；$C = 0.102 \approx 1/9.806\,65$，其中 9.806 65 是从 kgf 为 N 的转换系数。实用中是根据对角线长度 d 通过查表可得到维氏硬度值，国家标准规定维氏硬度压痕对角线长度范围为 0.020 mm～1.400 mm。

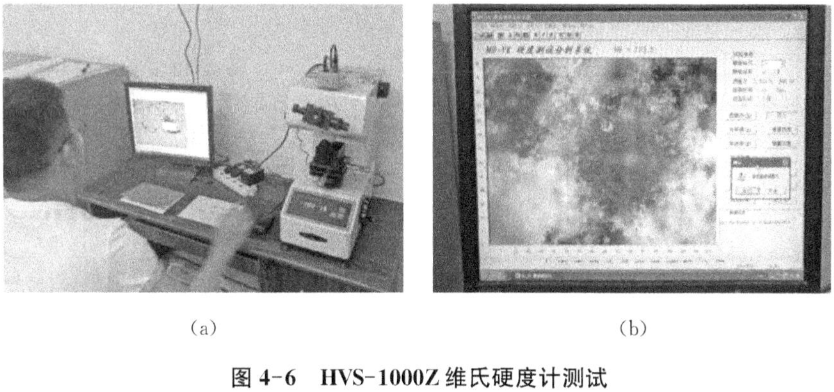

(a)　　(b)

图 4-6　HVS-1000Z 维氏硬度计测试

4.3.2 试验结果与讨论

通过维氏硬度测试标准养护与高温热水养护两种养护方式下模拟海水海砂混凝土材料与淡水、河砂混凝土材料，结果如图 4－7 所示。制备规格为 100 mm×100 mm ×100 mm 的立方体试件，养护结束后从体积中心将试件切开，并在试件表面向体积中心不同深度测试维氏硬度。维氏硬度测试结果表明四组混凝土各自内部的硬度相差不大，这说明本研究制备的混凝土材料内部结构趋于均匀。同时我们可以发现无论是标准养护还是高温热水养护后的混凝土，模拟海水海砂制备的混凝土材料的硬度均高于淡水、河砂制备的混凝土材料，这表明使用模拟海水海砂制备混凝土时水泥的水化程度更加成熟，硬化后的水泥砂浆强度更高。采用标准养护的混凝土材料维氏硬度均高于高温热水养护后的混凝土，这是由于标准养护的龄期较长，水泥基材料的水化相对更加充分，水化产物的生长更加成熟。

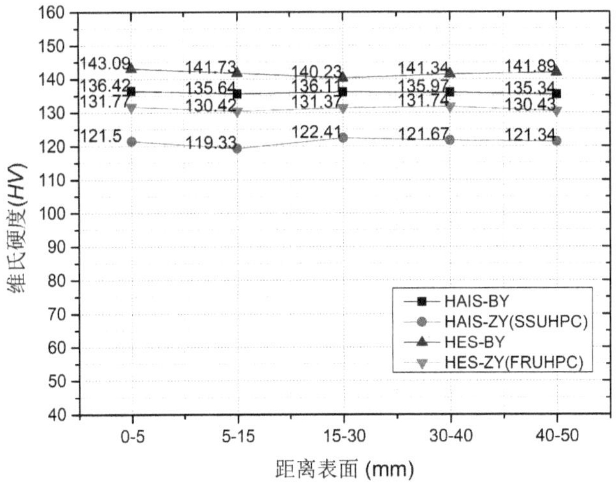

图 4-7 混凝土维氏硬度变化

4.4 结论

在水化早期，使用模拟海水海砂制备的混凝土抗压、抗折强度高于淡水、河砂混凝土，模拟海水海砂中的氯离子对水泥基材料水化早期的促进作用使使用模拟海水海砂制备的混凝土早期强度最高；标准养护 7 d 以后淡水、河砂混凝土的抗压、抗折强度始终在同龄期各组混凝土中保持最高；标准养护下使用海水海砂、海水河砂、淡水河砂以及淡水海砂制备的混凝土 28 d 抗压强度分别为 131.9 MPa、135.9 MPa、143.3 MPa 和 125.3 MPa，抗折强度分别为 37.8 MPa、38.2 MPa、47.4 MPa 和 34.2 MPa。

各组混凝土的抗压、抗折强度在养护方式换为高温热水养护后出现明显的增长，与标准养护 28 d 的混凝土相比，使用海水海砂、海水河砂、淡水河砂以及淡水海砂制备的混凝土抗压强度分别提高了 22.8%、21.9%、20.9%和 26.4%，达到 162.1 MPa、165.6 MPa、173.3 MPa 和 158.4 MPa，抗折强度分别提高了 23.1%、25.5%、17.9%和 31.5%，达到 46.5 MPa、47.9 MPa、55.9 MPa 和 44.9 MPa，达到了超高性能混凝土的指标。

维氏硬度测试结果显示混凝土内部硬度相差不大，这表明超高性能混凝土内部结构趋于均匀。SSUHPC 的硬度高于 FRUHPC，这是因为 SSUHPC 比 FRUHPC 的水化程度更成熟、孔结构更致密，硬化后 SSUHPC 中的水泥砂浆部分具有更高的强度。

第5章
海水海砂超高性能混凝土的耐久性能研究

在服役期间混凝土遭受各种侵蚀、破坏作用时的承受能力，混凝土的基本力学性能与结构完整的保持能力，是混凝土耐久性的重要评价参数，混凝土的耐久性是评估混凝土使用寿命的重要指标。近年来，我国建筑事业的快速发展促进了高强混凝土的广泛使用，高强混凝土较普通混凝土来说具有很多优点，但也有不足之处，高温对高强混凝土的影响很大，如在火灾中高强混凝土很容易发生爆裂现象，对建筑物的正常使用产生了不利的影响。现有的研究中[56-60]，大部分是针对使用淡水、河砂为原材料制备的高性能混凝土进行耐火性研究。混凝土是一种多孔的多相结构，混凝土中的孔可根据尺寸和形状可分为凝胶孔、毛细孔、气泡等，大多数孔的存在都会造成混凝土服役环境中的各种侵蚀介质进入混凝土中，CO_2进入混凝土内部时与碱性物质进行各种复杂的物理化学反应，造成混凝土碱度降低[200]。混凝土中可碳化物质主要有 $Ca(OH)_2$和 C-S-H。一般由于 C-S-H 含量低，其碳化反应不会导致混凝土孔隙溶液 pH 值变化，因此碳化反应主要考虑 $Ca(OH)_2$与 CO_2的反应[201]。研究发现，碳化使氯离子扩散系数略有降低[202]，刘志勇[108, 200]通过在进行碳化侵蚀试验的混凝土样品中内掺氯离子，研究氯离子与碳化侵蚀两者之间的影响，随着碳化侵蚀的深入，混凝土中结合氯离子产生的 Friedel's 盐不断分解，而且呈加速分解状态。赵铁军[203]研究发现，碳化侵蚀打破了混凝土内部的结构稳定，在混凝土内部有 Friedel's 盐存在时，由于碳化侵蚀造成 Friedel's 盐分解并释放自由氯离子，混凝土中自由氯离子含量显著提高。由于海水中含有大量的无机盐，如 NaCl、Na_2SO_4等，海工混凝土的服役环境常常包含盐溶液和冻融循环作用的共同作用，冻融破坏和盐侵蚀的耦合作用尤为严重，与普通冻融破坏相比其对混凝土造成的破坏速度快、程度深，明显更为严重[136,204]。研究发现，在经历 1 200 次冻融循环后 UHPC 仍保持结构的完整性，UHPC 具有优异的抗冻性[65,205]。氯离子是造成钢筋混凝土结构破坏的重要因素，在温差、浓度差、电流、物理化学吸附作用下，其往往借助环境特点在混凝土中自由传输。阻止氯离子在混凝土中自由传输的最重要方法就是切断其自由传输通道，优化混凝土孔结构、提高混凝土的致密性，当混凝土内部保持干燥并降低与外界的离子、液体传输时，氯离子便不再继续向混凝土内部扩散。研究发现，UHPC 具有优异的抗氯离子渗透性能[62,68,69,206-207]。硫酸盐是海水的主要成分之一，在海洋环境下服役的水泥混凝土会与含有硫酸盐的海水接触，长期在硫酸盐溶液中浸泡会造成混凝土中碱性水化产物溶解与石膏等有害物质的产生，从宏观尺度表现为混凝土结构开裂，水泥浆脱落，最后造成混凝土力学性能与自身结构完整度的衰减甚至丧失[208-210]。实际硫酸盐侵蚀过程中会伴随很多次生过程，如盐结晶和镁盐侵蚀，这些额外的侵蚀会加重水泥混凝土结构的破坏[211,212]。造成钢筋混凝土的结构、耐久性损伤劣化的因素很多，钢筋锈蚀是其中最关键的因素。钢筋锈蚀引发的一系列结构与耐久性破坏是导致钢筋混凝土结构使用寿命缩短的重要原因之一[213]。当混凝土中钢筋开始腐蚀后，锈蚀的钢筋截面面积减小，使得钢筋混凝土结构承载力减小和钢筋握裹力下降；另一方面，腐蚀产物（铁锈，主要为 $Fe_2O_3 \cdot mH_2O$ 与 $Fe_3O_4 \cdot nH_2O$ 的混合物）会造成严重的体积膨胀进而使混凝土内部形成拉应力，严重的造成混凝土开裂，使整个混凝土结构不能安全使用，提前失效[214-216]。

UHPC 具有优异的耐久性，当原材料中的传统的细骨料和拌合水换成海砂与海水时，制备出的混凝土材料是否还能保持优异的耐久性特征，与淡水、河砂制备的混凝土材料耐久性差异如何，有待系统研究。本章在前期力学性能研究基础上以拌合水和细骨料的影响为主要研究内容，从抗盐冻、抗氯盐侵蚀、混凝土材料对内置钢筋的护筋性能、耐火性、抗碳化性能以及抗硫酸盐侵蚀这几个方面展开对 SSUHPC 的耐久性研究。同时通过 SEM-EDS 技术研究不同侵蚀条件下混凝土材料微观形貌变化，通过 XRD 技术研究侵蚀作用下水泥基材料物相变化，通过 MIP 技术研究孔结构变化，探明 SSUHPC 的抗侵蚀机理。

5.1 SSUHPC的抗冻性能

5.1.1 试验方法

本节使用模拟海水海砂和淡水、河砂制备海水海砂超高性能混凝土(HAIS ZY—SSUHPC)与淡水河砂超高性能混凝土(HES ZY—FRUHPC)两组混凝土，进行抗冻性测试。通过质量变化与相对动弹性模量变化两个指标研究模拟海水海砂与淡水、河砂制备的超高性能混凝土在盐溶液环境中的抗冻性。

试验按照《普通混凝土长期性能和耐久性能试验方法标准》(GB/T 50082—2009)规定。使用快冻法进行混凝土抗冻性能测试，将试件置于淡水或者模拟海水中，模拟海水选择质量浓度3.5%和7%的NaCl溶液，混凝土试件的相对动弹性模量按照式5-1计算：

$$P_n = \frac{V_r^2}{V_{r0}^2} \times 100\% \tag{5-1}$$

式中，P_n表示n次冻融循环后试件相对动弹性模量(%)；V_r表示n次冻融循环后超声波纵向波速度，单位为m/s；V_{r0}为初始超声波纵向波速度，单位为m/s。

混凝土试件冻融后的质量损失按照式5-2计算：

$$W_n = \frac{G_0 - G_n}{G_0} \times 100\% \tag{5-2}$$

式中，W_n表示n次冻融循环后试件的质量损失率(%)；G_0表示冻融前的试件质量，单位为g；G_n表示n次冻融循环后的试件质量，单位为g。

5.1.2 外观形貌变化

SSUHPC与FRUHPC两组混凝土在清水、3.5% NaCl溶液以及7% NaCl溶液三种液体环境中经历500次冻融循环后外观形貌如图5-1所示。无论是在清水中还是NaCl盐溶液中，在经历500次冻融循环后两组混凝土均未出现破损。图5-2所示为500次冻融循环前后SSUHPC外观形貌对比，冻融循环前后SSUHPC并未出现开裂、浆体脱落、破损等常见的冻融破坏现象，混凝土结构完整、表面整洁。同时可以发现在 3.5% NaCl 溶液进行抗冻性测试后，混凝土表面局部区域出现红褐色锈斑，这表明虽然 SSUHPC 具有优异的抗冻性，但是环境中的水分与氯离子还是在测试过程中一定程度地渗入混凝土内部，与内掺钢纤维析出的铁离子反应生成铁锈。

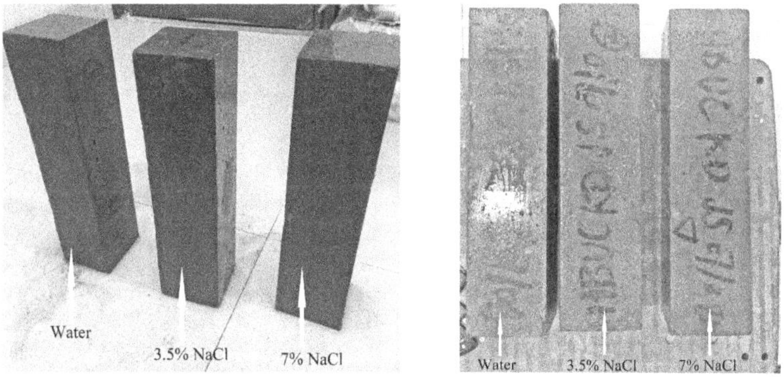

(a) SSUHPC　　(b) FRUHPC

图 5-1　500 次冻融循环后混凝土外观形貌对比

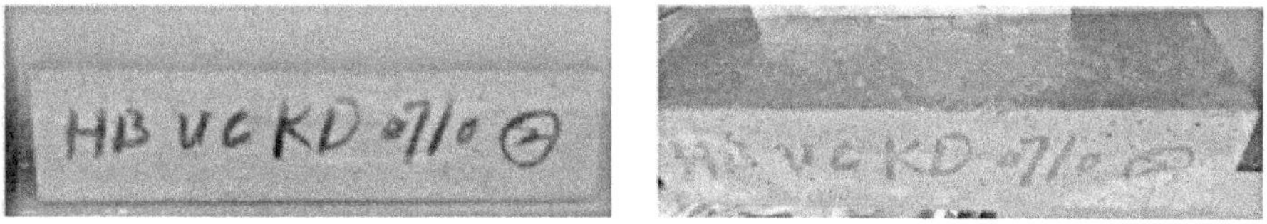

(a) 冻融试验前　　(b) 冻融试验后

图 5-2　3.5% NaCl 溶液中 500 次冻融前后 SSUHPC 外观形貌对比

5.1.3　相对动弹性模量与质量变化

SSUHPC 与 FRUHPC 两组混凝土在清水、3.5% NaCl 溶液以及 7% NaCl 溶液三种液体环境中经历 500 次冻融循环，整个抗冻性测试过程中相对动弹性模量变化率如图 5-3 所示。六组样品的相对动弹性模量在前两百次冻融循环过程中未出现明显的变化，表明混凝土的力学性能和物理性能未受损失，混凝土内部未发生结构损伤。在随后的 300 次冻融循环过程中，六组试件的相对动弹性模量均出现一定的上下波动，这表明在这个阶段混凝土内部由于冻融破坏已经产生了一些变化，从波动范围和变化趋势来看，所有混凝土内部并未出现明显的损伤。如图 5-4 所示，SSUHPC 与 FRUHPC 在不同溶液中冻融循环过程中质量损失率均小于 0.1%，进一步表明在冻融条件下两组混凝土的力学性能和物理性能未受损失，外观完好无损。冻融循环测试前后形貌、相对动弹性模量以及质量变化表明使用模拟海水海砂制备的超高性能混凝土具有良好的抗冻性，与淡水、河砂制备的 UHPC 无差异。

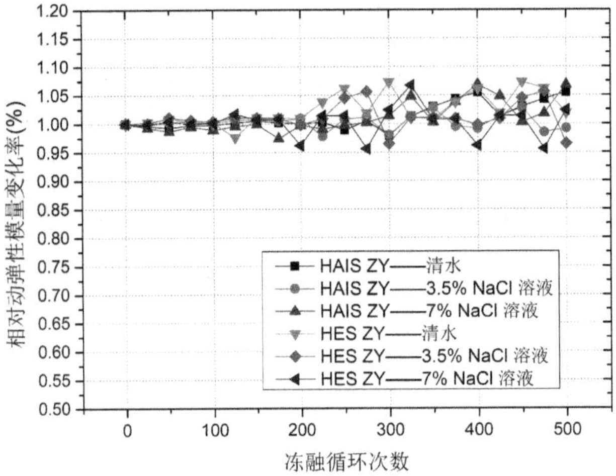

图 5-3　500 次冻融循环下的相对动弹性模量变化

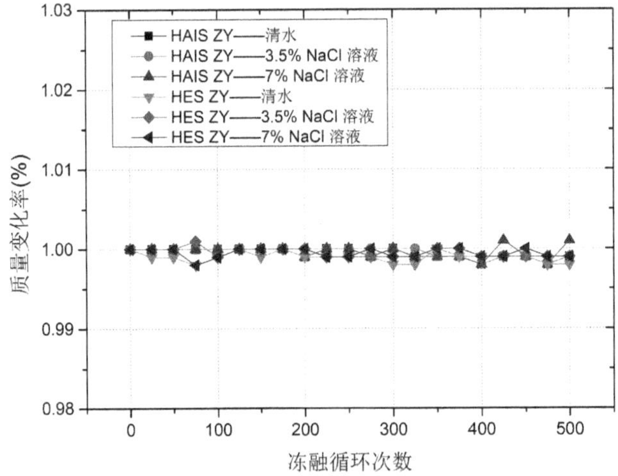

图 5-4　500 次冻融循环下的质量变化

5.2 SSUHPC 的抗氯盐侵蚀性能

5.2.1 试验方法

本节使用模拟海水海砂和淡水、河砂制备 HAIS BY(模拟海水海砂、标养)、HES BY(淡水、河砂、标养)、HAIS ZY(模拟海水海砂、高温热水养护)、HES ZY(淡水、河砂、高温热水养护)四组混凝土，通过电迁移法和电通量法加速氯离子侵入研究模拟海水海砂的使用对超高性能混凝土抗氯离子渗透性能的影响。

试验按照《普通混凝土长期性能和耐久性能试验方法标准》(GB/T 50082—2009)规定。采用快速氯离子迁移系数法来研究混凝土的抗氯离子渗透能力。混凝土的非稳态氯离子迁移系数应按照式 5-3 计算：

$$D_{RCM}=\frac{0.0239\times(273+T)L}{(U-2)t}\times\left(X_d-0.0238\sqrt{\frac{(273+T)LX_d}{U-2}}\right) \tag{5-3}$$

式中，D_{RCM} 表示混凝土的非稳态氯离子迁移系数，单位为 m^2/s，精确到 $0.1\times10^{-12}\ m^2/s$；U 为所用电压的绝对值，单位为 V；T 为阳极溶液的初始温度和结束温度的平均值，单位为 ℃；L 为试件厚度，单位为 mm，精确到 0.1 mm；X_d 为氯离子渗透深度的平均值，单位为 mm，精确到 0.1 mm；t 表示试验持续时间，单位为 h。

按照《普通混凝土长期性能和耐久性能试验方法标准》(GB/T 50082—2009)规定。采用电通量法，测定氯离子在混凝土中非稳态迁移的迁移系数来确定混凝土抗氯离子渗透能力。试验结果计算及处理应符合下列规定：

$$Q=(I_0+2I_{30}+2I_{60}+\cdots+2I_t+\cdots+2I_{300}+2I_{330}+I_{360}) \tag{5-4}$$

式中，Q 表示通过试件的总电通量，单位为 C；I_0 表示初始电流，单位为 A，精确到 0.001 A；I_t 表示在时间 t(min) 的电流(A)，精确至 0.001 A。

计算得到的通过试件的总电通量应换算成直径为 95 mm 试件的电通量值，

换算按照式 5-5 进行：

$$Q_D = \left(\frac{95}{x}\right)^2 \times Q_x \tag{5-5}$$

式中，Q_D 表示通过直径为 95 mm 的试件的电通量，单位为 C；Q_x 表示通过直径为 x 的试件的电通量，单位为 C；x 表示试件的真实直径，单位为 mm。

5.2.2 抗氯离子渗透试验快速电迁移法试验结果

表 5-1 所示为 HAIS BY、HAIS ZY、HES BY 以及 HES ZY 四组混凝土抗氯离子渗透电迁移法试验结果以及其他学者关于 UHPC 抗氯盐侵蚀的研究成果。从测试结果可以得知本研究制备的四组混凝土的抗氯离子扩散系数与其他学者研究的 UHPC 测试结果接近，这表明本研究制备的混凝土在抗氯离子渗透这一性能达到了超高性能混凝土的要求。同时，使用模拟海水海砂制备的混凝土与使用淡水、河砂制备的混凝土相比，抗氯离子渗透扩散系数值接近且略低，这表明使用海水海砂制备超高性能混凝土同样具有优异的抗氯离子渗透性能，且性能不低于淡水、河砂制备的超高性能混凝土。

表 5-1 混凝土抗氯离子渗透扩散系数

	HAIS BY	HAIS ZY	HES BY	HES ZY	UHPC（研究现状）
氯离子扩散系数（RCM 法）	$1.54\times 10^{-12}\,m^2/s$	$1.28\times 10^{-12}\,m^2/s$	$1.66\times 10^{-12}\,m^2/s$	$1.33\times 10^{-12}\,m^2/s$	0.0092[69]，0.051～0.056[68]，1.99[102]（$\times 10^{-12}\,m^2/s$）

5.2.3 抗氯离子渗透试验电通量法试验结果

表 5-2 所示为四组混凝土抗氯离子渗透电通量试验结果以及其他学者的研究成果。从测试结果可以看出，本研究制备的四组混凝土同样达到了 UHPC 的抗氯离子渗透性能。电通量法测试结果与快速电迁移法测试结果相互佐证，既表明本研究制备的混凝土具有优异的抗氯离子渗透性能，又进一步说明使用海水海砂制备超高性能混凝土同样具有较高的抗氯离子渗透性能。比较不同养护方式的混凝土试件测试结果还可以发现，在本研究中采用热水养护可以进一步

提高混凝土的抗氯离子渗透性能。

表 5-2　混凝土抗氯离子渗透电通量

	HAIS BY	HAIS ZY	HES BY	HES ZY	UHPC(研究现状)
氯离子渗透性（电通量法）	131 C	85 C	155 C	91 C	80.1～138.9C[11, 210]

5.3　SSUHPC 的护筋性能

5.3.1　试验方法

本节使用模拟海水海砂和淡水、河砂制备 HAIS BY(模拟海水海砂、标养)、HES BY(淡水、河砂、标养)、HAIS ZY(模拟海水海砂、高温热水养护)、HES ZY(淡水、河砂、高温热水养护)四组混凝土，进行极化曲线法试验测试混凝土对钢筋的保护能力，进行模拟海水环境混凝土中钢筋腐蚀快速试验。

按照《水工混凝土试验规程》(SL/T 352—2020)规定。采用室内加速腐蚀法进行海水海砂超高性能混凝土的钢筋混凝土快速腐蚀试验。制作 HAIS ZY 试件尺寸 100 mm×100 mm×200 mm。取钢筋两端混凝土保护层厚度平均值作为该试件的混凝土保护层厚度，钢筋的锈蚀率按照式 5-6 计算：

$$R = \frac{A_n}{A_0} \times 100\% \tag{5-6}$$

式中 R 表示钢筋锈蚀率(%)；A_n 表示 n 次腐蚀循环后钢筋的锈蚀面积，单位为 mm^2；A_0 为测试钢筋的表面积，单位为 mm^2；

测试钢筋的质量损失率按照式 5-7 计算：

$$L = \frac{M_0 - M - \dfrac{(M_{01} - M_1) + (M_{02} - M_2)}{2}}{M_0} \times 100\% \tag{5-7}$$

式中 L 表示测试钢筋的质量损失率(%)；M_{01}、M_{02} 分别表示空白校正用的两根钢筋的初始质量，单位为 g；M_1、M_2 分别表示空白校正用的两根钢筋酸洗后的质量，单位为 g；M_0 表示试验钢筋初始质量，单位为 g；M 为试验后钢筋质量，单位为 g。

5.3.2 极化曲线法测试 SSUHPC/FRUHPC 的护筋性

本节采用极化曲线法测试混凝土对钢筋的保护能力，测试结果如图 5-5 所示。通电后 5 条曲线的阳极极化电位均迅速上升，随后四组试件的电位均恒定在各自的电位值不变，这说明砂浆电极内部金属部分尚未发生锈蚀。随着通电时间延长空白组电位下降明显，表明钢筋钝化膜已经被破坏，钢筋开始电化学腐蚀；在试验后期空白组电位变化幅度明显减小，表明此时空白组钢筋的电化学腐蚀趋于稳定。与空白组形成对比的是其他四组电位在恒定后整个试验过程中电位保持不变，这表明淡水、河砂和模拟海水海砂制备的混凝土材料均具有优异的护筋性。

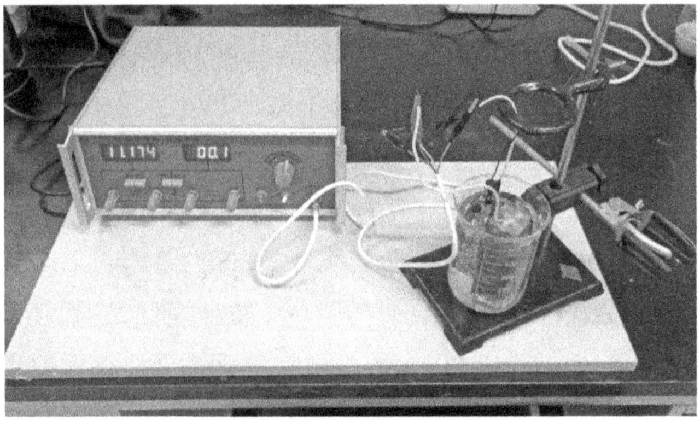

(a) 线性极化法试验装置图

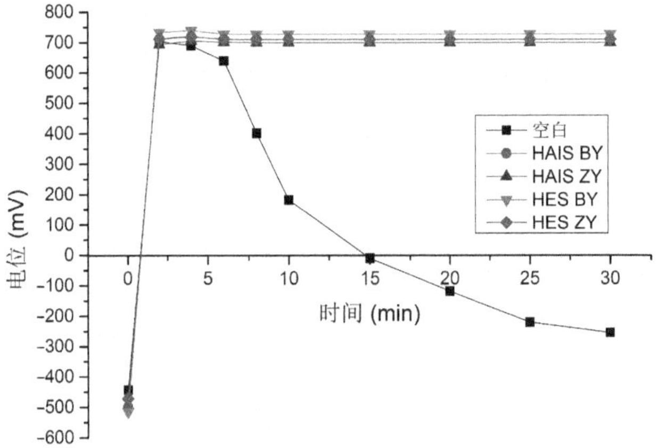

(b) 恒电流、电位-时间曲线分析图

图 5-5 线性极化法试验装置图与恒电流、电位-时间曲线分析图

5.3.3　SSUHPC 混凝土钢筋快速腐蚀试验结果

在经历 6 次模拟海水环境快速腐蚀后，混凝土内置钢筋表面并没有明显的锈点，如图 5-6 所示。通过锈蚀面积计算钢筋的锈蚀率平均值为 0.52%，通过失重法测得钢筋的质量损失率为 0.008 0%，钢筋保护层厚度平均值为 30 mm，满足《水工混凝土试验规程》（SL/T 352—2020）规定的混凝土保护层厚度要求。这表明使用模拟海水海砂制备的混凝土具有优异的钢筋保护性能。

表 5-3　6 次模拟海水环境腐蚀循环后钢筋各项指标记录表

	钢筋保护层厚度/mm	锈蚀率/%	钢筋质量损失率/%
平均值	30	0.96	0.009 7
	30	0.16	0.006 8
	30	0.45	0.007 5
	30	0.52	0.008 0

（a）试件中内置钢筋一　　（b）试件中内置钢筋二

图 5-6　快速腐蚀试验后钢筋锈蚀情况

5.4　SSUHPC 的耐火性能

5.4.1　试验方法

本节使用模拟海水海砂和淡水、河砂制备配合比 1（模拟海水海砂、标养）、5

(淡水、河砂、标养)、9(模拟海水海砂、高温热水养护)、11(淡水、河砂、高温热水养护)4组混凝土,并作试验前烘干处理进行对照试验,做烘干处理的试块在养护到期后耐火性试验前放进烘箱105℃烘干7 d,分别命名为配合比1-H、5-H、9-H、11-H,一共8组试件。按照2.3.8节所述进行高温抗爆性测试,研究SSUHPC和FRUHPC高温抗爆性以及高温后的静力学特征。

使用马弗炉进行抗爆性测定,从室温开始加热试验升温速率设定为5℃/min。每组取3个试块进行高温爆裂试验,对试件的爆裂温度、爆裂状态以及爆裂声音进行客观详细描述。在养护到期后进行高温实验前进行力学性能测试。使用马弗炉进行高温后力学性能变化测定,试验升温速率设定为5℃/min,混凝土在温度升高到目标温度后保持温度恒定1 h,然后取出试件并冷却至常温,随后进行力学性能测试。

5.4.2 高温爆裂试验结果

表5-4为8组试件高温爆裂试验结果,图5-7中8组试块经过高温爆裂试验后外观形貌。使用模拟海水海砂制备的混凝土材料,采用高温热水养护的试件爆裂温度为737℃,高温爆裂试验之前做烘干处理使试件爆裂温度提高到743℃。两组试件爆裂声音比较小,爆裂后试件整体完整局部炸裂开,如图5-7(c)、图5-7(d)所示。采用标准养护的试件爆裂温度高于高温热水养护,试验前烘干处理的试件更是加热到1 150℃也未发生爆裂,如图5-7(a)所示。未烘干处理的试件爆裂温度为756℃,爆裂声音巨大,爆裂后试件完全破碎,如图5-7(b)所示。

表5-4 高温爆裂试验结果

	温度(℃)	破坏后的形式	破坏时声音
1-H	1 150	—	—
1	756	完全破坏	巨大
9-H	743	整体完整,局部破裂	轻微
9	737	整体完整,局部破裂	轻微
5-H	800	—	—
5	673	部分破坏	稍大
11-H	697	完全破坏	巨大
11	691	整体完整,局部破裂	轻微

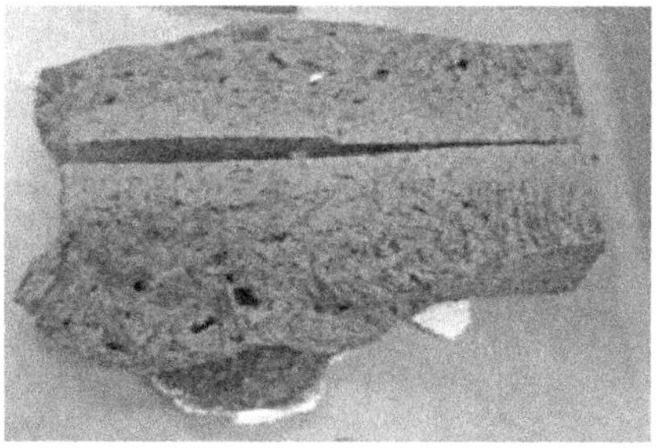

(a) 烘干处理过的标养海水海砂混凝土

(b) 标养海水海砂混凝土

(c) 烘干处理过的 SSUHPC

(d) SSUHPC

(e) 烘干处理过的标养淡水河砂混凝土

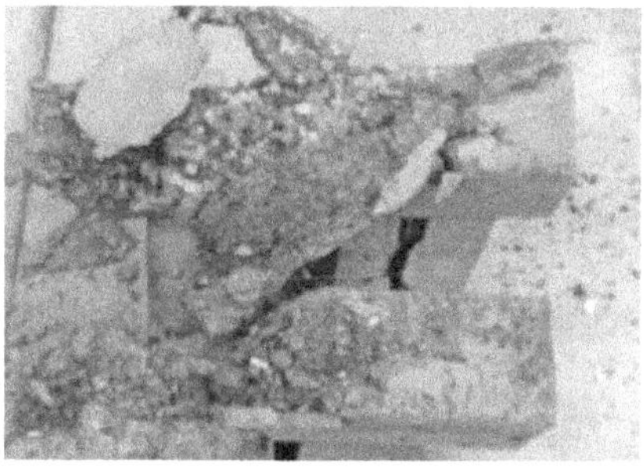

(f) 标养淡水河砂混凝土

(g) 烘干处理过的 FRUHPC

(h) FRUHPC

图 5-7　高温爆裂后各组试块形态

使用淡水、河砂制备的混凝土材料，采用高温热水养护的试件爆裂温度是691 ℃，高温爆裂试验之前烘干处理使爆裂温度提高到 697℃，未烘干处理的试件爆裂声音比较小，爆裂后整体完整，局部炸开，烘干处理的试件爆裂声音较大，爆裂后完全破碎，如图 5-7(g)、图 5-7(h)所示。采用标准养护，试验前烘干处理的试件加热到 800℃也未发生爆裂，如图 5-7(e)所示，安全起见未继续加热。未烘干处理的试件爆裂温度为 673℃，爆裂声音略大，爆裂后试件部分破碎，如图 5-7(f)所示。

使用模拟海水海砂制备的混凝土爆裂温度整体比使用淡水、河砂制备的混凝土高，模拟海水海砂的使用对混凝土的高温爆裂性能起到了明显的提高作用。采用标准养护比高温热水养护使混凝土具备更高的抗爆温度，进行高温爆裂试验前对混凝土进行烘干处理可以提高混凝土的抗爆性能，这是因为试样内部含水过多时，高温作用产生的内部蒸汽压力就会更大，使得试样在较低受热温度时就发生了爆裂[217]。在实际应用中，混凝土具有较高的抗爆性能、减少爆裂次数，对实际火灾中人员逃亡具有十分重要的意义。

5.4.3 不同温度下抗压强度变化

Xiao、Roberto F 等人[57, 218]研究发现混凝土的力学性能随着过火温度的升高近似呈线性下降，法国的 Behioul M 等人[219]研究发现混凝土在加热过程中弹性模量与力学性能并不是单调递减的，而是经历了先增大后减小，然后再增大再减小的一个过程。为研究海水海砂超高性能混凝土在高温后力学性能变化情况，在测试完所有组试件的爆裂温度后，设定温度上限，进行混凝土抗压强度随加热温度改变的变化研究。混凝土的抗压强度变化如图 5-8 所示，混凝土强度折减系数变化如图 5-9 所示，高温后混凝土的抗压强度折减系数计算公式为：

$$\beta = \left| \frac{\delta - \delta_0}{\delta_0} \right| \tag{5-8}$$

式中，β 为抗压强度折减系数；δ 为不同温度加热后的抗压强度，单位为 MPa；δ_0 为初始抗压强度，单位为 MPa。

表 5-5　抗压强度变化表

加热温度/℃	抗压强度/MPa				抗压强度折减系数			
组别	1	9	5	11	1	9	5	11
26	131.9	162.1	125.3	168.3	1.00	1.00	1.00	1.00
100	152.9	170.5	128.1	162.6	1.16	1.05	1.02	0.97
150	186.2	177.2	147.9	178.9	1.41	1.09	1.18	1.06
200	169.9	170.5	157.8	189.1	1.29	1.05	1.26	1.12
250	199.2	208.9	161.4	205.8	1.51	1.29	1.29	1.22
300	206.1	153.2	153.4	212.9	1.56	0.95	1.22	1.27
350	212.3	187.9	151.7	214.4	1.61	1.16	1.21	1.27
400	215.5	170.4	144.7	187.9	1.63	1.05	1.16	1.12
450	199.4	146.8	125.7	155.9	1.51	0.91	1.00	0.93
500	165.7	121.1	100.0	120.0	1.26	0.75	0.80	0.71
550	131.4	95.2	81.7	104.2	1.00	0.59	0.65	0.62
600	99.3	77.5	61.8	77.7	0.75	0.48	0.49	0.46
650	71.8	61.0	52.0	61.3	0.55	0.38	0.42	0.36
700	55.7	50.8	—	—	0.42	0.31	—	—

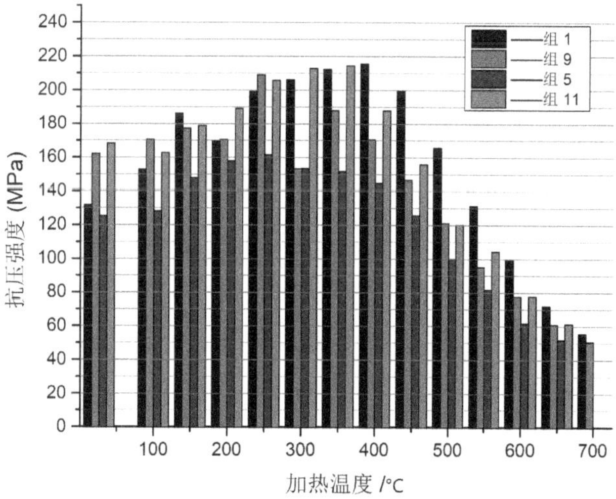

图 5-8　混凝土抗压强度变化

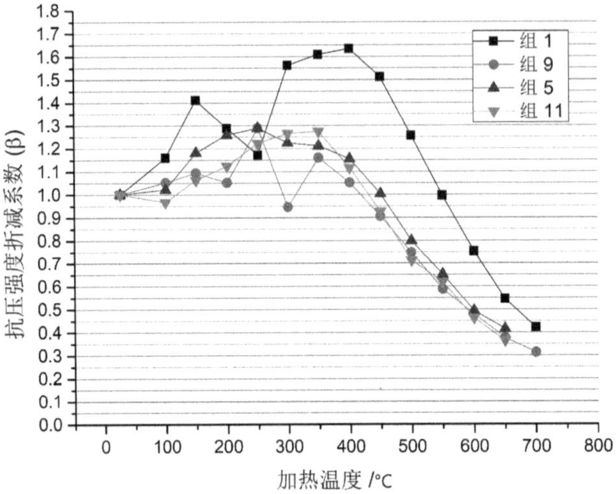

图 5-9 混凝土强度折减系数变化

通过试验可以发现，随着加热温度的升高，四组混凝土的抗压强度呈现先增加后衰减的变化趋势。使用模拟海水海砂制备的混凝土经过高温热水养护后抗压强度在 400℃达到峰值，抗压强度提高了 63.3%，达到 215.5 MPa；采用标准养护的混凝土试件分别在 250℃和 350℃均产生峰值，抗压强度分别提高了 28.96%、15.98%，达到 208.9 MPa、187.9 MPa。使用淡水、河砂制备的混凝土经过高温热水养护后力学性能在 250℃达到峰值，抗压强度提高了 28.87%，达到 161.4 MPa；采用标准养护的混凝土试件在 350℃达到峰值，抗压强度提高了 27.41%，达到 214.4 MPa。

采用标准养护的配合比 1、5 混凝土试件抗压强度增幅最大（β 分别为 1.63、1.29），配合比 1 混凝土试件抗压强度达到峰值的温度最高，力学性能衰减最快，爆裂后试件破坏最严重；配合比 5 混凝土试件抗压强度达到峰值较早，但是力学性能衰减比较缓慢，爆裂破坏后试件完整性较好。配合比 9、11 混凝土抗压强度增幅相对较小（β 分别为 1.29、1.27），配合比 9 混凝土试件抗压强度较早达到峰值；配合比 11 混凝土试件抗压强度峰值比配合比 9 混凝土试件大且衰减更快，因而爆裂后配合比 9 混凝土试件完整性最佳。

采用高温热水养护使混凝土早期水化加速，使混凝土抗压强度很快达到稳定阶段，因此加热后混凝土强度增长空间有限、增长幅度较小，高温热水养护后混凝土内部结构致密，加热后内部各组分之间应力变化较小，所以在结构开始破坏时强度损失幅度较小。对比不做烘干处理的 4 组混凝土试件抗压强度变化可知，采用模拟海水海砂并使用热水养护制备的超高性能混凝土，高温抗爆性能较好、爆裂后试件整体完整性最佳，同时随着温度的增加混凝土试件的抗压强度变化最小，稳定性最佳。海水海砂超高性能混凝土的耐火性优于淡水河砂超高性能混凝土。

5.4.4 SSUHPC 的耐火性能机理分析

（1）孔结构变化

硬化后的混凝土是由复杂结构的非匀质、多相和多层次的复合材料体系组成的，其不规则、不确定、模糊、非线性等特征的宏观行为，正是由其微观结构复杂性决定的，其结构的致密堆积情况、孔结构的优劣直接影响着力学性能和耐久性。孔结构是混凝土微观结构的重要组成部分，混凝土中的总孔隙率及各种孔径的分布结构对混凝土的宏观结构影响极大，其中孔的分布结构影响尤为显著。图 5-10(a)、图 5-10(b)为配合比 8 组混凝土试件孔径分布累计曲线，从图中可以看到，使用模拟海水海砂制备的混凝土孔径以无害孔以及部分少害孔为主，使用淡水、河砂制备的混凝土孔径涉及无害孔、少害孔和有害孔。

表 5-6 不同配合比试件孔隙率与累计孔体积

组	1-H	1	9-H	9	5-H	5	11-H	11
孔隙率(%)	1.9	2.1	2.7	3.7	2.8	4.0	5.1	8.5
累积孔体积(mL/g)	0.006 2	0.006 3	0.007 9	0.011 7	0.007 7	0.008 2	0.018 6	0.015 9

图 5-11(a)、图 5-11(b)为 8 组混凝土试件累计孔体积分布曲线，图中显示，使用模拟海水海砂与使用淡水、河砂制备混凝土试件的累计孔体积及孔隙率均处于较低水平且差别明显。使用模拟海水海砂制备的混凝土试件，采用标准养护且做烘干处理的累计孔体积及孔隙率分别是 0.006 2 mL/g 和 1.9%，未做烘干处理的为 0.006 3 mL/g 和 2.1%；采用高温热水养护且做烘干处理的累计孔体积及孔隙率分别是 0.007 9 mL/g 和 2.7%，未做烘干处理的为 0.011 7 mL/g

和 3.7%。使用淡水、河砂制备的混凝土试件,采用标准养护且做烘干处理的累计孔体积及孔隙率分别是 0.007 7 mL/g 和 2.8%,未做烘干处理的为 0.008 2 mL/g 和 4.0%;采用高温热水养护且做烘干处理的累计孔体积及孔隙率分别是 0.018 6 mL/g 和 5.1%,未做烘干处理的为 0.015 9 mL/g 和 8.5%。

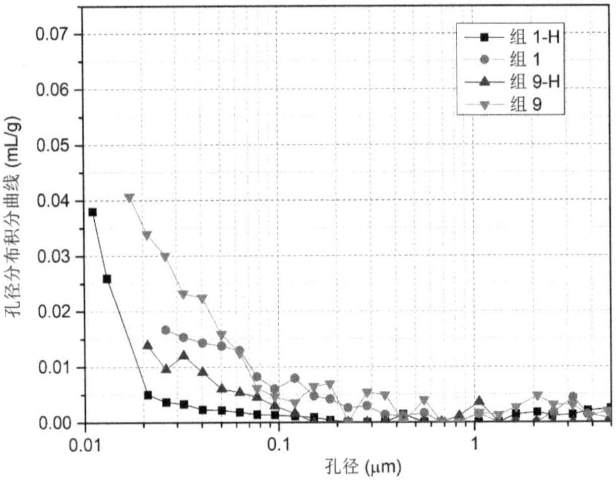

(a) 使用海水海砂制备的混凝土

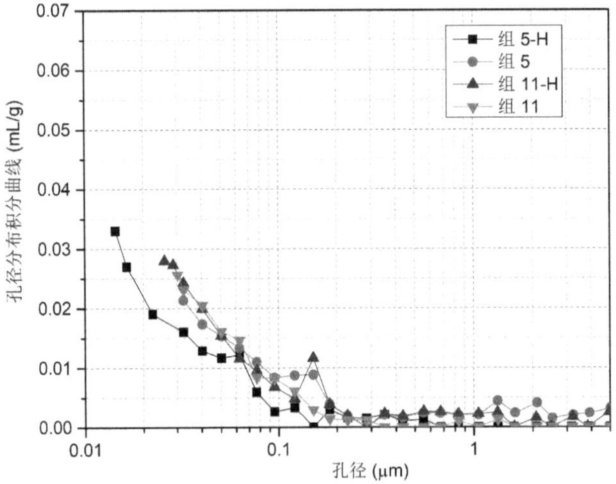

(b) 使用淡水河砂制备的混凝土

图 5-10　孔径分布曲线

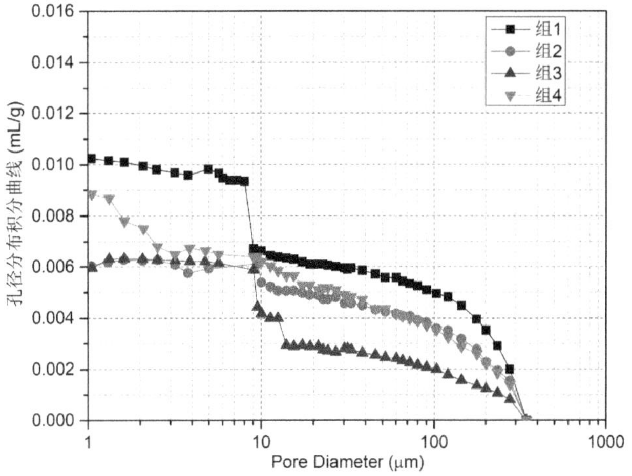

(a) 用海水海砂制备的混凝土

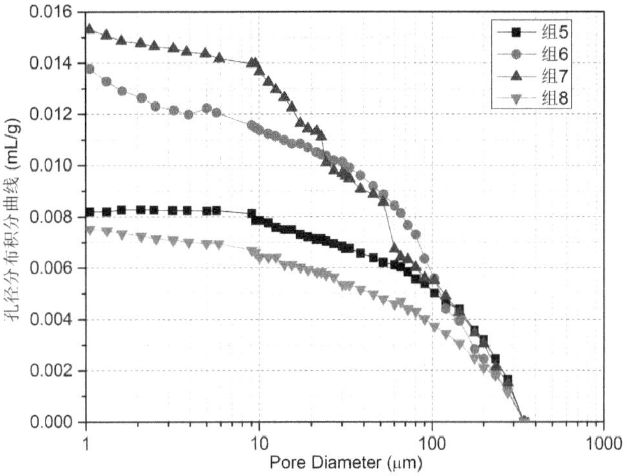

(b) 使用淡水河砂制备的混凝土

图 5-11　累积孔体积分布曲线

配合比 1-H、1、9-H、9 混凝土试件的累计孔体积及孔隙率整体低于配合比 5-H、5、11-H、11 混凝土试件，即使用模拟海水海砂制备混凝土的累计孔体积及孔隙率整体低于使用淡水、河砂制备的混凝土。养护后进行烘干处理能略微降低累计孔体积及孔隙率，但变化不大，说明物理结合水和毛细水的蒸发并不会破坏混凝土中微孔的结构；采用标准养护的混凝土累计孔体积及孔隙率小于采用高温热水养护的混凝土，说明虽然理论上随着温度的升高，火山灰效应相应提高，微观结构有所改善，但是标准养护后的混凝土微结构更加紧密。

(2) 水化产物变化

通过 X 射线衍射试验，对养护结束后 8 组混凝土试块的水化产物进行研究，测试结果如图 5-12 所示。首先，XRD 图谱中都存在 C_3S、C_2S 以及 C-S-H 的特征衍射峰，这是因为 8 组混凝土都采用低水胶比，造成水泥颗粒水化不完全，水化与未水化颗粒并存的现象。其次，养护温度为 85℃时，$Ca(OH)_2$ 数量达到较低水平；使用模拟海水海砂制备混凝土，模拟海水和海砂中含有 NaCl，其中氯离子与水泥水化后产生的 $Ca(OH)_2$ 起反应生成 $CaCl_2$，加速 $Ca(OH)_2$ 的溶解、扩散和结晶，从而促进水泥水化生成的 $Ca(OH)_2$ 加强从反应表面向低浓度区输出，促进了水泥水化，同时，硅灰和粉煤灰的火山灰反应大量消耗 $Ca(OH)_2$，所以在 XRD 图谱中找不到 $Ca(OH)_2$。通过复合体系的组合匹配和颗粒级配的优化，实现复合体系颗粒的静态密实堆积和动态水化填充，改善水泥石微结构；粉煤灰、硅灰的二次水化反应不仅消耗大量的 $Ca(OH)_2$，而且反应生成更多、更密实结合的 C-S-H 凝胶、铝(铁)酸钙、硫铝(铁)酸钙等水化产物，这些水化物作为次中心质与未水化的细颗粒一起填充水泥石的孔隙，孔结构得到了改善，使水泥石更密实，从而使混凝土具有较好的耐火抗爆性。

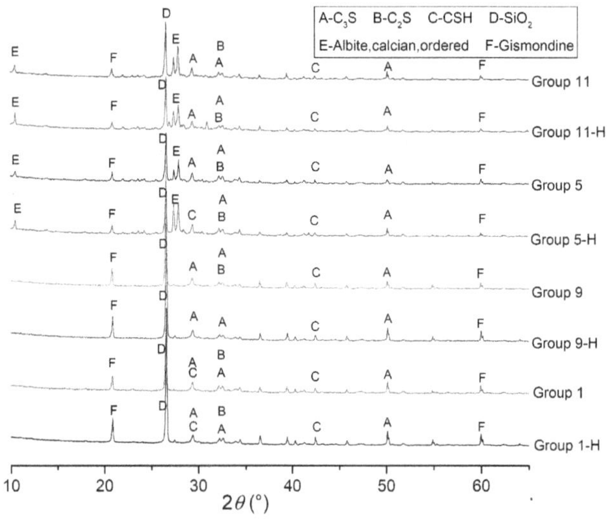

图 5-12　各组混凝土水化产物对比 X 射线图谱

从XRD图谱中我们可以看到,组1-H、1,9-H、9比组5-H、5、11-H、11中出现更多的C-S-H凝胶,这是因为模拟海水和海砂中氯离子的存在加速了水化,使组1-H、1,9-H、9的混凝土试件水化更充分,所以存在更多的C-S-H凝胶,使材料微观结构更加致密;而配合比5~8中未水化C_3S和C_2S更多一些,这是因为海水海砂引入的氯离子会与水泥组分作用,消耗未水化的C_3S和C_2S。从XRD图谱中我们可以看到,组5-H、5、11-H、11比组1-H、1,9-H、9在$2\theta=11°$、27°和28°多了E峰,E峰经分析为钠长石、钙长石。钠长石与混凝土中石英作用时,混凝土的耐火温度随钠长石含量的增加而降低,钠长石在高温下熔融后会熔解混凝土中的其他矿物成分,如高岭石、石英等,大量成分的熔解,会破坏混凝土的微观结构,使混凝土结构在高温下过早地损坏。8组混凝土试件在$2\theta=21°$、60°均有F峰,组5-H、5、11-H、11的F峰较弱,组1-H、1,9-H、9的F峰强度较高。经分析F峰为沸石,沸石的存在可以提高混凝土的安定性。沸石吸热释放部分沸石水可以进一步吸收热量;沸石的主要结构形状为薄板状、针状以及柱状晶体,其特有的结构形状可以与混凝土中的未水化颗粒以及水化产物相互交错在一起,从而使得混凝土结构更加紧密,结构强度提高,最终表现为模拟海水海砂制备的混凝土耐火性比淡水、河砂制备的混凝土更加优异,且配合比1-H混凝土试件耐火抗爆性最佳。

5.5 SSUHPC的抗碳化性能

5.5.1 试验方法

UHPC具有优异的抗碳化性能,本节使用模拟海水海砂和淡水、河砂制备HAIS BY(模拟海水海砂、标养)、HES BY(淡水、河砂、标养)、HAIS ZY(模拟海水海砂、高温热水养护)、HES ZY(淡水、河砂、高温热水养护)4组混凝土试件。试验参照《普通混凝土长期性能和耐久性能试验方法标准》(GB/T 50082—2009),使用快速碳化法,经0 d、3 d、7 d、14 d和28 d碳化后分别取出试件测定它们的碳化深度。并动态监测碳化过程中混凝土pH变化以及混凝土力学性能变化规律,通过XRD以及SEM测试方法,研究SSUHPC在碳化过程中的微观结构和水化产物变化,揭示其在碳化侵蚀作用下的变化机理。

5.5.2 宏观碳化特征变化

图 5-13、图 5-14、图 5-15 以及图 5-16 所示为四组混凝土试件在不同试验阶段的碳化情况，为了更准确地描述碳化情况，对每组混凝土试件每个碳化阶段的表面、横断面进行分析。按照《普通混凝土长期性与耐久性能试验方法》(GB/T 50082—2009)中快速碳化法进行碳化深度评价时发现，在碳化 28 d 时，无论是采用模拟海水海砂或淡水、河砂制备的混凝土试件，抑或是采用标准养护和高温热水养护，如图 5-13(b)、图 5-14(b)、图 5-15(b)以及图 5-16(b)所示，在横断面沿碳化侵蚀方向均未出现颜色差，表明所有混凝土试件的 28 d 碳化深度均为零，这与刘斯凤[220]、Roux[221]、宋少民[222]等的研究结论一致。

比较 4 组混凝土试件的碳化侵蚀面可以发现，随着碳化试验的进行，混凝土试件并非未发生碳化。每组混凝土试件在碳化 0 d 以及 28 d 时，在喷涂 1%酚酞乙醇指示液后受碳化侵蚀的表面显色呈逐渐变浅的趋势，在碳化 28 d 时混凝土试件表面不再出现红色，表明混凝土受碳化侵蚀面已经发生碳化。同时，比较标准养护与高温热水养护下两组试件表面可以发现，高温热水养护后混凝土表面显色比较浅，且随着碳化的进行，率先出现喷涂酒精酚酞指示剂后不显色的情况，表明高温热水养护后混凝土表面 pH 值小于标准养护下的混凝土，且发生碳化更快。观察碳化前后混凝土横断面分布的钢纤维可以发现，随着碳化的进行钢纤维表面并未出现锈蚀情况。

(a) 碳化前　　(b) 碳化 28 d

图 5-13　HAIS BY 组混凝土碳化侵蚀前后变化

(a) 碳化前　　　　(b) 碳化 28 d

图 5-14　HES BY 组混凝土碳化侵蚀前后变化

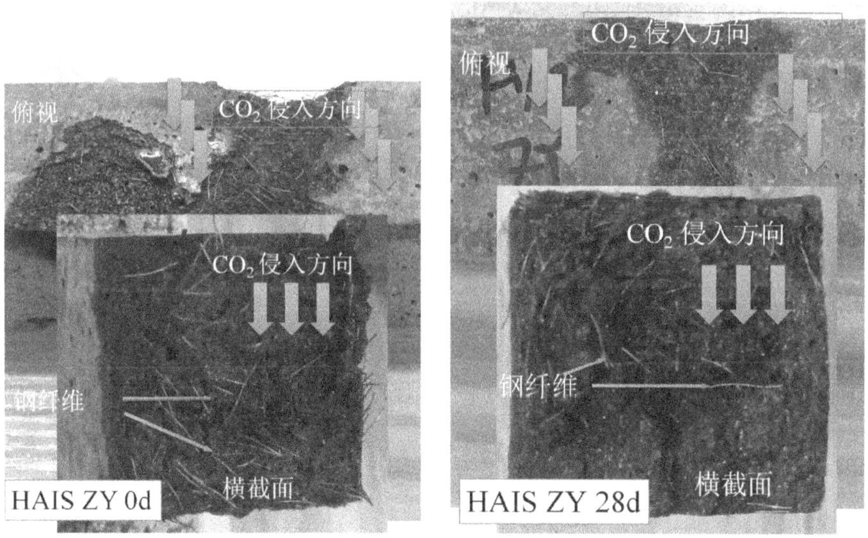

(a) 碳化前　　　　(b) 碳化 28 d

图 5-15　HAIS ZY 组混凝土碳化侵蚀前后变化

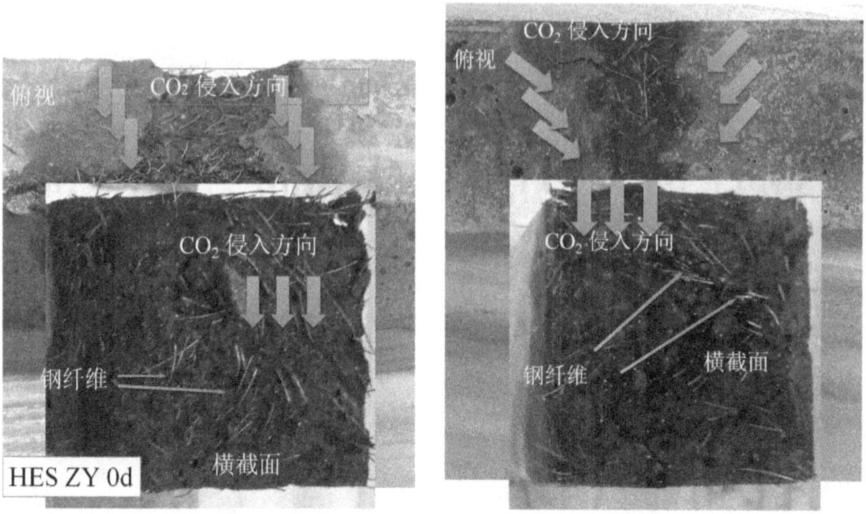

(a) 碳化前　　(b) 碳化 28 d

图 5-16　HES ZY 组混凝土碳化侵蚀前后变化

5.5.3　pH 值变化

图 5-17 为 4 组混凝土试件遭受 CO_2 侵蚀在不同阶段距离表面 1 mm、2 mm、3 mm、10 mm 以及 25 mm 深处 pH 值的变化。从整个碳化过程来看，4 组混凝土试件随着碳化试验的进行，表层 pH 值不断降低；随着碳化的进行，混凝土内部 pH 值也开始降低，沿切面方向其变化趋势符合 Fick's 第一定律。表面 pH 值降低说明 4 组混凝土试件表面均发生了碳化，pH 值由表及里开始降低说明混凝土内部也开始碳化，这说明碳化影响了混凝土内部孔隙液 pH 值的平衡[108]。

比较图 5-17(a)、(b)、(c)、(d)可以发现，碳化试验前 HAIS BY 的 pH 值为 12.29、HAIS ZY 的 pH 值为 12.10、HES BY 的 pH 值为 12.30、HES ZY 的 pH 值为 12.19，使用海水海砂制备混凝土并未降低混凝土的 pH 值，热水养护后混凝土的 pH 值略低于标准养护后的混凝土。随着碳化侵蚀的进行，热水养护的混凝土 pH 值下降幅度大于标准养护。4 组混凝土的 pH 值降低幅度依次是 HAIS BY＜HES BY＜HAIS ZY＜HES ZY，采用海水海砂制备混凝土的 pH 值受碳化影响小于淡水河砂制备的混凝土。

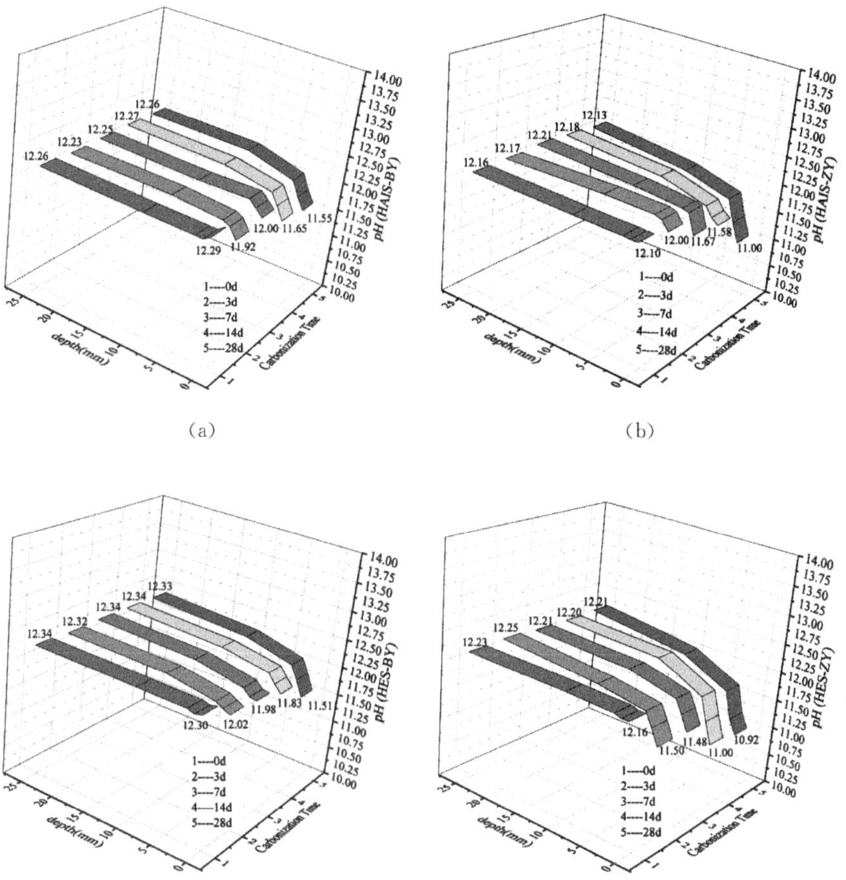

(a)　(b)　(c)　(d)

图 5-17　不同混凝土碳化过程 pH 值变化

碳化 28 d，4 组混凝土的 pH 值均受到影响，此时 HAIS BY 的 pH 值为 11.55、HAIS ZY 的 pH 值为 11.00、HES BY 的 pH 值为 11.51、HES ZY 的 pH 值为 10.92，沿 CO_2 侵蚀方向 pH 值的降低幅度呈下降趋势。pH 值变化幅度较大的部位主要集中在距表面 3 mm 以内，最终 pH 值均在 10.50 以上，大于钝化膜完全破坏的临界值(9.88)，标准养护的试件的 pH 值均在 11.50 以上，大于钝化膜开始不稳定的临界值[108, 202]。

5.5.4　力学性能变化

混凝土受碳化面进行维氏硬度和洛氏硬度测试的结果如图 5-18、图 5-19

所示，混凝土抗压强度试验结果如图 5-20 所示。随着碳化的进行，4 组混凝土试件表面维氏硬度均呈先增大后降低的变化趋势，在碳化 3 d 时出现硬度峰值，最终维氏硬度与原始表面硬度基本一致。这是因为维氏硬度探针测试的是微米级别物质的硬度。随着碳化的进行，生成的腐蚀产物分布在混凝土表面，此时，维氏硬度会出现增大的趋势；当碳化继续进行时，腐蚀产物逐渐完全覆盖原始表面，而通过 XRD 测试发现最终表面成分仍然是 C-S-H、C_3S、C_2S 和 $CaCO_3$，与原始成分基本相同，因此碳化末期所有混凝土表面的维氏硬度与初始值相比未发生较大变化。

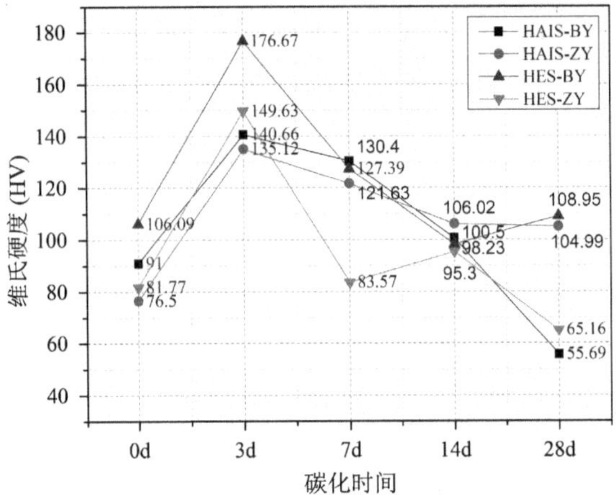

图 5-18　碳化过程中混凝土表面维氏硬度变化

随着碳化的进行，4 组混凝土试件表面洛氏硬度均呈先降低后增大的变化趋势，如图 5-19 所示。在碳化 3 d 时出现硬度最低值，最终洛氏硬度大于混凝土原始表面硬度。这是因为洛氏硬度探针测试的是接近毫米级物质的硬度。碳化刚开始进行时，新生的微米级腐蚀产物非常少，稀疏地散布在混凝土表面，并不能充实混凝土结构，而原始混凝土表层水化产物开始与 CO_2 反应使得原本致密的结构发生变化，此时混凝土表面洛氏硬度会出现降低的现象。随着碳化的继续进行，腐蚀产物越来越多，在原始混凝土表面形成致密且强度高的新表面，所以混凝土的洛氏硬度不断增大，最终超过混凝土原始表面硬度。

随着碳化的进行，4 组混凝土试件的抗压强度基本不变，如图 5-20 所示。由于混凝土表面发生碳化的深度非常浅，影响不到混凝土的整体结构，因此抗压强度并未出现变化。采用高温热水养护的两组试件出现抗压强度略微降低的变

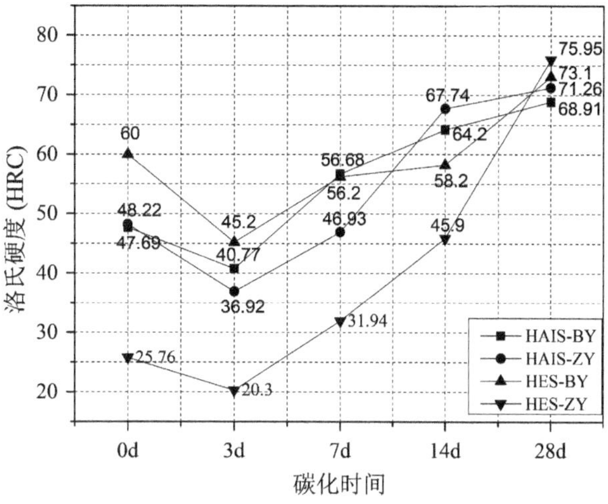

图 5-19　碳化过程中混凝土表面洛氏硬度变化

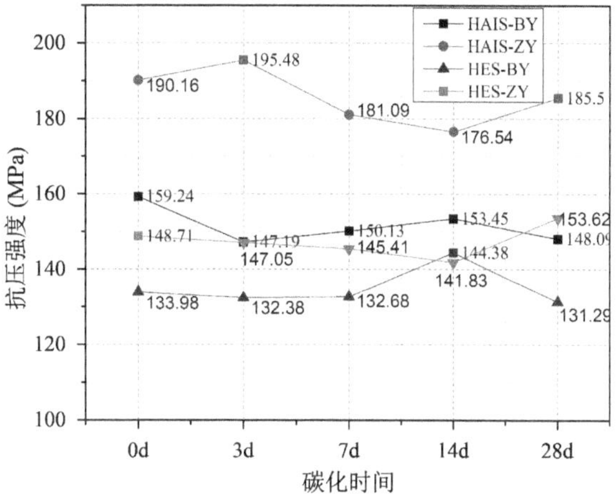

图 5-20　碳化过程中混凝土抗压强度变化

化，这是由于高温热水养护加速了混凝土的水化，使混凝土抗压强度短期内达到非常高的指标，但是随着时间的推移，加速养护的混凝土的力学性能会出现回缩[223]现象，但这并不影响混凝土的整体性能。

5.5.5　微观形貌与水化产物变化

根据 1%酚酞乙醇指示液测得 4 组混凝土试件 28 d 碳化深度为 0，沿碳化方向测得 pH 值变化主要集中在距表面 3 mm 以内，为了研究 SSUHPC 以及

FRUHPC 在碳化前后水化产物的变化，在碳化 0 d、3 d、7 d、14 d 以及 28 d 时对 4 组混凝土碳化面表面 1 mm 处净浆进行 XRD 测试，分析结果如图 5-21 所示。XRD 图谱中都存在 C_3S、C_2S 的特征衍射峰，这是因为 4 组混凝土试件都采用低水胶比，使得水泥颗粒水化不完全，导致水化与未水化颗粒并存的现象。

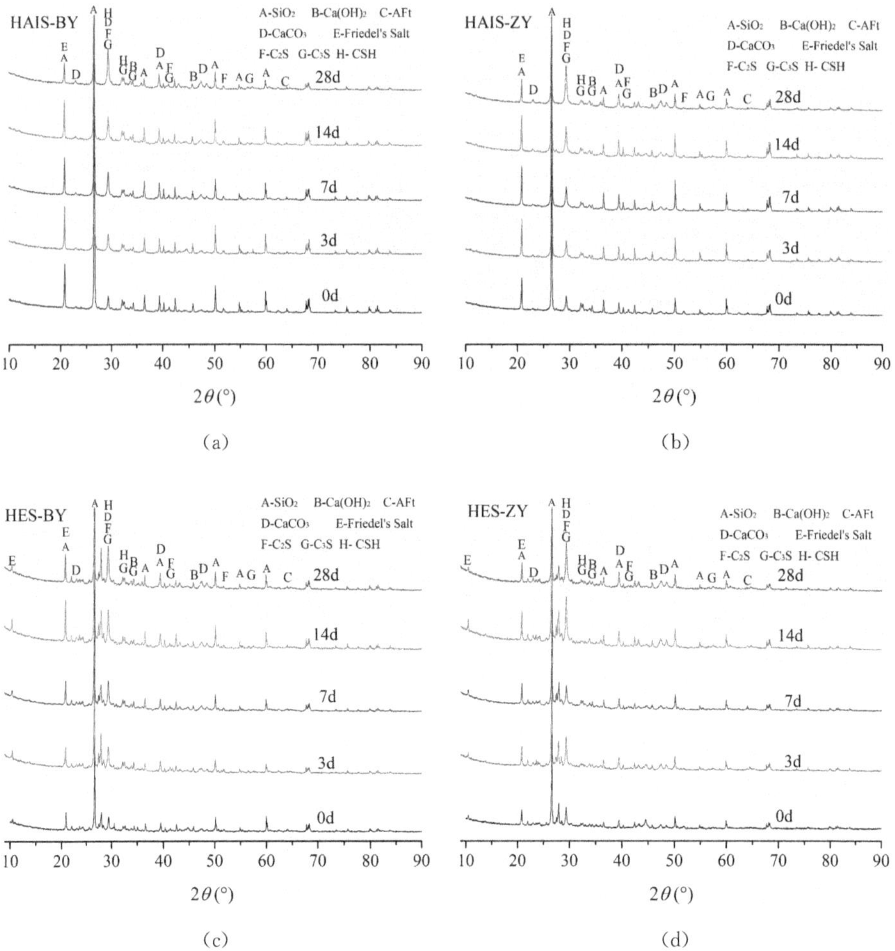

图 5-21 碳化过程中不同组混凝土 X 射线谱

如图 5-21(a)、图 5-21(b)所示，采用模拟海水海砂制备的混凝土，采用标准养护和高温热水养护后混凝土的碳化历程基本一致，在碳化初期混凝土中未水化的 C_3S、C_2S 都存在；$Ca(OH)_2$ 随着碳化的进行逐渐减少，越来越多的 $CaCO_3$ 出现；碳化初期混凝土中有少量的 AFt，且 AFt 随着碳化的进行越来越少[224,225]。如图 5-21(c)、图 5-21(d)所示，使用淡水、河砂制备的混凝土碳化过程与模拟海水海砂制备的混凝土基本相同，区别在于淡水、河砂制备的混凝土 Friedel's 盐生成量增多且 AFt 特征峰更加微弱。

混凝土碳化面微观形貌变化如图 5-22、图 5-23、图 5-24、图 5-25 以及图 5-26 所示，选择混凝土表面与横断面交界处进行 SEM 测试，对标准养护后的海水海砂超高性能混凝土与淡水河砂超高性能混凝土进行分析。通过微观形貌可以看出，本节制备的混凝土材料的结构非常致密；粉煤灰表面并不光滑，而是生长出了小凸出物体，表明粉煤灰颗粒已经开始水化，如图 5-24(b)所示。两组混凝土试件在受到碳化侵蚀后微观形貌变化基本一致，原本混凝土表面零星分布着水化产物，随着碳化的进行，腐蚀产物逐渐增多直至形成一层新的"膜"覆盖在原始混凝土表面。

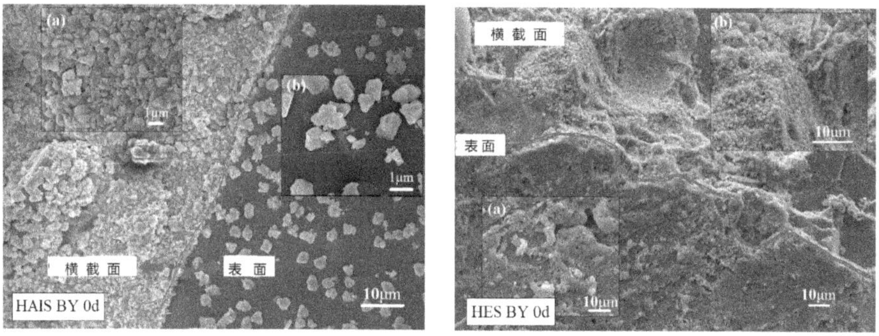

(a) HAIS BY　　　　(b) HES BY

图 5-22　碳化前混凝土 SEM 微观形貌图

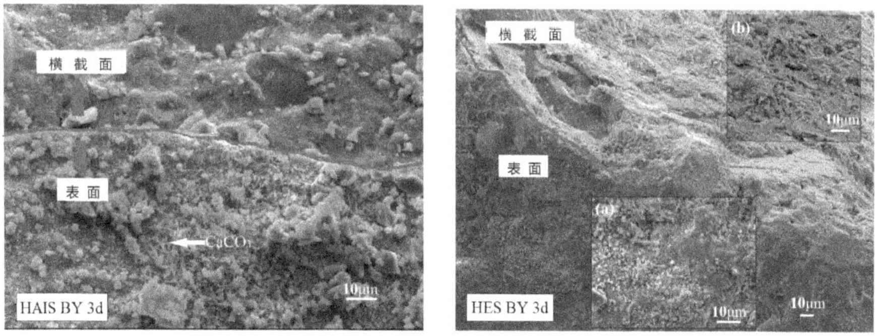

(a) HAIS BY　　　　(b) HES BY

图 5-23　碳化 3 d 混凝土 SEM 微观形貌图

(a) HAIS BY　　(b) HES BY

图 5-24　碳化 7 d 混凝土 SEM 微观形貌图

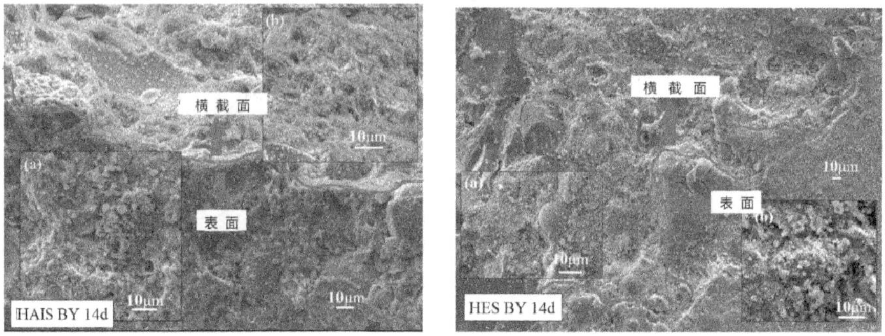

(a) HAIS BY　　(b) HES BY

图 5-25　碳化 14 d 混凝土 SEM 微观形貌图

(a) HAIS BY　　(b) HES BY

图 5-26　碳化 28 d 混凝土 SEM 微观形貌图

如图 5-22(b)所示，淡水河砂超高性能混凝土表面粗糙不平且均匀分布着较多孔隙，随着碳化的进行混凝土表面腐蚀产物越来越多，这些腐蚀产物最终形成一种疏松多孔“膜”覆盖在原始混凝土表面，如图 5-26(b)所示。如图 5-26(a)所示，海水海砂超高性能混凝土表面平整，随着碳化的进行混凝土表面腐蚀产物同样形成一种“膜”，如图 5-24(a)、图 5-24(b)所示。相比于淡水河砂超高性能混凝土，海水海砂超高性能混凝土在受碳化侵蚀后形成的“膜”更加致密。这种“膜”主要是由碳化过程中 C_3S、C_2S 水化生成的 C-S-H 凝胶、碳化生成的 $CaCO_3$ 和无定型的水化 SiO_2 以及孔隙组成。这种“膜”的存在，阻碍了 CO_2 的侵入，使碳化区域控制在混凝土表面，同时，致密的结构使得此类混凝土的抗碳化性能非常高。

5.5.6　SSUHPC 的碳化侵蚀破坏机理分析

本节使用模拟海水海砂制备的混凝土材料之所以具备优异的抗碳化性能，得益于超高性能混凝土自身的高密实性和剔除粗骨料使混凝土获得的优异均匀性以及进行骨料-粉料级配优化后的整体密实度均匀提高。

(1) 低水胶比构成的高致密混凝土体系。CO_2 是通过毛细组织等孔隙通道由表及里向内扩散，而混凝土微观结构的形成，受到初始水胶比的制约。水胶比基本上决定了混凝土的孔隙率和孔结构，即在一定程度上决定了 CO_2 在混凝土中的扩散速率，水胶比越大，孔隙率相对越高，则水蒸气和 CO_2 通过混凝土扩散的阻力越小，混凝土碳化速率也就越快。而海水海砂超高性能混凝土采用紧密堆积设计原理和极低水胶比，粉煤灰和硅灰的掺入，使得颗粒细小的活性粒子以及反应生成的水化物填充沉积在水泥凝胶孔及微裂缝之中，缩小了孔径，改变了孔形貌，增加了混凝土的密实度，导致 CO_2 气体很难侵入试件内部，抑制了其与 $Ca(OH)_2$、C-S-H、C_3S、C_2S 等物质反应，碳化就无法进行。

(2) 剔除粗骨料使混凝土获得优异均匀性。骨料不促进混凝土碳化，在水胶比相同时，使用粒径大的骨料比使用粒径小的骨料容易碳化。这是由于大石子底部容易产生净浆的离析、沉淀，从而增加了混凝土的渗透性。骨料粒径的大小对骨料-水泥浆黏结有重要影响，粗骨料与水泥浆黏结较差，CO_2 易从骨料-水泥浆界面扩散。剔除粗骨料，从而提高基体的匀质性，使其自身和整个基体存在缺陷的概率减小，并显著改善骨料-水泥浆界面，减少过渡区富集的粗大孔隙。

(3) 粉料优化级配后整体密实度均匀提高。粉煤灰、硅灰的掺入，形成多级粒径粉料取代水泥，使得颗粒细小的活性粒子以及反应生成的水化物填充沉积在水泥凝胶孔及微裂缝中，缩小了孔径，改变了孔形貌，增加了混凝土的密实程度，有效地减小了混凝土中的孔径，使得混凝土中的有害孔得到减少，CO_2在混凝土的扩散受阻。因此本节制备的 4 组混凝土试件都具有优良的抗碳化性能。

与淡水、河砂制备的混凝土不同，海水海砂超高性能混凝土自身含有 NaCl，NaCl 对其影响不可小觑。根据已有的研究[108]，氯离子侵蚀会细化混凝土的孔隙结构，使混凝土抗碳化能力显著增强。碳化和氯离子侵蚀存在着正负效应。促进方面，碳化会释放结合氯离子导致氯离子浓度出现局部峰值，加速氯离子渗透；阻碍方面，碳化产物填充了混凝土孔隙，阻止氯离子深入渗透。因此发生碳化的混凝土表层区域混凝土孔隙液 pH 值开始降低。氯盐侵蚀可有效地阻止碳化反应的进行，使完全碳化区局限于混凝土表面。CO_2与混凝土中的水化产物 $Ca(OH)_2$、C-S-H、C_3S、C_2S 反应，生成 $CaCO_3$和无定型的水化 SiO_2，一定程度上密实了混凝土表层，其主要反应方程式有[226]：

$$\begin{cases} Ca(OH)_2 + CO_2 \longrightarrow CaCO_3 + H_2O \\ 3CaO \cdot 2SiO_2 \cdot 3H_2O(C\text{-}S\text{-}H) + 3CO_2 \longrightarrow 3CaCO_3 \cdot 2SiO_2 \cdot 3H_2O \\ 3CaO \cdot SiO_2 + 3CO_2 + xH_2O \longrightarrow 3CaCO_3 + SiO_2 \cdot xH_2O \\ 2CaO \cdot SiO_2 + 3CO_2 + xH_2O \longrightarrow 2CaCO_3 + SiO_2 \cdot xH_2O \end{cases} \tag{5-9}$$

碳化后混凝土表面硬度发生改变，这主要是发生了以下反应：

$$\begin{cases} CO_2 + H_2O \longrightarrow H_2CO_3 \\ Ca(OH)_2 + H_2CO_3 \longrightarrow CaCO_3 + 2H_2O \\ C_2S_2H_3 + 3H_2CO_3 + 3H_2O \longrightarrow 3CaCO_3 + 2SiO_2 + 6H_2O \end{cases} \tag{5-10}$$

当氯盐侵蚀与碳化侵蚀耦合作用时，混凝土的抗碳化性能却出现增强的变化规律，造成这种变化是由于：①物理作用，海洋环境中，干燥时混凝土表面氯离子常以晶体形式存在，晶体的存在填充了孔隙，阻止了 CO_2的进入，这也解释了浪溅区混凝土碳化不明显的现象；②化学作用，氯离子在混凝土中有三种存在状态[118]：孔隙液中的自由氯离子、以 Friedel's 盐形式存在的结合氯离子和以化学吸附作用存在于 C-S-H 凝胶表面形成的化学吸附层，三者都会细化孔隙尺寸，使孔隙结构变得致密。与外界氯盐侵蚀不同，海水海砂高性能混凝土是自身含

有 NaCl,混凝土中含有大量的 Friedel's 盐,存在溶解度平衡,如下式:

$$3CaO \cdot Al_2O_3 \cdot 3CaCl_2 \cdot 10H_2O \longleftrightarrow 4Ca^{2+} + 2Cl^- + 4OH^- + 2Al(OH)_3 \tag{5-11}$$

由上述 Friedel's 盐的溶解度平衡[227]可知,当碱度因碳化而降低时,Friedel's 盐中的氯化物被释放到孔溶液中。碳化反应破坏混凝土基体原有的过滤机制,并促进 Friedel's 盐分解,使氯离子含量增多。碳化引起的 pH 值下降会打破混凝土中氯铝酸复合盐的稳定性,将被吸附在微孔壁上的氯化物重新释放出来。因此,在碳化侵蚀的存在下,钢筋在氯离子污染混凝土结构中的腐蚀风险较高。这也可以解释低浓度氯离子的存在带来的腐蚀风险,在未碳化的混凝土中,氯离子的存在通常可以忽略不计,但在碳化过程中却变得越来越重要。

海水海砂超高性能混凝土碳化过程主要为 CO_2 与 $Ca(OH)_2$、C-S-H 凝胶、C_3S、C_2S 反应,生成 $CaCO_3$ 和无定型的水化 SiO_2,降低混凝土的孔隙率,生成一层致密的"膜",这层"膜"覆盖在混凝土表面,阻碍了 CO_2 的继续侵入,使碳化区域控制在混凝土表面,使混凝土具有较好的抗碳化性能。海水海砂超高性能混凝土的碳化腐蚀示意图如图 5-27 所示。

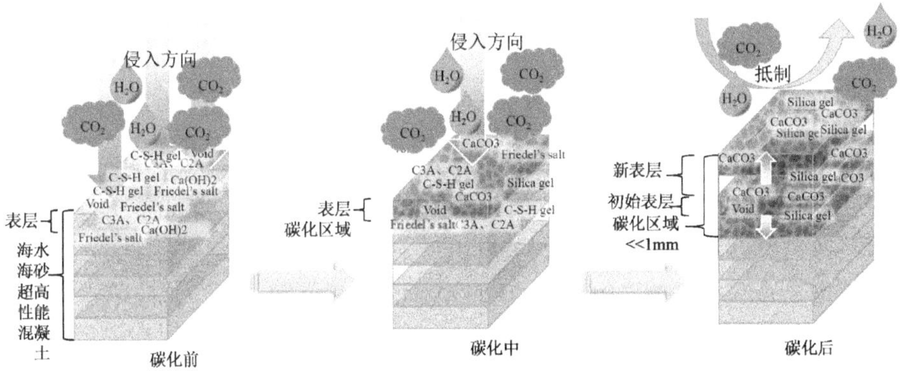

图 5-27　海水海砂超高性能海工混凝土碳化过程示意图

5.6　SSUHPC 的抗硫酸盐侵蚀性能

5.6.1　试验方法

本节使用模拟海水海砂和淡水、河砂制备 HAIS ZY—SSUHPC(模拟海水海砂、高温热水养护)、HES ZY—FRUHPC(淡水、河砂、高温热水养护)两组混凝土试件,进行抗硫酸盐侵蚀性能研究。硫酸盐浸泡试验参考 ASTM C1012 规范进行静态浸泡下胶凝体系抗硫酸盐腐蚀评价,具体操作为:制备规格为直径 100 mm、高 100 mm 的圆柱体 HAIS ZY 和 HES ZY 两组混凝土试件;配置 5.0wt%硫酸钠+5wt%硫酸镁复合溶液,充分溶解后搅拌均匀;将试件置于 5.0wt%硫酸钠+5wt%硫酸镁复合溶液中浸泡,保持溶液温度 20±1℃,每 15 天将 SSUHPC 和 FRUHPC 两组试件取出擦干、拍照、做记录并更换新的溶液;待试件养护好后,进行硫酸盐浸泡试验之前,取同批次 SSUHPC 和 FRUHPC 试块分别进行 XRD、SEM 以及维氏硬度测试;对硫酸盐腐蚀 6 个月后的 SSUHPC 和 FRUHPC 试件进行 XRD、SEM、MIP 以及维氏硬度测试,逐层表征分析了 SSUHPC 与 FRUHPC 在硫酸盐侵蚀下的物相变化与微观形貌,研究海水海砂超高性能混凝土受硫酸盐侵蚀的损伤过程及劣化机理。

5.6.2 外观形貌变化

如图 5-28、图 5-29、图 5-30、图 5-31、图 5-32、图 5-33 以及图 5-34 所示为 SSUHPC 与 FRUHPC 在硫酸盐溶液中浸泡 6 个月的变化情况。两组混凝土试件在硫酸盐浸泡腐蚀全程未出现膨胀、开裂等常见的硫酸盐破坏现象。随着硫酸盐侵蚀的进行,两组混凝土试件表面水泥净浆部分出现溶蚀现象。混凝土表面变得粗糙,混凝土表层区域的砂子、钢纤维暴露出来。由于硫酸盐溶液长期静止造成底部浓度相对于顶部更高,因此混凝土试件底部相对于顶部的水泥浆溶蚀现象更严重一些。

在整个硫酸盐腐蚀过程中,在硫酸盐溶液浸泡开始,FRUHPC 试件表面就出现红褐色锈斑,这是混凝土表层区域金属纤维发生锈蚀结果,且红褐色锈斑持续了整个硫酸盐浸泡试验,形成鲜明对比的是,SSUHPC 试件在硫酸盐浸泡试验全程未出现红褐色锈斑。从硫酸盐溶液浸泡 3 个月开始,两组试件的表面腐蚀程度出现明显差别。在试件下表面,FRUHPC 试件表面钢纤维出现大面积裸露,随着硫酸盐腐蚀的进行 SSUHPC 试件也出现局部钢纤维裸露,但是两组试件比较来看 FRUHPC 试件的破坏程度更严重,试件底部的规则性已经破坏。整体上两组混凝土结构完整,比较来看,使用 FRUHPC 受损更为严重。从外观变化进行比较,SSUHPC 抗硫酸盐侵蚀能力更高。

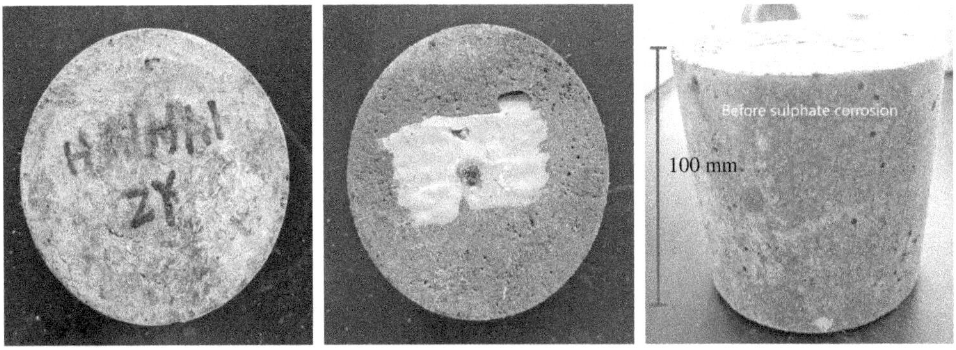

(a) SSUHPC 上表面　　(b) SSUHPC 下表面　　(c) SSUHPC 侧面

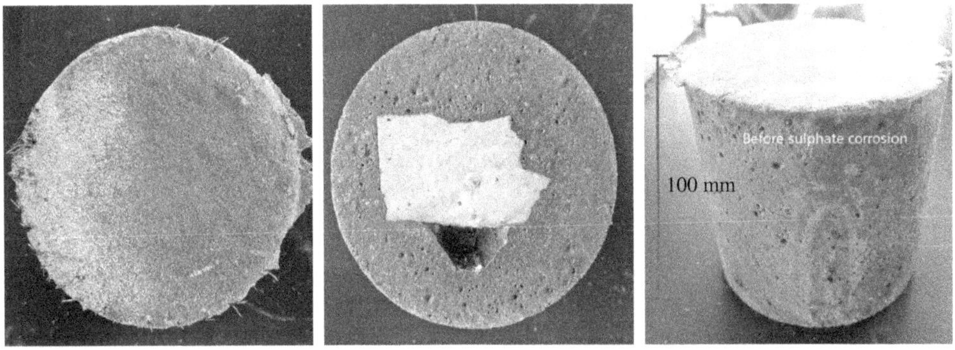

(d) FRUHPC 上表面　　(e) FRUHPC 下表面　　(f) FRUHPC 侧面

图 5-28　浸泡硫酸盐溶液前

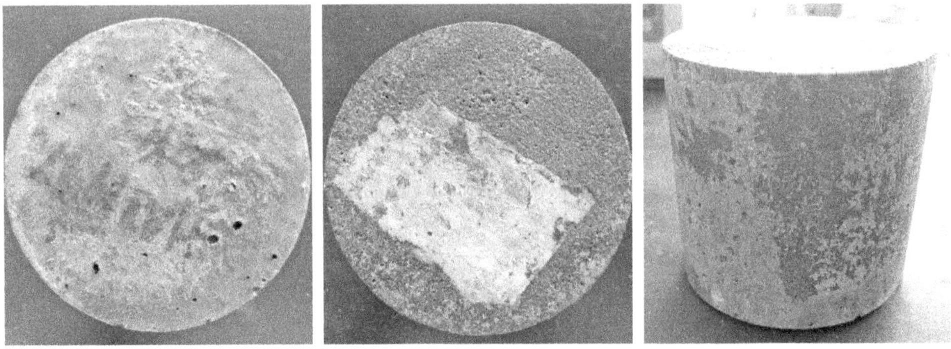

(a) SSUHPC 上表面　　(b) SSUHPC 下表面　　(c) SSUHPC 侧面

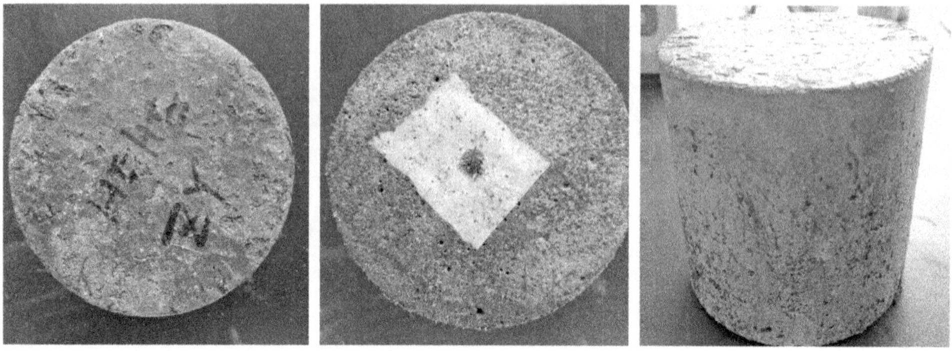

（d）FRUHPC 上表面　　（e）FRUHPC 下表面　　（f）FRUHPC 侧面

图 5-29　硫酸盐浸泡 1 个月

（a）SSUHPC 上表面　　（b）SSUHPC 下表面　　（c）SSUHPC 侧面

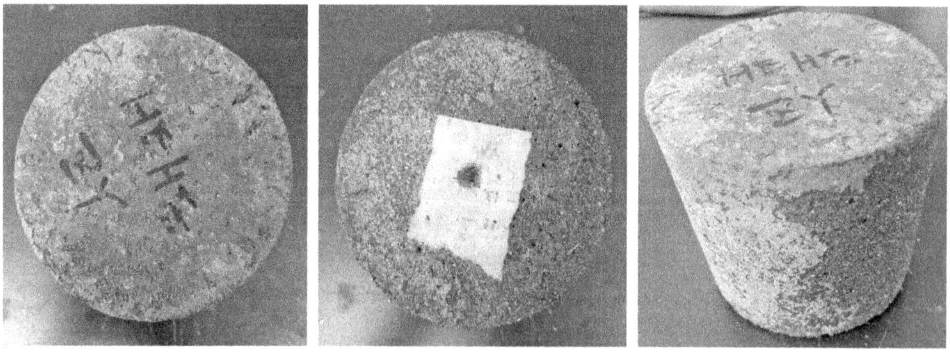

（d）FRUHPC 上表面　　（e）FRUHPC 下表面　　（f）FRUHPC 侧面

图 5-30　硫酸盐浸泡 2 个月

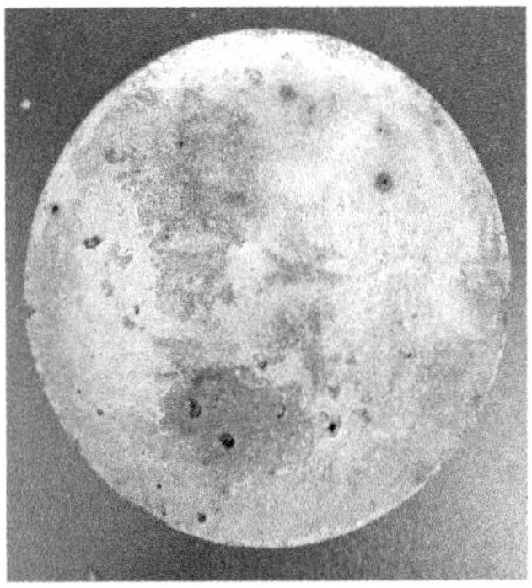

(a) SSUHPC 上表面

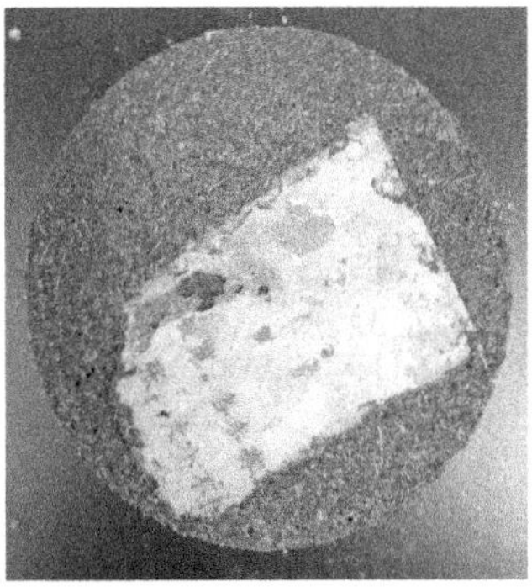

(b) SSUHPC 下表面

(c) SSUHPC 侧面

(d) FRUHPC 上表面

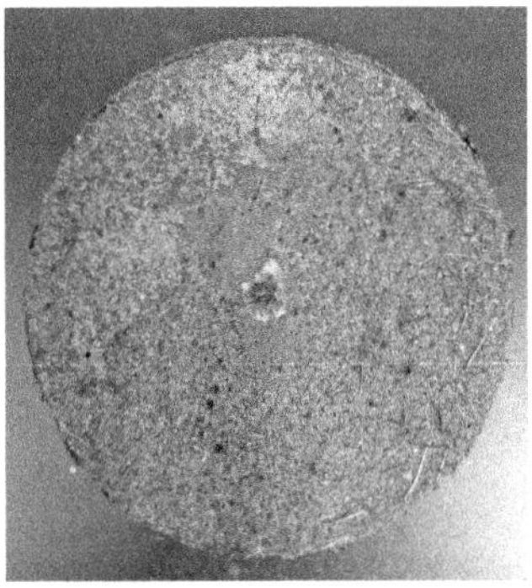

(e) FRUHPC 下表面

(f) FRUHPC 侧面

图 5-31　硫酸盐浸泡 3 个月

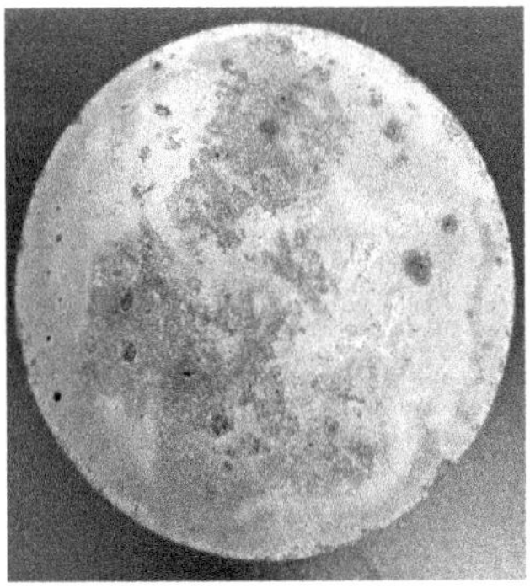

(a) SSUHPC 上表面

(b) SSUHPC 下表面

(c) SSUHPC 侧面

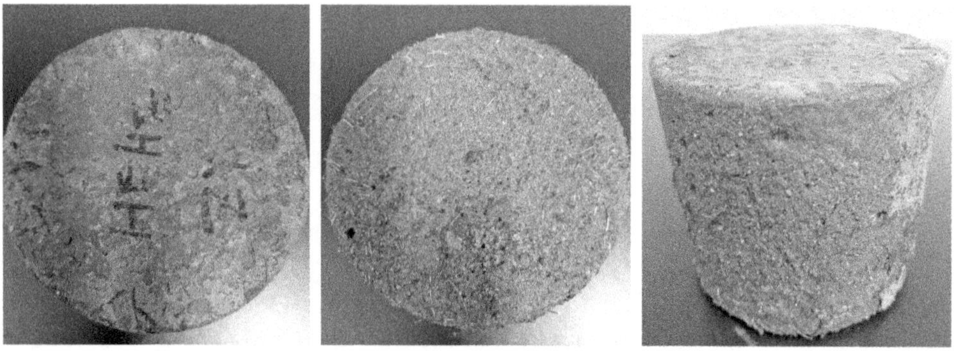

(d) FRUHPC 上表面　　(e) FRUHPC 下表面　　(f) FRUHPC 侧面

图 5-32　硫酸盐浸泡 4 个月

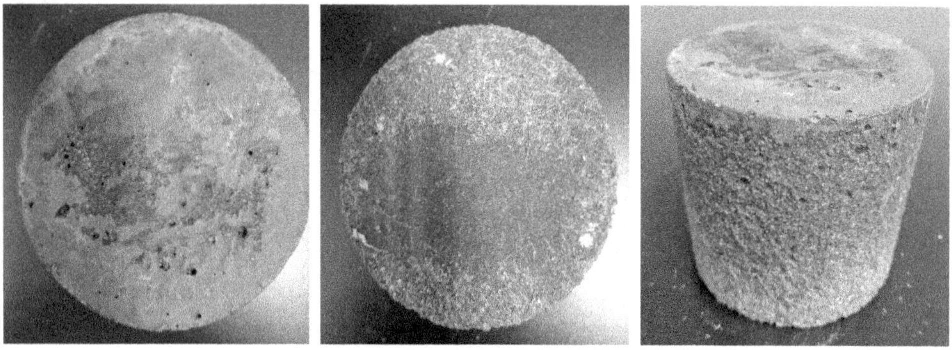

(a) SSUHPC 上表面　　(b) SSUHPC 下表面　　(c) SSUHPC 侧面

(d) FRUHPC 上表面　　(e) FRUHPC 下表面　　(f) FRUHPC 侧面

图 5-33　硫酸盐浸泡 5 个月

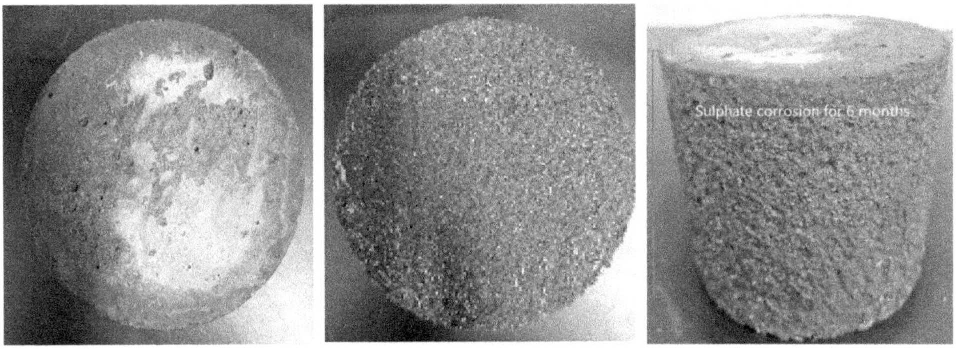

(a) SSUHPC 上表面　　(b) SSUHPC 下表面　　(c) SSUHPC 侧面

(d) FRUHPC 上表面　　(e) FRUHPC 下表面　　(f) FRUHPC 侧面

图 5-34　硫酸盐浸泡 6 个月

更为详细的破坏特征如图 5-35 所示。在这里从钢纤维的变化和砂浆的溶蚀两个角度进行对比分析。在腐蚀早期，SSUHPC 表面出现零星分布的红褐色锈斑，此阶段 FRUHPC 除了分布的锈斑，还出现了少量严重锈蚀的钢纤维，如图 5-35(a)、图 5-35(c)所示；在腐蚀后期，SSUHPC 表面出现少量锈蚀的钢纤维，此时在 FRUHPC 表面大量分布着严重锈蚀、轻度锈蚀和未锈蚀的钢纤维，如图 5-35(b)、图 5-35(d)所示。在腐蚀早期，SSUHPC 表面部分水泥石被溶蚀掉，且这种变化随着腐蚀的进行逐渐加剧。与之相比，FRUHPC 在腐蚀早期就出现严重的水泥石溶蚀现象，混凝土表面随着腐蚀的进行甚至出现开裂、剥落的现象。虽然 SSUHPC 表面腐蚀破坏，但是仍然保持着结构的完整性，与之相比，FRUHPC 的表面的腐蚀破坏现象更为严重，大量没有脱落的表层区域也失去了与集体的黏结性。对 SSUHPC 而言，腐蚀早期并未出现显著的形貌变化，混凝土表层析出的铁离子在表面形成锈斑;随着腐蚀的进行,混凝土表层的溶蚀现象加剧,混凝土表面非常粗糙且暴露出少量钢纤维。而 FRUHPC 的硫酸盐腐蚀破坏则更为严重,腐蚀早期,混凝土表面被溶蚀掉后暴露出表层区域的钢纤维,随着腐蚀的进行,早期裸露出来严重锈蚀的钢纤维与疏松开裂的砂浆一起剥落,暴露出新的钢纤维。比较来看,使用海水和海砂制备的 UHPC 比使用淡水河砂制备的 UHPC 表现出更加优异的抗硫酸盐侵蚀性能。

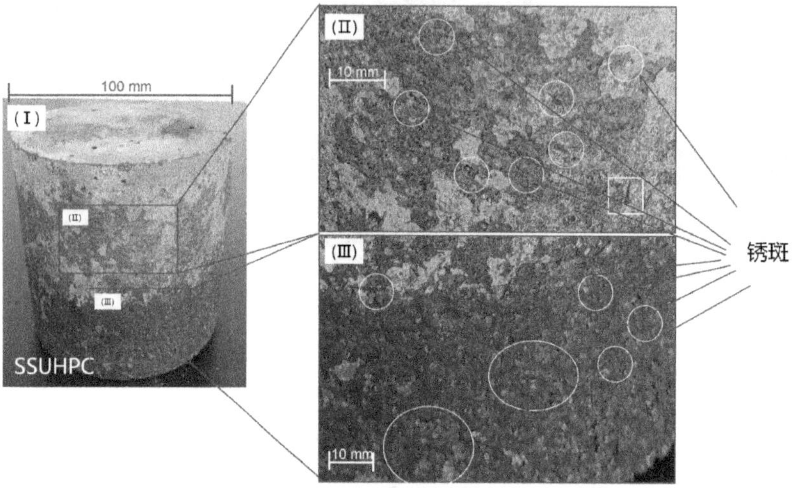

(a) 硫酸盐腐蚀 3 个月的 SSUHPC

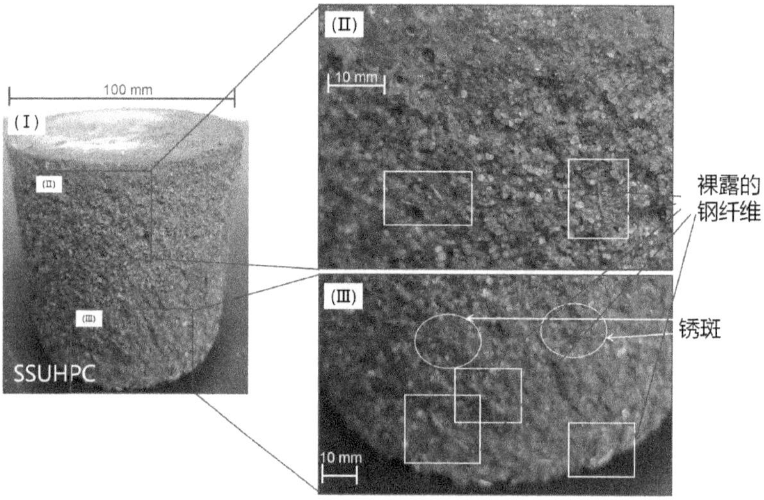

(b) 硫酸盐腐蚀 6 个月的 SSUHPC

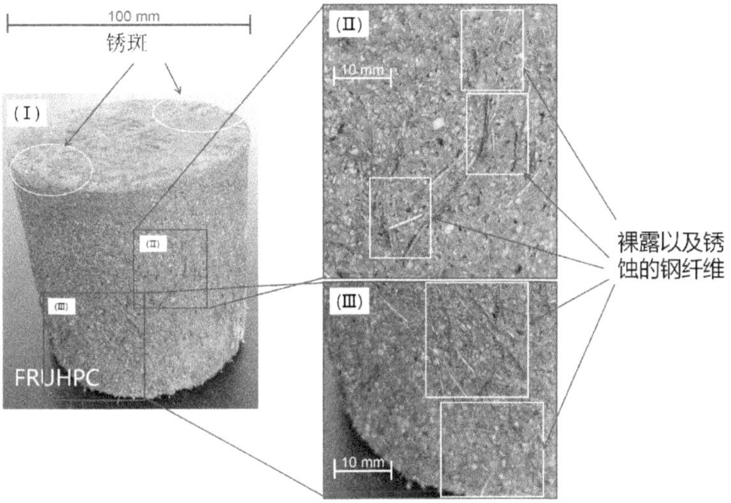

(c) 硫酸盐腐蚀 3 个月的 FRUHPC

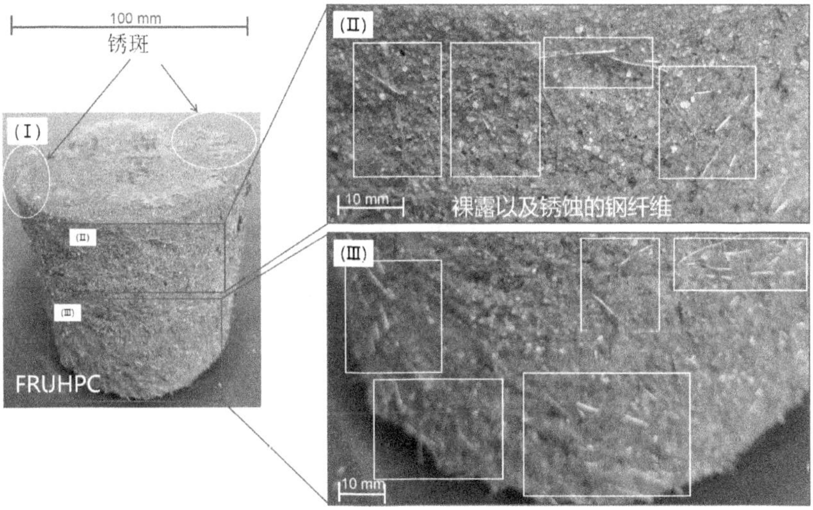

(d) 硫酸盐腐蚀 6 个月的 FRUHPC

图 5-35　硫酸盐腐蚀后钢纤维的腐蚀特性

5.6.3 硬化水泥砂浆的变化

通过对 X-CT 测试得到的切片数据进行处理得到 SSUHPC 和 FRUHPC 得 3D 模型，如图 5-36 所示。此时 3D 模型展现出来的区别是在经历硫酸盐腐蚀后，混凝土表面变得粗糙。为了更加深入地研究混凝土内部的变化，选取混凝土 3D 模型进行内部分析。

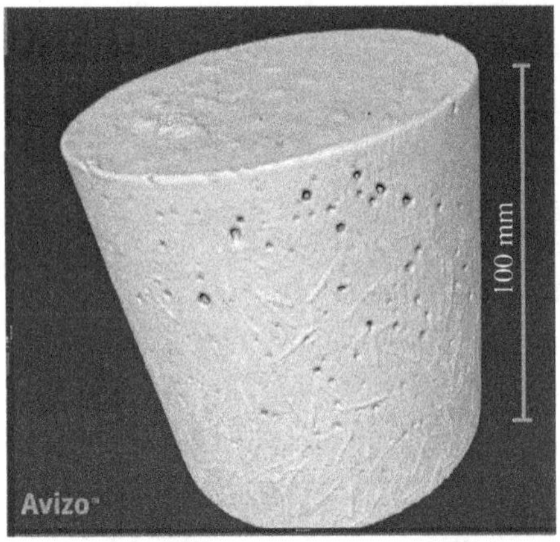

(a) 硫酸盐腐蚀前 SSUHPC

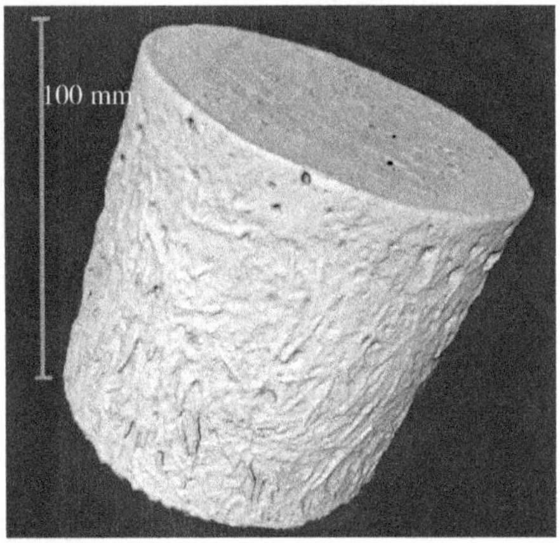

(b) 硫酸盐腐蚀 6 个月后 SSUHPC

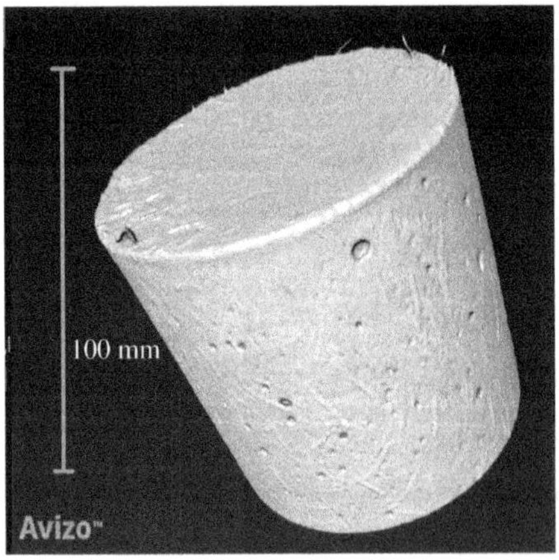

(c) 硫酸盐腐蚀前 FRUHPC

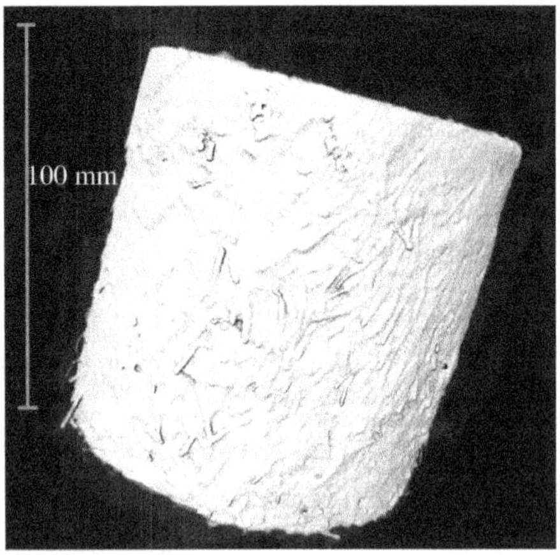

(d) 硫酸盐腐蚀 6 个月后 FRUHPC

图 5-36　利用 Avizo 软件获得 SSUHPC 和 FRUHPC 的三维模型

选取两组混凝土试件内部相同位置进行对比分析，研究硫酸盐腐蚀前后 SSUHPC 和 FRUHPC 内部变化，如图 5-37 所示。两组混凝土试件在经历硫酸盐腐蚀后，除了外表面都出现了明显的破损缺失，内部并未出现变化。SSUHPC 和 FRUHPC 并未出现硫酸盐侵蚀作用下膨胀、开裂等破坏特征。同时研究发现，硫酸盐腐蚀后 FRUHPC 的外围区域灰度值高于内部其他区域，如图 5-37(d)所示，这表明混凝土表层区域的砂浆性能已经发生明显的变化，而这种变化并未在 SSUHPC 中出现，如图 5-37(b)所示。

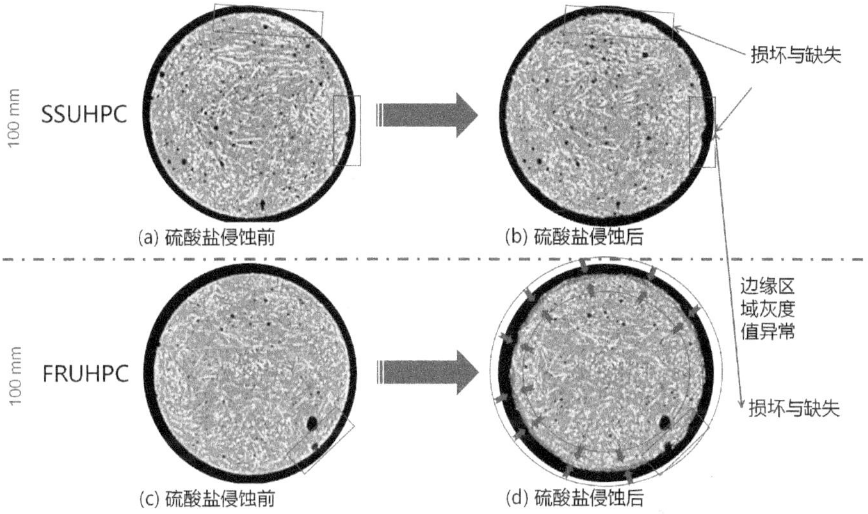

图 5-37 硫酸腐蚀过程中 SSUHPC 和 FRUHPC 的内部损伤

分别在硫酸盐腐蚀前后测试 SSUHPC 和 FRUHPC 的维氏硬度，测试结果如图 5-38 所示。养护结束后 SSUHPC 和 FRUHPC 内部的硬度处于均匀的水平，随着硫酸盐腐蚀的进行，从混凝土表面硬度开始出现了变化。硫酸盐腐蚀 6 个月后，在距离混凝土表面 0 mm～2 mm 处的砂浆硬度低于初始水平，在距离混凝土表面 3 mm～8 mm 处砂浆硬度明显高于初始水平，在距离混凝土表面 8 mm以内的砂浆硬度整体比较均匀，如图 5-38(a)所示。FRUHPC 得维氏硬度变化整体上虽然与 SSUHPC 相同，但是距离混凝土表面 0 mm～6 mm 处的砂浆硬度明显低于初始水平，如图 5-38(b)所示。在 FRUHPC 中维氏硬度明显降低的区域，与图 5-37(d)中灰度值明显变化的区域基本一致，这表明在 FRUHPC 中未脱落的混凝土表层已经发生了显著的硫酸盐腐蚀破坏。

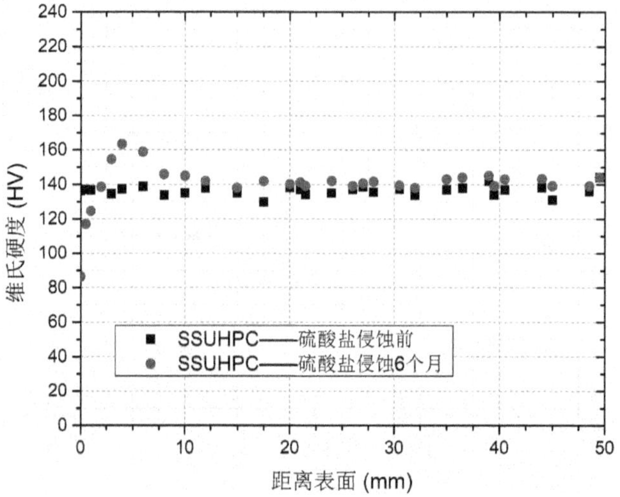

(a) SSUHPC

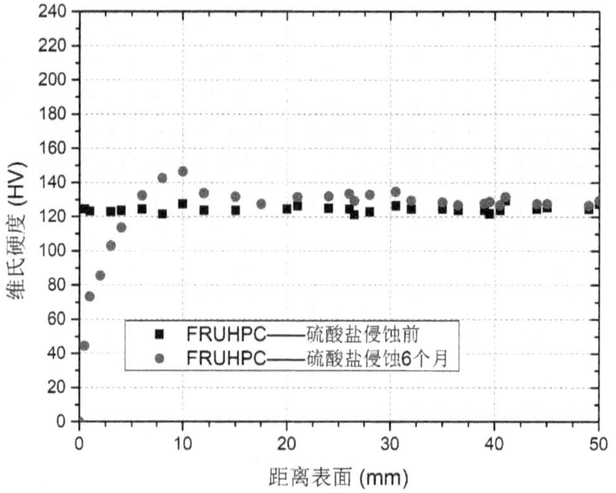

(b) FRUHPC

图 5-38　维氏硬度随表面深度的变化

5.6.4　孔结构与纤维结构变化

本文通过建模获得 SSUHPC 和 FRUHPC 内部完整的孔结构与纤维结构，如图 5-39 和图 5-40 所示。SSUHPC 内部孔的数量明显多于 FRUHPC，如图

5-39(a)和图 5-39(c)所示。然而,硫酸盐腐蚀后两组混凝土试件中孔的分布、数量基本一致,孔结构并未出现变化,如图 5-39(a)和图 5-39(b)或图 5-39(c)和图 5-39(d)所示。尽管在硫酸盐腐蚀过程中混凝土表层区域的钢纤维发生锈蚀并脱落,但是混凝土内部整体的钢纤维结构并未发生明显变化,如图 5-40 所示。孔结构与纤维结构模型显示,虽然在硫酸盐腐蚀下两组混凝土试件的表层区域发生了严重的腐蚀破坏,但是在内部并未出现变化,混凝土材料仍然保持着初始的结构特征。

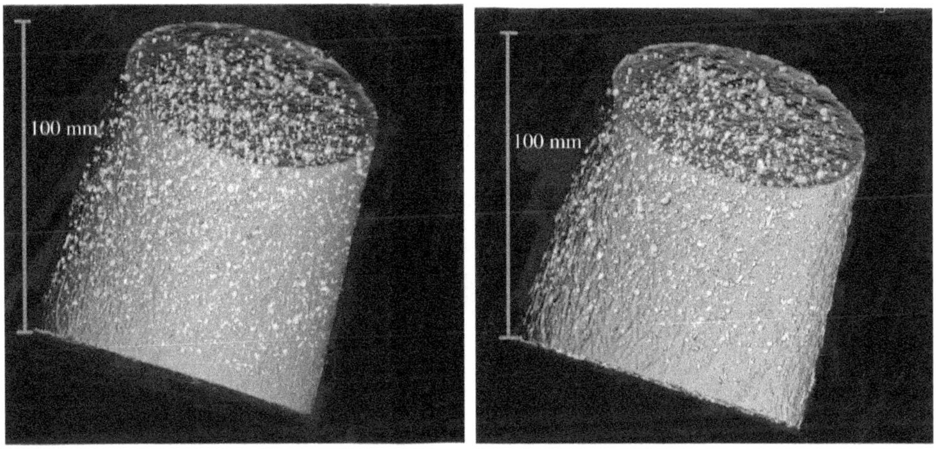

(a) 硫酸盐腐蚀前 SSUHPC　　(b) 硫酸盐腐蚀 6 个月后 SSUHPC

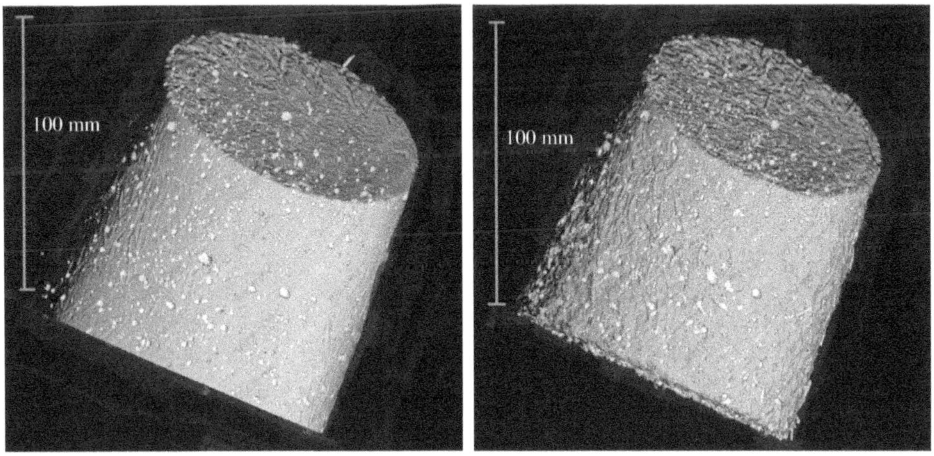

(c) 硫酸盐腐蚀前 FRUHPC　　(d) 硫酸盐腐蚀 6 个月后 FRUHPC

图 5-39　硫酸盐腐蚀过程中 SSUHPC 和 FRUHPC 孔结构的变化

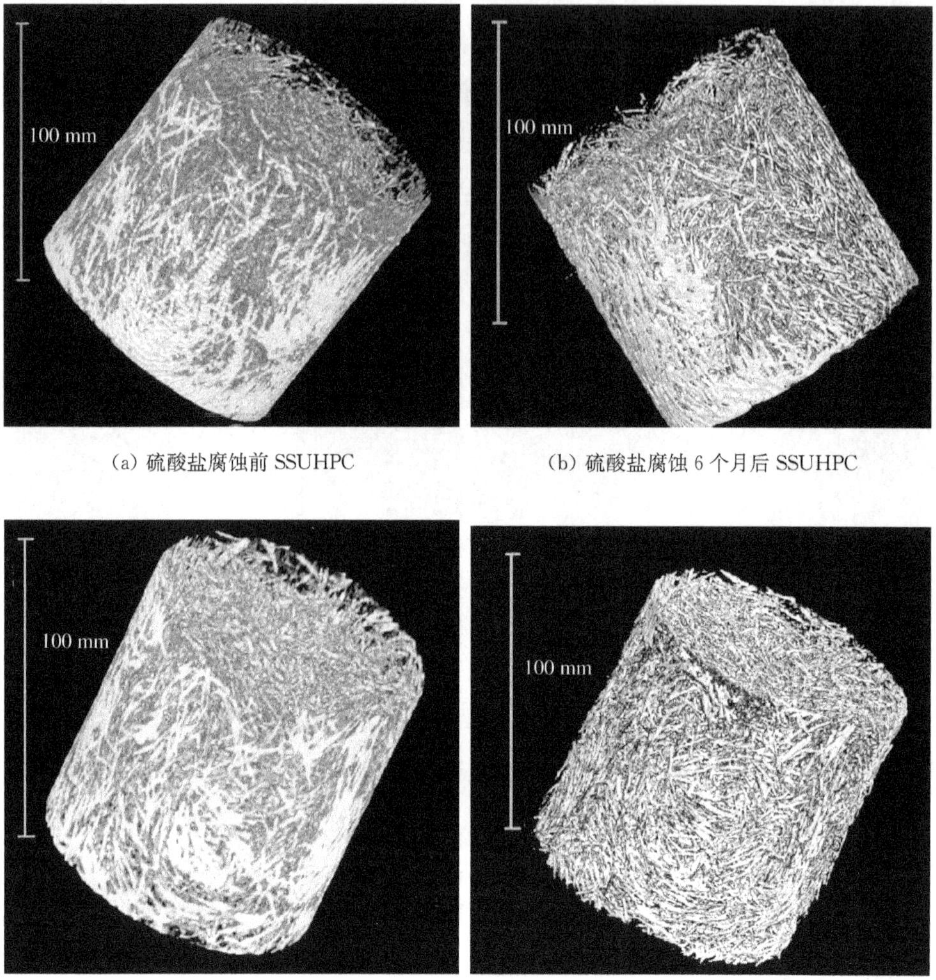

(a) 硫酸盐腐蚀前 SSUHPC

(b) 硫酸盐腐蚀 6 个月后 SSUHPC

(c) 硫酸盐腐蚀前 FRUHPC

(d) 硫酸盐腐蚀 6 个月后 FRUHPC

图 5-40 硫酸盐腐蚀过程中 SSUHPC 和 FRUHPC 纤维结构的变化

5.6.5 微观结构变化

与基于 X-CT 测试结果建立的孔结构模型不同，MIP 测得的孔结构数据更侧重砂浆中的毛细孔和凝胶孔。本节对硫酸盐腐蚀前后 SSUHPC 和 FRUHPC 中的砂浆部分进行 MIP 测试，测试结果如图 5-41 所示。毛细孔和凝胶孔对混凝土材料的力学与耐久性影响较大，养护结束后 SSUHPC 的孔隙率为 5.921 8%，低于 FRUHPC 的 6.973 6%，一定程度上揭示了 SSUHPC 在抗硫酸盐侵蚀方面更加优异的原因。硫酸盐腐蚀后，SSUHPC 表面严重腐蚀区的孔隙率降低到4.665 2%，距离混凝土表面 3 mm～5 mm 区域的孔隙率更是降低到3.731 6%，混凝土内部区域的孔隙率则略低于初始孔隙率，并展现出较为均匀的孔隙率特征。FRUHPC 在经历硫酸盐腐蚀后的孔隙率变化与 SSUHPC 基本相同，较大的区别在于，距离混凝土表面 3 mm～5 mm 区域的孔隙率降幅更大，从初始的 6.973 6%降到 3.848 9%。MIP 测试结果表明，在经历硫酸盐腐蚀后，除了混凝土表面出现明显的锈蚀和水泥石溶蚀，距离混凝土表面 1 mm～5 mm 范围内的砂浆部分也发生了明显变化。

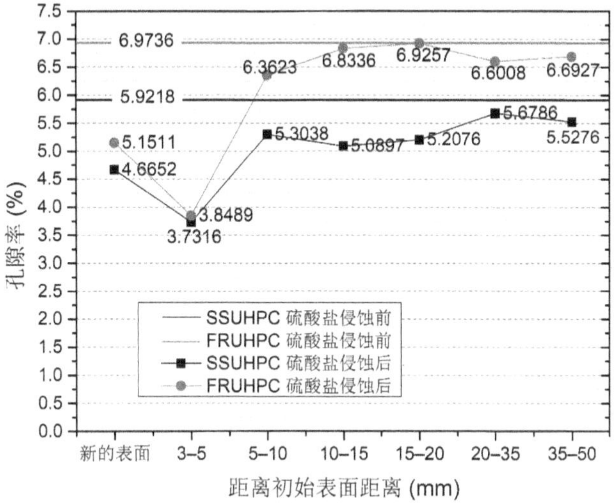

图 5-41　硫酸盐腐蚀过程中 SSUHPC 与 FRUHPC 孔隙度的变化

SSUHPC 和 FRUHPC 的初始微观形貌与物相组成，如图 5-42 所示。两组混凝土试件的表层和内部区域均展现出致密的结构特征，粉煤灰的填充作用也在图 5-42(Ⅳ)中有所体现。由于 UHPC 的设计采取较低的水胶比，水化后混凝土中存在未水化颗粒，两组混凝土试件的 XRD 图谱中均出现 C-S-H 凝胶与 C_3S 共存的情况。同时，在 SSUHPC 中出现 Friedel's 盐的特征峰，这是海水与海砂中的氯离子与水化产物结合的产物。对硫酸盐侵蚀前后 SSUHPC 的 XRD 分析，其物相名称简称如下：A—SiO_2；B—$Ca(OH)_2$；C—AFt；D—$CaCO_3$；E—Friedel's 盐；F—C_2S；G—C_3S；H—C-S-H；J—石膏；K—方解石；MH—$Mg(OH)_2$；T—$talc_3MgO \cdot 4SiO_2H_2O$；Ms—$Ca_4AlSO_4(OH)_{12} \cdot 5H_2O$；Mc—

$Ca_4AlCO_3(OH)_{12} \cdot 5H_2O$；Ms—$Ca_4AlSO_4(OH)_{12} \cdot 5H_2O$。在硫酸盐侵蚀之前，HAIS ZY 试件中的水泥胶凝材料以未水化的 C_3S、水化硅酸钙（C-S-H）、Friedel's 盐以及暴露在空气中发生碳化生成的碳酸钙为主，如图 5-34 所示。由于海砂以及海水中氯离子的存在，Friedel's 盐大量产生，同时较低的水胶比造成未水化颗粒较多，未水化水泥颗粒与水化产物共同组成了 SSUHPC。

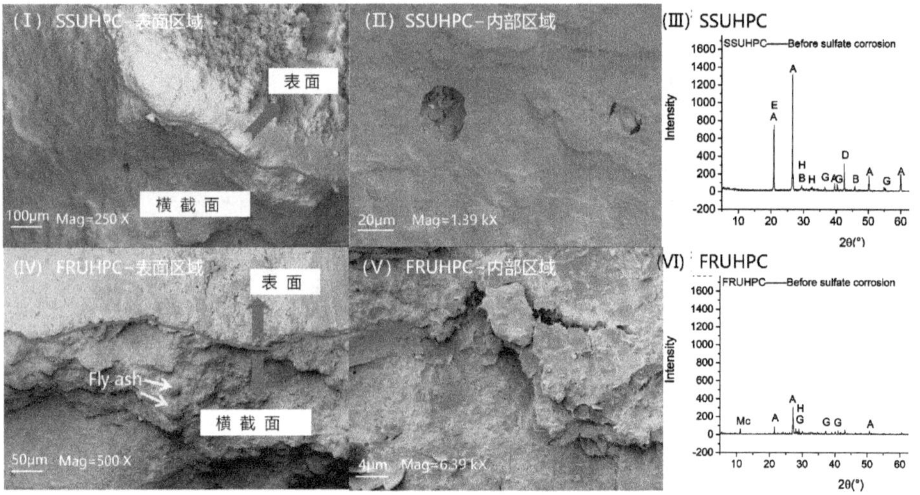

图 5-42　硫酸腐蚀前 SSUHPC 和 FRUHPC 的微观结构特征

腐蚀后 SSUHPC 表层区域的破坏最严重，微观形貌与物相组成变得非常复杂。在混凝土表面 1 000 μm 范围内致密的结构出现严重的破损，水泥石不断被腐蚀产物撑裂并脱落，如图 5-43（Ⅱ）、图 5-43（Ⅳ）、图 5-43（Ⅵ）以及图 5-43（Ⅶ）所示。此时位于混凝土表层区域的钢纤维和集料裸露出来，且钢纤维出现严重的锈蚀，如图 5-43（Ⅰ）所示。XRD 图谱显示此处出现大量的石膏、Friedel's 盐以及少量的 AFt。在距离混凝土表面 1 mm～3 mm 范围内，微观形貌仍保持着致密的结构，并未出现明显的变化，但是 XRD 图谱显示在此范围内仍含有一定的石膏。

腐蚀后 SSUHPC 内部区域的结构与物相组成特征如图 5-44 所示。与初始状态相比，硫酸盐腐蚀后混凝土的微观结构并未发生明显变化。钢纤维并未出现锈蚀痕迹，均匀分布的钢纤维与致密的砂浆紧密结合在一起。同时，混凝土内部靠近表层区域的结构中出现均匀分布的水化产物，而混凝土内部靠近中心区

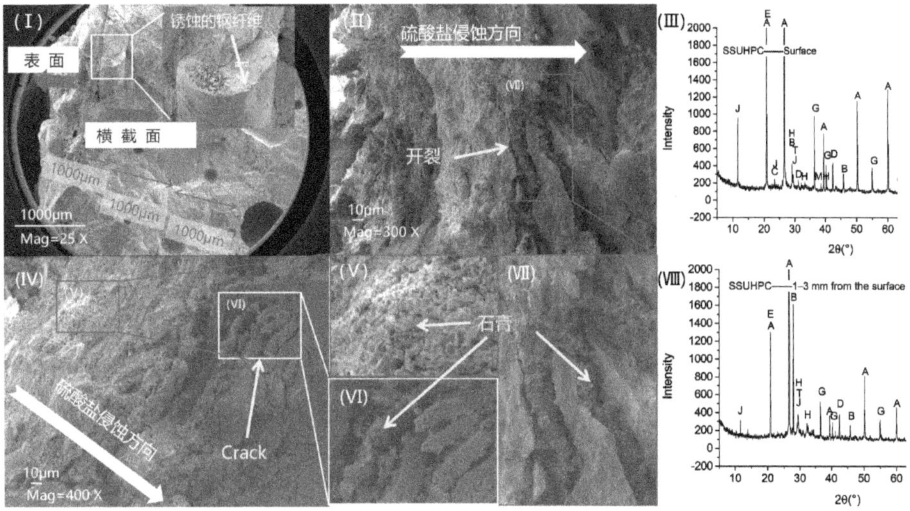

图 5-43　硫酸盐腐蚀 6 个月后 SSUHPC 的表面区域微观特征

域并未出现结团聚集的现象，如图 5-44（Ⅰ）、（Ⅱ）和（Ⅳ）所示。XRD 的测试结果表明混凝土内部并未出现石膏，Friedel's 盐和水化产物的强度却均有一定程度的增加。

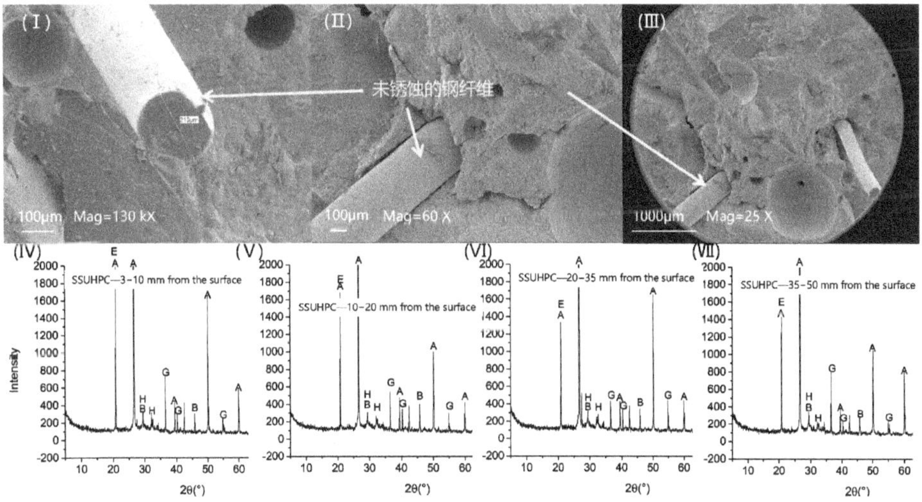

图 5-44　硫酸盐腐蚀 6 个月后 SSUHPC 的内部区域微观特征

腐蚀后 FRUHPC 的表层区域同样出现了严重的破坏，如图 5-45 所示。相比于 SSUHPC 表层区域，FRUHPC 表层区域的物相成分变化更加显著，石膏、C-S-H 凝胶的衍射峰强度非常瞩目，如图 5-45(Ⅲ)所示。在距离混凝土表面 1 mm～3 mm 范围内，石膏的衍射峰强度仍然保持着较高的水平，$Ca(OH)_2$ 的衍射峰强度也异常增加，如图 5-45(Ⅵ)所示。SEM 测试结果也显示在此区域分布着大量的点絮状凝胶，是硫酸盐腐蚀产物和再水化产物混合在一起的现象，如图 5-45(Ⅴ)所示。

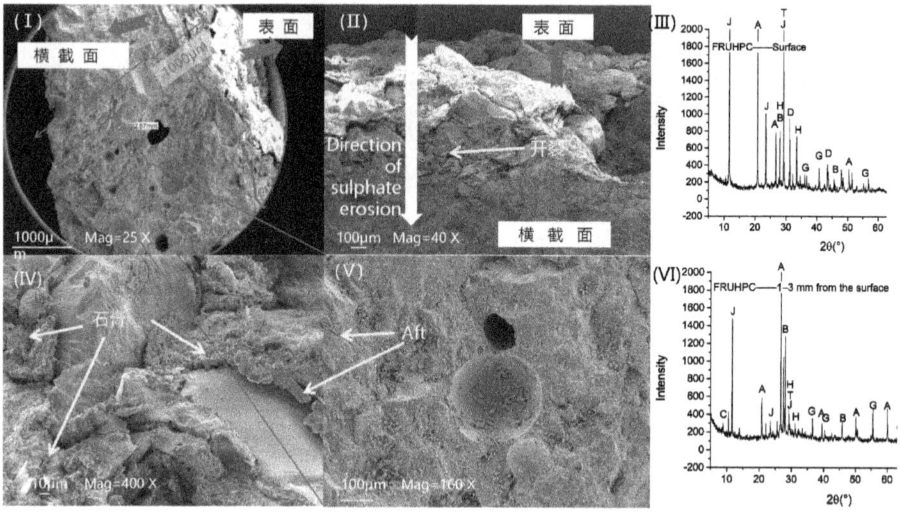

图 5-45　硫酸盐腐蚀 6 个月后 FRUHPC 的表面区域微观特征

腐蚀后 FRUHPC 内部区域虽然仍保持着致密的结构，但是也零星分布着腐蚀产物，如图 5-46 所示。XRD 测试结果表明在 FRUHPC 内部仍然存在一定的石膏和 AFt 衍射峰，这表明在混凝土内部已经发生轻微的硫酸盐腐蚀。

图 5-47、图 5-48 是对硫酸盐腐蚀后 SSUHPC 表层区域以及内部进行特定元素 EDS 面扫描，以研究腐蚀离子的侵入扩散情况。此次进行的硫酸盐腐蚀溶液为硫酸镁＋硫酸钠，因此对 Mg、Na、S 三种元素进行重点分析。通过 EDS 测试，混凝土表层区域 Mg、Na、S 含量分别为 0.5%、0.4%、0.4%，明显高于 SSUHPC 内部测得的 0.2%、0.1%、0.1%。这也表明 SSUHPC 具有较好的致密性，致密的结构对侵蚀离子的扩散起到了阻碍作用。

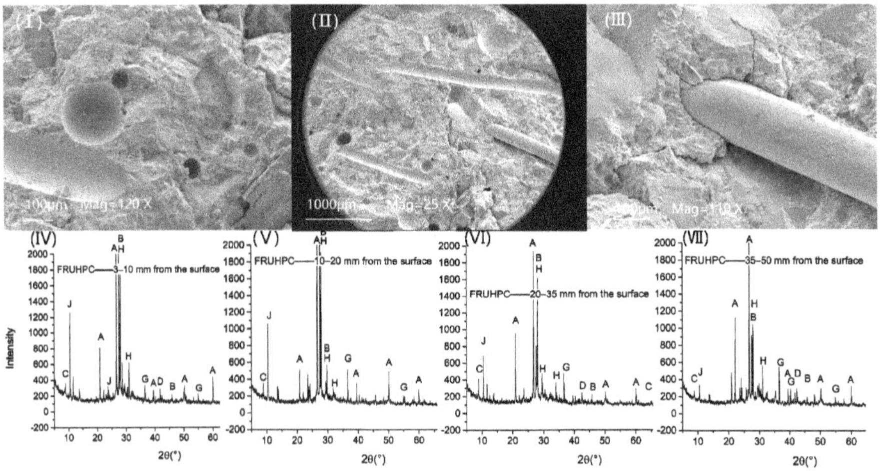

图 5-46　硫酸盐腐蚀 6 个月后 FRUHPC 的内部区域微观特征

Element	Element Wt.%	Atom %
C	15.2	24.3
N	2.3	3.5
O	37.4	44.8
Na	0.6	0.5
Mg	0.5	0.4
Al	1.2	0.8
Si	25.8	17.6
S	0.5	0.4
Cl	0.9	0.5
K	0.8	0.4
Ca	13.0	6.2
Zn	2.0	0.6
Total	100.0	100.0

(a) 各元素含量

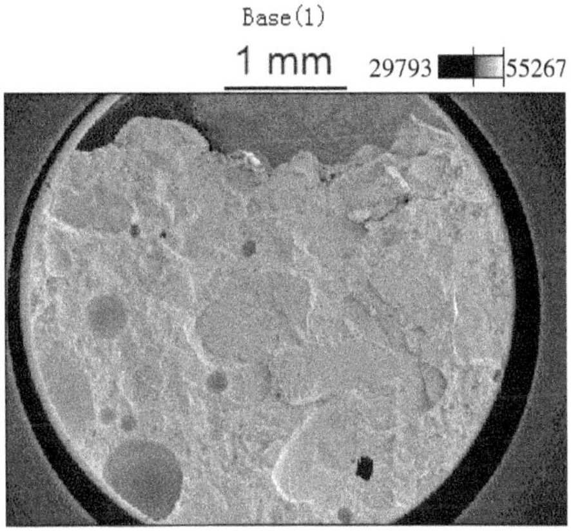

(b) 探测区域

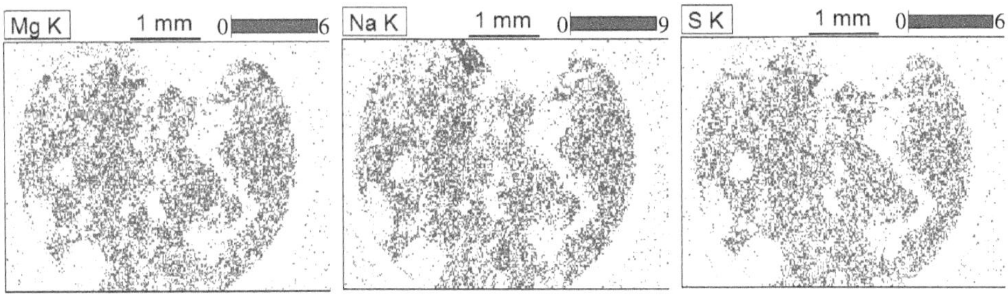

(c) 镁元素分布　　(d) 钠元素分布　　(e) 硫元素分布

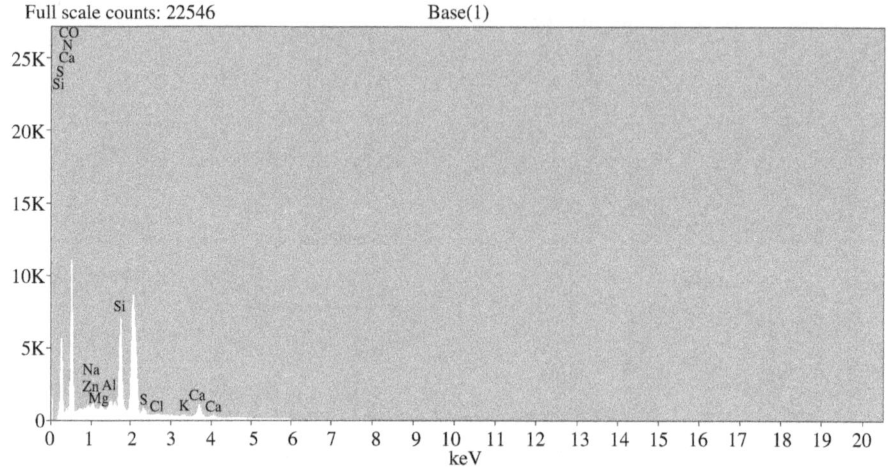

(f) 元素分布

图 5-47　硫酸盐侵蚀后 SSUHPC 表层区域钙、镁等元素分布

Element	Element Wt%	Atom %
C	9.7	15.9
N	3.2	4.4
O	42.3	51.8
Na	0.3	0.2
Mg	0.2	0.1
Al	1.2	0.8
Si	25.9	18.1
S	0.1	0.1
Cl	0.7	0.4
K	1.0	0.5
Ca	15.4	7.7
Total	100.0	100.0

(a) 各元素含量

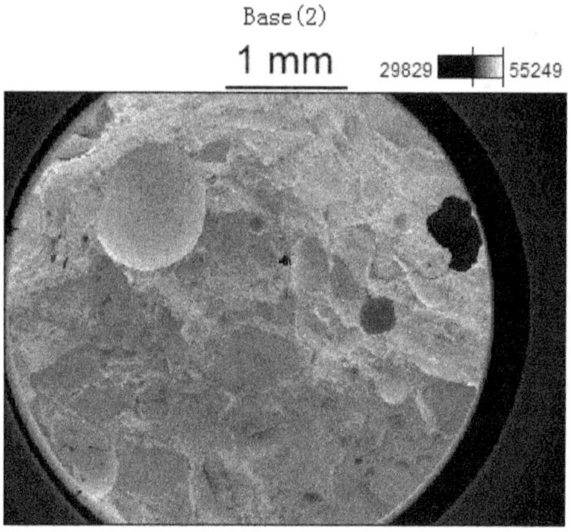

(b) 探测区域

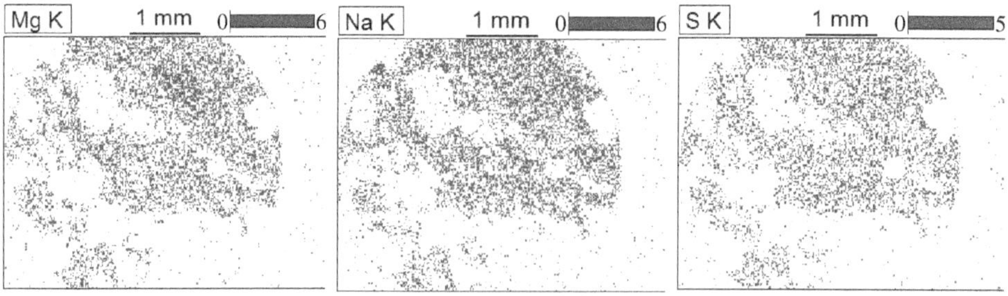

(c) 镁元素分布　　(d) 钠元素分布　　(e) 硫元素分布

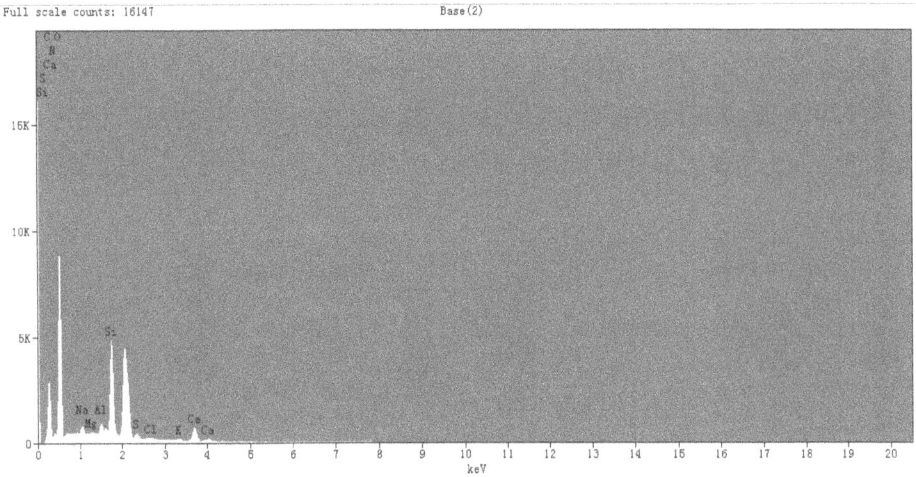

(f) 元素分布

图 5-48　硫酸盐侵蚀后 SSUHPC 内部区域钙、镁等元素分布

5.6.6　SSUHPC 的硫酸盐侵蚀破坏机理分析

在经历了 6 个月的硫酸盐腐蚀后，两种超高性能混凝土均出现了明显的腐蚀破坏。对于使用淡水河砂制备的超高性能混凝土，在硫酸盐的侵蚀作用下很快就出现了腐蚀损伤。混凝土表层的水泥石与 Mg^{2+}、SO_4^{2-} 反应生成 AFt 以及石膏等硫酸盐腐蚀产物，大量腐蚀产物的出现一方面消耗了 $Ca(OH)_2$ 和 C-S-H 凝胶等水化产物；另一方面使混凝土表面的水泥石失去强度和胶结力，进而出现脱落的现象。混凝土表层的溶蚀，暴露出位于表层区域的集料和钢纤维，钢纤维接触到环境中的 H_2O 发生锈蚀。随着硫酸盐腐蚀的进行，暴露在环境中的混凝土表面进一步加快 AFt 以及石膏等硫酸盐腐蚀产物生成，失去强度的砂浆与混凝土表面的钢纤维一起脱落，暴露出内部并形成新的混凝土外表面。以上两个阶段重复进行，使混凝土外表面一层一层地失去强度和胶结力并脱落，如图 5-49(a)所示。研究发现在 UHPC 表面每次发生剥落的砂浆厚度在 1 mm～2 mm 左右，紧挨着混凝土表层有一层范围在 5 mm 左右的过渡区，在这里硫酸盐腐蚀处于初级阶段，腐蚀产物与再水化产物同时作用，使得这里的孔隙率明显下降。而在混凝土内部并未出现明显的硫酸盐腐蚀破坏。FRUHPC 的硫酸盐腐蚀宏观表现为外表面以 1 mm～2 mm 的深度逐渐被破坏掉，而内部仍保持着优异的性能特征。

而使用海水海砂制备的 UHPC 则表现出更加优异的抗硫酸盐腐蚀特征。在硫酸盐腐蚀中的很长一段时间，SSUHPC 表面部分区域只出现了轻微的水泥石溶蚀现象，随着腐蚀的进行，少量钢纤维暴露出来并发生锈蚀，随后直到试验结束也并未出现显著的砂浆和钢纤维的剥落，如图 5-49(b)所示。与 FRUHPC

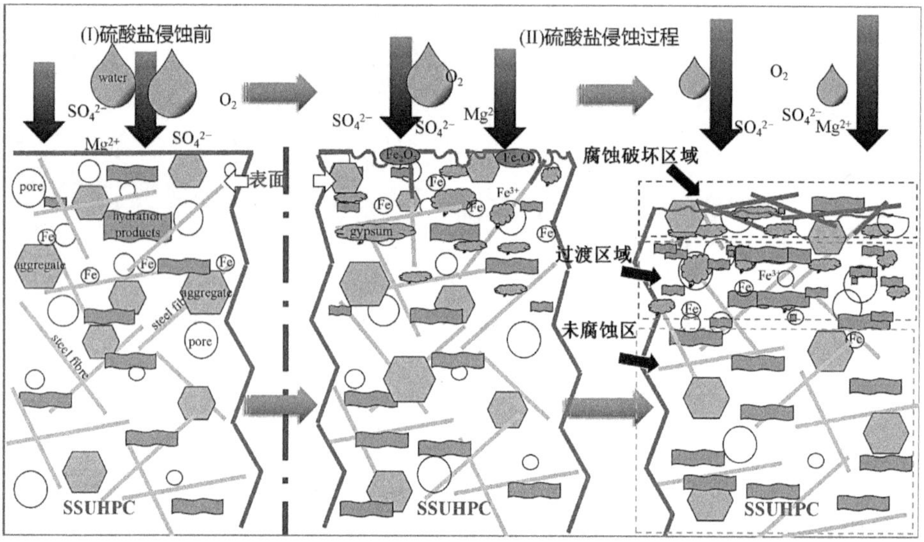

(a) FRUHPC 的硫酸盐腐蚀过程

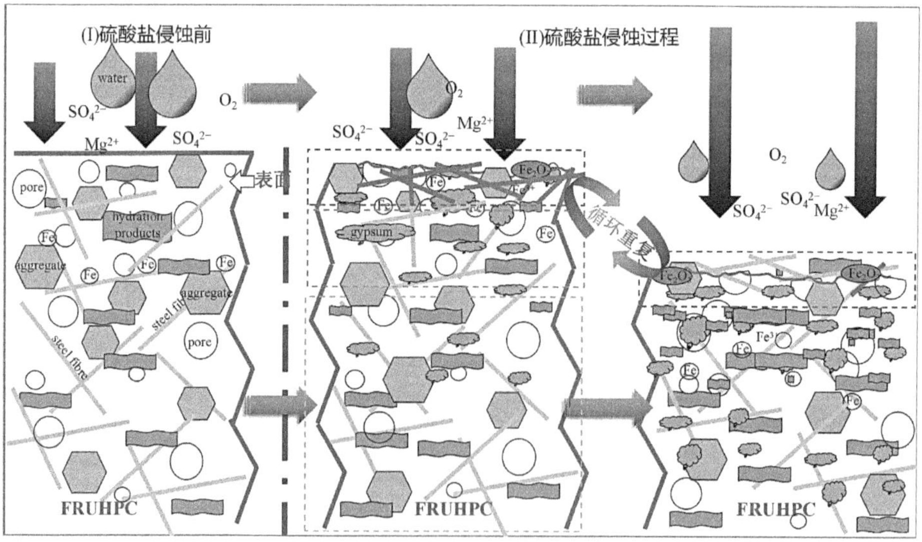

(b) SSUHPC 的硫酸盐腐蚀过程

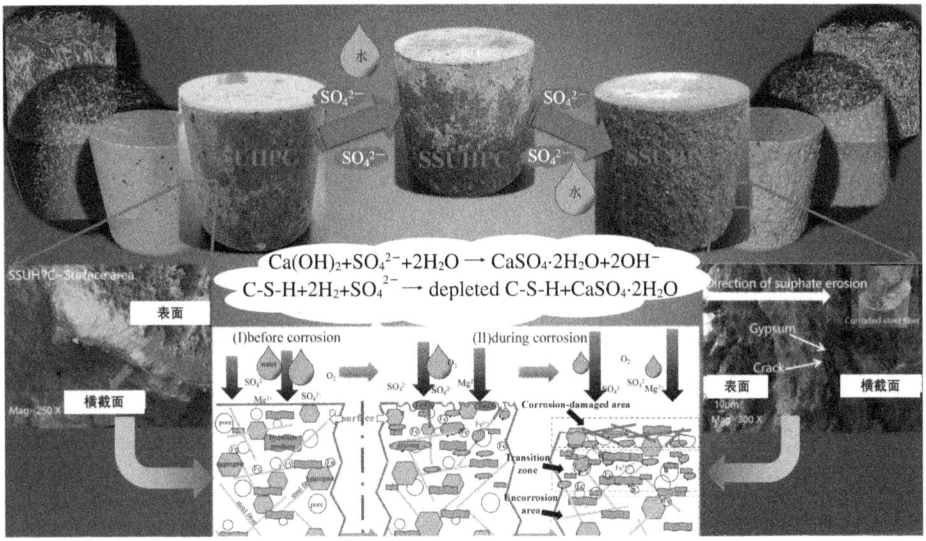

(c) SSUHPC 的硫酸盐腐蚀过程示意图

图 5-49　UHPC 在硫酸盐侵蚀作用下的腐蚀机理

相同，在 SSUHPC 表面 1 mm 左右也发生了严重的硫酸盐腐蚀破坏，大量生成的石膏撑裂了原本致密的混凝土结构，裸露出来的钢纤维也严重锈蚀，这个区域可被称为腐蚀破坏区。紧挨着这个区域也出现了过渡区，然而在 SSUHPC 中过渡区的范围较小，且腐蚀与再水化产物远没有 FRUHPC 中的多。相比于 FRUHPC 内部发现的少量石膏，SSUHPC 内部并未出现硫酸盐腐蚀产物。SSUHPC 并未出现 FRUHPC 中重复进行的外表面破坏与脱落现象。

5.7　结论

本章对 SSUHPC 进行了系统的耐久性能测试。从抗盐冻、抗氯盐侵蚀、混凝土材料对内置钢筋的护筋性能、耐火性、抗碳化性能以及抗硫酸盐侵蚀这几个方面对使用模拟海水海砂制备的以及相同配合比的淡水、河砂制备的超高性能混凝土进行系统对比研究。通过微观形貌、物相变化、孔结构以及 EDS 能谱分析研究 SSUHPC 的耐久性变化机理。

SSUHPC 与淡水河砂 UHPC 不仅具有优异的抗清水冻融破坏能力，同时具备优异的抗盐冻性能。在进行了 500 次冻融循环后，无论是使用模拟海水海砂制备的还是淡水、河砂制备的超高性能混凝土，均外观整洁、结构致密完整，没有出现表面开裂脱落等常见的冻融破坏特征。

SSUHPC在抗氯离子渗透性能方面与同领域UHPC测试结果处于相同水平，使用模拟海水海砂制备的超高性能混凝土的氯离子扩散系数与通电量均低于同配合比淡水、河砂制备的超高性能混凝土。电化学试验和混凝土钢筋快速腐蚀试验表明，SSUHPC具有优异的护筋性。

使用模拟海水海砂制备的超高性能混凝土耐火抗爆温度高于淡水、河砂超高性能混凝土，爆裂后SSUHPC结构完整性较好。在进行耐火抗爆试验前通过用105℃烘干7 d的方式可以进一步提高SSUHPC的耐火抗爆温度。采用低水胶比并剔除粗骨料制备的混凝土孔结构得到优化，使SSUHPC以无害孔以及部分少害孔为主，孔隙率低且微观结构致密，水化产物丰富且均匀分布，粉煤灰的二次水化迹象明显，具有较好的力学性能与耐火性。

采用指示剂法测得SSUHPC的28 d碳化深度为0，研究发现碳化腐蚀在超高性能混凝土表面已经发生。碳化对超高性能混凝土的力学性能影响不大，但腐蚀产物沉积在混凝土表面可以增加混凝土表面硬度，并起到阻碍CO_2继续侵入的作用，增加混凝土的抗碳化性能。SSUHPC的碳化主要是CO_2与$Ca(OH)_2$、C-S-H凝胶、C_3S、C_2S反应，生成$CaCO_3$和无定型的水化SiO_2覆盖于原始混凝土表面，进一步提高混凝土的抗碳化性。

硫酸盐侵蚀是本章中唯一出现明显宏观侵蚀破坏的耐久性损伤。使用模拟海水海砂制备的和淡水、河砂制备的超高性能混凝土表面均出现明显的硫酸盐侵蚀破坏，混凝土表层水泥浆体溶蚀后暴露出内部的砂子和金属纤维。淡水河砂UHPC在整个硫酸盐侵蚀过程中表面出现红褐色锈斑，混凝土表层区域金属纤维锈蚀严重。SSUHPC的硫酸盐腐蚀破坏程度低于淡水河砂UHPC，使用模拟海水海砂制备的超高性能混凝土具有更高的抗硫酸盐侵蚀性能。在混凝土表层区域随着硫酸盐腐蚀的进行，水化产物被消耗，产生大量的腐蚀产物石膏，再水化生成的水化产物同时与混凝土内部存在的氯离子结合，使更多的Friedel's盐生成。混凝土结构的开裂仅出现在混凝土的表面接触到硫酸盐溶液的1 mm以内区域。

第6章 海水海砂超高性能混凝土的应用研究

UHPC具有高强度、低透水率和优异的抗氯离子渗透等优越的材料性能，在海洋环境中具有广阔的应用前景[13，62，65，158，205-207，217-223，228-231]。国内外研究学者对混凝土进行海洋环境实地测试的案例远远少于实验室模拟，海洋环境是一种复杂多变的环境，需要充足的现场试验以探明混凝土各项性能在海洋环境的真实演变过程。

近年来，公路运输重载、超载现象日趋严重，在重载作用下，桥梁会产生较大的挠曲变形，导致铺装层产生较大的弯拉应力，而且在行车载荷的反复作用下，在铺装层内会产生交替的弯拉应力作用，这样在钢桥面铺装层内易产生疲劳破坏，形成裂缝。疲劳问题是钢板桥面服役过程中面临的最大问题，但超高性能混凝土具有优异的抗疲劳性能[45-55]。Ocel等人[46]对浇筑的超高性能混凝土Ⅰ型预应力梁研究发现，在64万次循环时出现第一条裂缝，但是直到1 200万次循环试验梁仍没有达到彻底破坏。研究发现超高性能混凝土的疲劳呈三阶段形式：裂缝形成、裂纹稳定开展、裂纹失稳开展阶段[47]。

通过前期实验室研究对SSUHPC的力学性能与耐久性有了初步的评估，在实验室研究基础上对海砂、海水制备的超高性能混凝土—SSUHPC进行海洋环境实地测试。本章通过在南海西沙群岛进行现场测试，系统研究了海洋环境测试前后SSUHPC各项性能的变化规律。通过制备钢桥面刚柔复合铺装材料，即“钢-混凝土-沥青面层”组合体系中的“混凝土-沥青面层”部分，这部分由“铺装上层沥青混合料”“黏结层”“混凝土”三部分组成，比较研究了海水海砂制备的超高性能混凝土在耐疲劳特性上与淡水河砂超高性能混凝土的差别。

6.1 南海海洋环境中 SSUHPC 的服役性研究

6.1.1 海洋环境中 SSUHPC 的服役性试验方法

海洋环境测试地点选在中国南海西沙群岛。地处热带中部，热带季风气候，炎热湿润，太阳辐射量大，终年高温，年平均气温 26℃～27℃。潮湿的海洋环境与终年暴晒对混凝土是一种恶劣的服役环境，能真实地测试出本文研制的 SSUHPC 材料的综合性能。

制备规格为 100 mm ×100 mm ×100 mm 的立方体 SSUHPC 试件，借助“中山号”科考船完成 SSUHPC 的海洋环境投放，开展为期一年的现场暴露试验，如图 6-1 所示。研究海洋环境测试前后 SSUHPC 外观形貌变化、力学性能变化以及受侵蚀情况，对 SSUHPC 的海洋环境服役性进行初步评价。通过扫描电镜技术(SEM)研究海洋环境测试前后 SSUHPC 表层区域与内部区域微观形貌变化，通过 X 射线衍射技术(XRD)研究海洋环境测试前后 SSUHPC 表层区域与内部区域水化产物及腐蚀产物变化，通过压汞法(MIP)研究海洋环境测试前后 SSUHPC 表层区域与内部区域孔结构变化，进而对 SSUHPC 进行腐蚀机理分析，总结出 SSUHPC 在海洋环境服役时的抗腐蚀机理。

图 6-1　南海现场测试影像记录

6.1.2 外观形貌与内掺钢纤维变化

通过观察外观形貌比较 SSUHPC 在海洋环境中服役前后的变化，如图 6-2 所示。在进行海洋环境测试前，SSUHPC 试件表面整洁，呈现出与水泥颜色接近的灰色，如图 6-2(a)所示。在海洋环境中服役 1 年后，SSUHPC 表面无开裂现象、整体结构完整，试件表面附着一层透明发臭的海洋生物腐殖质，同时试件表面颜色呈现出与水泥色有差异的现象，如图 6-2(b)所示。用清水将 SSUHPC 试件清洗干净后试件表面无裂缝、无水泥浆体脱落，SSUHPC 结构完整如图 6-2(c)所示。

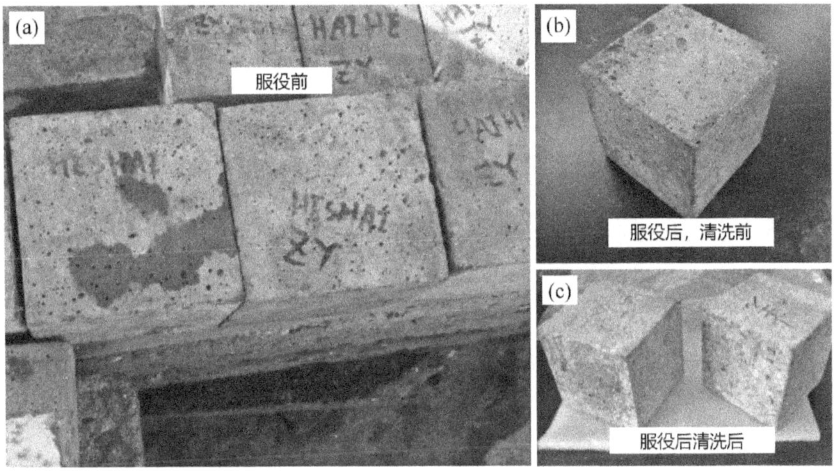

图 6-2　SSUHPC 的形貌：(a) 服役前；(b) 服役后，清洗前；(c) 服役后，清洗后

由于 SSUHPC 的原材料中使用了金属纤维，会受到海洋环境中存在的大量氯离子的侵蚀，钢纤维的锈蚀情况也是本研究的重点。经万能试验机破坏后 SSUHPC 内掺的钢纤维暴露出来，如图 6-3(a)所示。观察 SSUHPC 中钢纤维集中的区域可见，试件破坏后裸露的钢纤维仍然保持着金属光泽，并未出现大量的红色铁锈，钢纤维没有发生明显的锈蚀，如图 6-3(b)所示。通过 SEM 技术研究 SSUHPC 内部钢纤维的微观形貌，发现钢纤维与水泥浆体紧密地结合在一起，增加了试件的韧性，同时可以发现钢纤维表面光圆整洁、无明显锈蚀发生，如图 6-3(c)所示。在图 6-2(b)、图 6-2(c)中可以观察到海洋环境实地测试后 SSUHPC 表面呈现颜色加重且与水泥色有明显差异，将 SSUHPC 破坏后可以

发现试件内部呈现出与水泥接近的灰色，而残留的试件表面呈红褐色锈斑，如图6-3(a)、图 6-3(b)所示。SSUHPC 试件表面出现的红褐色锈斑，是造成 SSUHPC 的美观性下降的原因[228]。虽然在海洋环境测试时外部海水中的氯离子几乎没有渗透到 SSUHPC 内部，但在靠近试件表面区域的钢纤维有被腐蚀的可能[230]。腐蚀发生在氧气和氯离子可以穿透的靠近表面的区域，氧气和氯离子与表层区域的铁离子发生反应并附着在 SSUHPC 试件表面，最终改变了试件外表面颜色，但是在 SSUHPC 内部氯离子和氧气没有大规模渗透进来，因而未出现锈蚀。

(a) 整体形貌；(b) 局部特征；(c) 钢纤维微观形貌

图 6-3　海洋环境服役后钢纤维腐蚀情况

6.1.3　力学与耐久性能变化

(1) 抗压强度与维氏硬度变化

在海洋环境测试下 SSUHPC 的初始抗压强度测试值为 158.4 MPa，在海洋环境服役一年后 SSUHPC 抗压强度为 139.9 MPa，如图 6-4 所示。在海洋环境中服役后，SSUHPC 的抗压强度下降了 11.68%。SSUHPC 抗压强度的降低一方面是由于成型时采用热水养护，造成服役期间强度收缩的现象[229]；另一方面是在海洋环境服役过程中受侵蚀劣化所致。海洋环境中服役的 SSUHPC 的抗压强度是否会继续下降，需要更长的服役时间来验证。

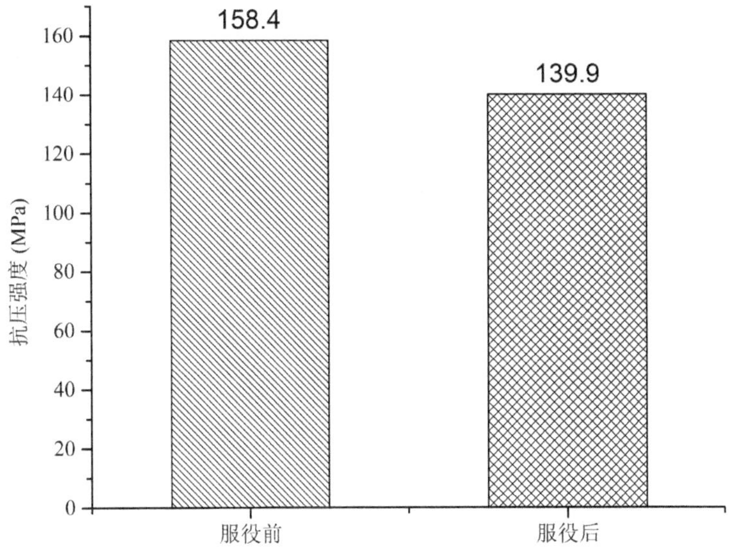

图 6-4 SSUHPC 抗压强度变化

Yang 等人[230]利用维氏硬度观察了水泥浆体在碱环境侵蚀中的钙浸出行为。Lee 和 Choi[231]通过微观硬度试验研究了再生骨料混凝土界面过渡区性能。维氏硬度可以更准确地反映水泥浆体的力学性能，并且维氏硬度可以监测出 SSUHPC 在海洋环境下的劣化过程(见图 6-5)。图 6-5 显示了海洋环境测试前后 SSUHPC 的维氏硬度变化曲线，通过变化曲线可以发现混凝土表层维氏硬度出现了明显的退化。退化层的深度即维氏硬度低于稳定区域的部分，可以从维氏硬度变化曲线中读取。在海洋环境服役前，维氏硬度在120.0 MPa～130.0 MPa之间且曲线较为平缓，这表明水泥浆体从 SSUHPC 表面到内部的力学性能处于同一水平，比较均匀。在海洋环境服役后，距表面1 mm以内的水泥浆体维氏硬度严重下

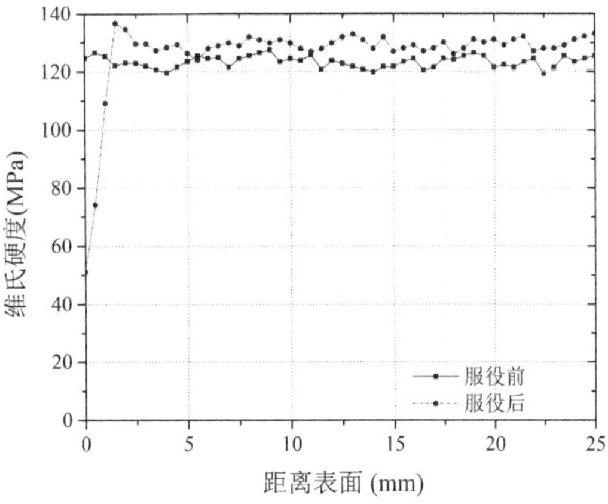

图 6-5 SSUHPC 维氏硬度测试结果

降。这是由于混凝土表面在与海水接触时受到侵蚀，导致水泥浆体性能劣化。在距混凝土表面 1 mm～2 mm 处有一个峰值，该区域维氏硬度高于其他区域。因为这个区域并没有直接被服役环境的各种侵蚀离子腐蚀，腐蚀区域的腐蚀产物和未腐蚀区域的再水化产物在这里聚集，从而提高了此区域水泥浆体的整体性能。在距 SSUHPC 表面 2 mm 的区域内，维氏硬度处于稳定水平，略高于之前。这是因为 SSUHPC 试件内部的未水化物质不断水化，水化产物进一步稳定，使水泥浆体的性能略有改善。

(2) 海洋环境中 SSUHPC 的碳化

碳化侵蚀是造成水泥基材料性能劣化的主要因素之一，碳化后水泥基材料强度会发生明显的降低。在进行海洋环境测试前，对外表面以及横切面喷洒酒精酚酞指示剂，SSUHPC 的颜色发生了明显变化，外表面与横切面呈紫红色，这表明此时 SSUHPC 未发生明显的碳化腐蚀，如图 6-6 所示。在海洋环境服役一年后，SSUHPC 的横切面在喷洒指示剂后仍然保持红色，表明 SSUHPC 内部没有发生明显碳化；而 SSUHPC 表面在喷洒指示剂后没有出现红色，试件未出现颜色变化，这表明在海洋环境服役一年后 SSUHPC 表面已经发生了明显的碳化侵蚀。

图 6-6　SSUHPC 碳化测试结果

(3) pH 值以及自由氯离子含量变化

本节通过 pH 值和自由氯离子含量两个参数反映在海洋环境中服役前后 SSUHPC 的变化。如图 6-7(a)所示，在海洋环境服役前，SSUHPC 的水泥浆体 pH 值曲线相对平缓，平均在 11.77～11.81 之间；海洋环境服役一年后，SSUHPC 试件表层 1 mm 内的水泥浆体 pH 值明显下降至 10.70，水泥浆体的内部 pH 值与海洋环境测试前基本一致。在海水中的 SSUHPC 试件，与海水接触的区域发生了明显的腐蚀，消耗了试件表层区域大量的 OH^-，导致表层 pH 值下降。

在海洋环境测试前，SSUHPC 内部自由氯离子含量曲线相对平缓，如图 6-7(b)所示，均匀地分布在 0.012 %～0.013 %之间。在海洋环境中服役后，距试件表面1 mm处的自由氯离子的含量比之前增加了 8 倍。在距离 SSUHPC 表面 5 mm以内，自由氯离子含量高于初始含量。在 SSUHPC 内部自由氯离子含量则比海洋环境测试前更低。海水中的 Cl^- 大量向 SSUHPC 内部侵入，导致 Cl^- 在 SSUHPC 表层区域的积累和自由氯离子含量的增加。而 SSUHPC 内部的再水化作用消耗了部分 Cl^- 形成 Friedel's 盐，进而使试件内部自由氯离子含量略有降低。

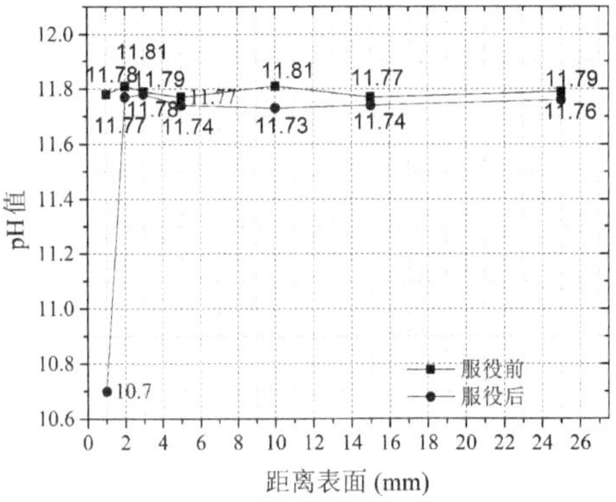

(a) 海洋环境服役前后 pH 值变化

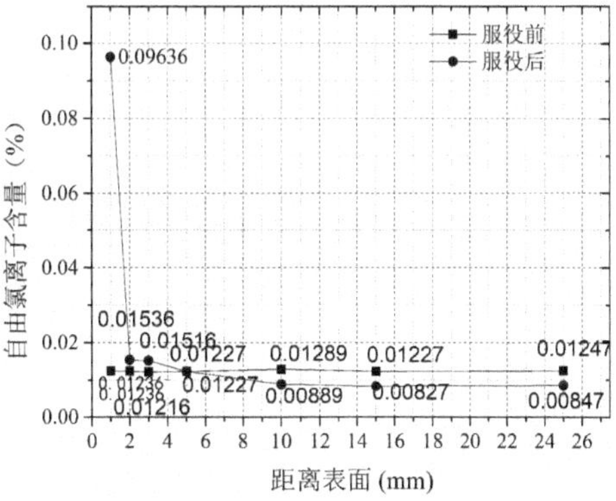

(b) 海洋环境服役前后自由氯离子含量变化

图 6-7　海洋环境服役前后 SSUHPC 内部特征变化

从图 6-4、图 6-5、图 6-6 以及图 6-7 的结果可知，在海洋环境中服役一年后，SSUHPC 整体完整无损坏，而在试件表层 1 mm 范围内发生了严重的侵蚀破坏。试件表面出现明显的碳化侵蚀，表层区域的铁离子在试件表面富集形成锈斑；SSUHPC 表层区域的水泥浆体由于受侵蚀作用，性能出现劣化。

6.1.4　微观结构与水化产物变化

通过 SEM 观察到的 SSUHPC 微观结构如图 6-8(a)、图 6-9(a)、图 6-10(a)和图 6-11(a)所示，本节对 SSUHPC 表层和内部两个不同位置在海洋环境测试前后进行对比研究。从图 6-8、图 6-9、图 6-10 以及图 6-11 可以看出 SSUHPC 的微观结构非常致密，SSUHPC 混合料中的粉煤灰和硅灰中含有大量的微颗粒，这些微颗粒填充了水化过程中形成的毛细孔隙。

比较海洋环境测试前后 SSUHPC 的表层区域，海洋环境服役一年后 SSUHPC 表面成分更加复杂，如图 6-8(a)、图 6-10(a)所示。经历了一年的海水侵蚀，SSUHPC 表面附着一层海洋腐殖质，如图 6-10(e)所示，试件表层孔隙被新生的物质填充，如图 6-10(d)所示，通过 XRD 测试可知这种新生的产物既有水泥再水化产物，又有早期水化产物腐蚀后的产物。SSUHPC 表层区域的再水化产物分布较海洋环境服役前更为密集，如图 6-8(a)和图 6-10(a)所示。对比图 6-9(a)和图 6-11(a)可以发现，试件内部形态无明显差异，海洋环境服役后试件内部水化产物分布相对密集；对比图 6-8(a)和图 6-10(a)可以发现，SSUHPC 的表层区域新生产物成分更为复杂，对于海洋环境服役后的 SSUHPC 试件，表层区域腐蚀产物和再水化产物对孔隙的填充作用远大于内部孔隙，如图 6-9(d)和图6-11(d)所示。

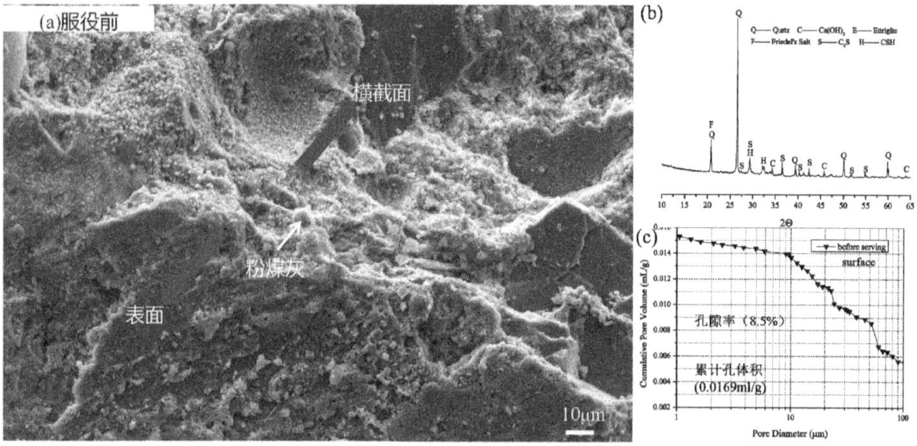

图 6-8　SSUHPC 在海洋环境服役前：(a) 局部微观特征；(b) XRD；(c) 累积孔体积

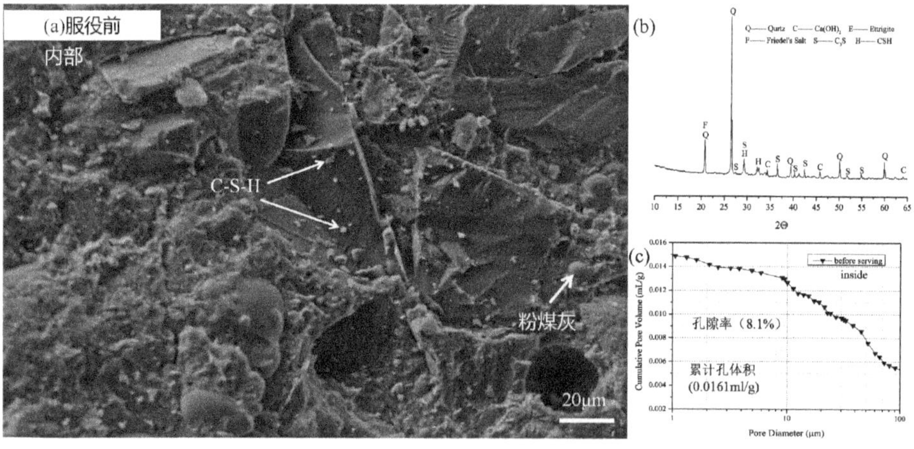

图 6-9　SSUHPC 在海洋环境服役前：(a) 局部微观特征；(b) XRD；(c) 累积孔体积

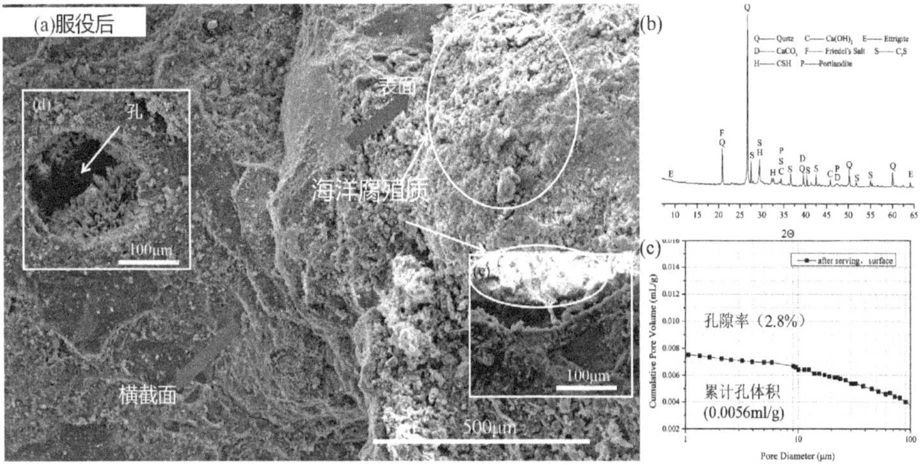

图 6-10　SSUHPC 在海洋环境服役后：(a) 局部微观特征；(b) XRD；(c) 累积孔体积

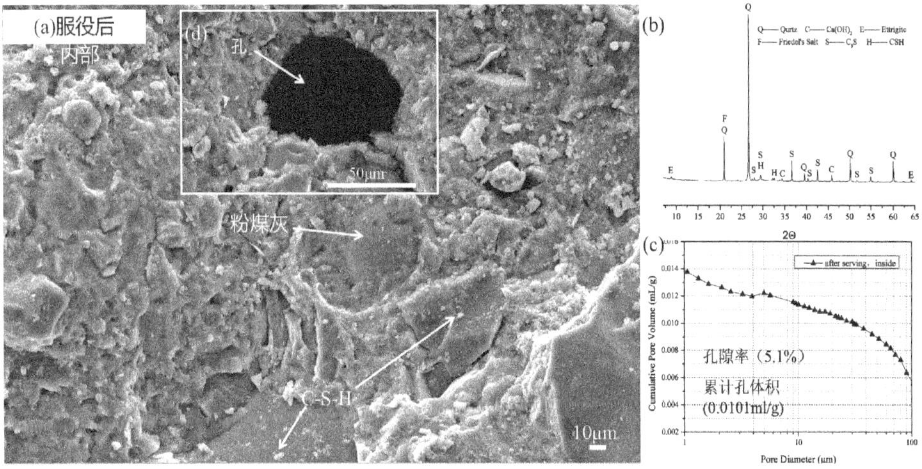

图 6-11　SSUHPC 在海洋环境服役后：(a) 局部微观特征；(b) XRD；(c) 累积孔体积

在海洋环境服役后，SSUHPC 表层区域 Friedel's 盐的峰值强度无显著变化[见图 6-8(b)和图 6-10(b)，$2\theta=21°$]，SSUHPC 内部区域的 Friedel's 盐的峰值强度显著增加[见图 6-9(b)和图 6-11(b)，$2\theta=21°$]。已有研究表明氯离子在混凝土中的存在方式主要包括以自由氯离子形式游离于孔隙液中、形成 Friedel's 盐并以结合氯离子形式存在和被水化产物 C-S-H 凝胶化学吸附这三种状态[227]。当混凝土中含有大量 Friedel's 盐时，其溶解度平衡如下：

$$3CaO \cdot Al_2O_3 \cdot 3CaCl_2 \cdot 10H_2O \longleftrightarrow 4Ca^{2+} + 2Cl^- + 4OH^- + 2Al(OH)_3 \tag{6-1}$$

在外部氯离子不能大量侵入的前提下，SSUHPC 内部 Friedel's 盐含量的增加，表明混凝土中所含的自由氯离子被消耗。在海洋环境服役后，混凝土中自由氯离子的含量较服役前有所降低，如图 6-7(b)所示。大量的氯离子从海洋环境中侵入，而侵入量远远大于内部消耗，SSUHPC 表面的 Friedel's 盐含量没有明显变化，如图 6-8(b)和图 6-10(b)所示，而自由氯离子含量明显增加。在海洋环境服役后，SSUHPC 表面 C-S-H 的峰值强度高于内部区域[见图 6-9(b)和图 6-11(b)，$2\theta=21°$]，这表明与海水接触的腐蚀区域再水化程度更高。再水化生成的 C-S-H 凝胶填充了了 SSUHPC 的孔隙结构，造成 SSUHPC 表面的总孔隙率低于内部区域。在海洋环境服役后，表面的腐蚀产物如 $CaCO_3$[见图 6-10(b)，$2\theta=39°$和 47.5°]和 $Ca(OH)_2$[见图 6-11(b)，$2\theta=34°$和 47.5°]是 SSUHPC 与二氧化碳以及 SO_4^{2-} 的共同作用下产生的，这种效应一定程度上优化了 SSUHPC 的孔隙结构。

SSUHPC 的 MIP 测试结果如图 6-8(c)、图 6-9(c)、图 6-10(c)和图 6-11(c)所示。在海洋环境服役前，SSUHPC 内部的总孔隙率略低于表面，但试件整体上内部与表层区域孔隙率处于相同水平，如图 6-8(c)、图 6-9(c)所示。在海洋环境测试一年后，SSUHPC 的表层区域总孔隙率由 8.5%下降到2.8%，如图 6-8(c)、图 6-10(c)所示。这是因为表面靠近腐蚀区，腐蚀产物和再水化产物一起优化混凝土结构，使其更致密。SSUHPC 内部的总孔隙率从 8.1%降低到 5.1%，如图6-9(c)，图 6-11(c)所示，考虑到再水化的影响，再水化产物的填充进一步优化了混凝土结构。这些再水化生成的 C-S-H 凝胶的形成以及 $CaCO_3$和 Friedel's 盐的填充能力可以使结构更加致密，进而提高 SSUHPC 的强度和耐久性。

6.1.5 南海海洋环境中 SSUHPC 的腐蚀破坏机理分析

根据海洋环境服役前后 SSUHPC 外观形貌变化、力学性能变化、受侵蚀情况的试验结果和分析来看，从服役开始，海洋环境中的 CO_2、Cl^-、SO_4^{2-}、海洋微生物等从表面开始侵蚀 SSUHPC，如图 6-12(a)所示。随着服役时间的延长，在

SSUHPC 的表面开始发生腐蚀：海洋生物在混凝土表面附着生长，碳化、硫酸盐侵蚀、氯盐侵蚀生成的腐蚀产物不断填隙于混凝土表层孔隙、缝隙中；海洋环境中水分的渗入促使未水化水泥颗粒继续水化，水化产物也不断充实表层混凝土结构，如图 6-12(b)所示。在腐蚀后期，腐蚀产物与海洋生物腐殖质均匀地附着在混凝土表面，水化产物与腐蚀产物充实了混凝土表层的孔结构，使得混凝土表面形成一层致密的“保护层”，如图 6-12(c)所示，阻止海洋环境中侵蚀物质侵入，阻止腐蚀的进一步发展，使混凝土保持较好的性能特征。

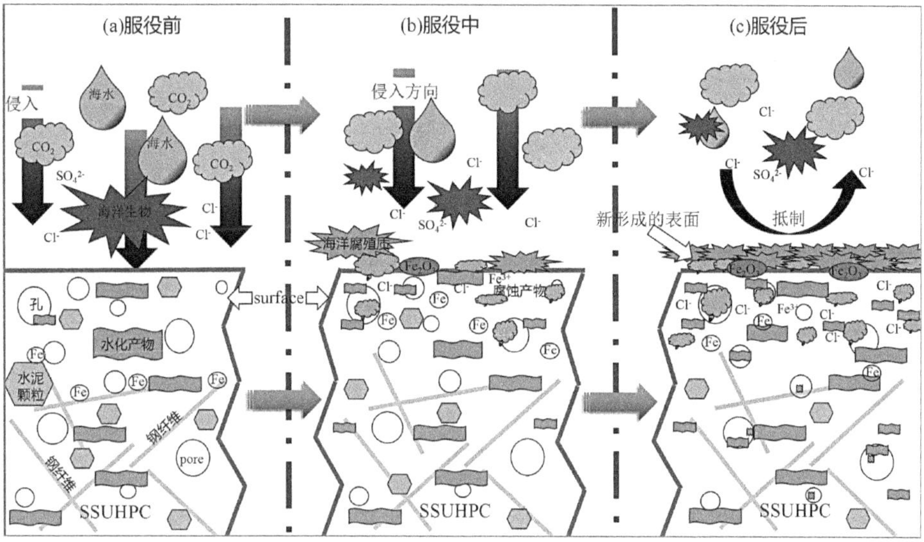

图 6-12 SSUHPC 在海洋环境中的腐蚀机理

6.2 SSUHPC/FRUHPC 钢桥面刚柔复合铺装材料的抗疲劳性能研究

钢桥面刚柔复合铺装结构典型结构(见图 6-13)中的刚性材料模量介于沥青混合料和钢板之间，整体提高了铺装层的刚度和模量，减少了对钢桥面板的追从变形。刚柔复合铺装结构被应用于悬索、斜拉、连续梁等各种结构的钢桥，利用超高性能混凝土高强度、高韧性、低孔隙率的特征，可有效地改善结构的耐疲劳性能。

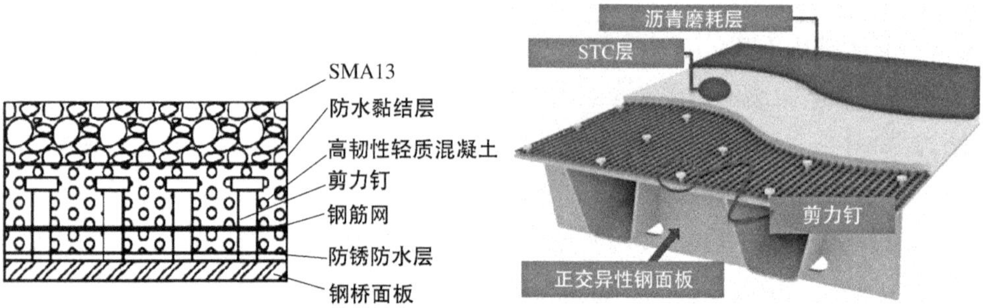

(a) 铺装结构横截面示意图　　(b) 铺装结构三维示意图

图 6-13　典型的刚柔复合铺装结构[53]

6.2.1　SSUHPC/FRUHPC-钢桥面刚柔复合铺装材料的制备

本研究通过制备钢桥面刚柔复合铺装材料，即“钢-混凝土-沥青面层”组合体系中的“混凝土-沥青面层”部分——这部分由“铺装上层沥青混合料”“黏结层”以及“混凝土”三部分组成——比较研究了海水海砂制备的超高性能混凝土在抗疲劳性能上与淡水河砂超高性能混凝土的差别。

(1) 铺装上层沥青混合料的制备

① 粗集料

本研究使用的粗集料是江苏兴源矿业有限公司生产的，规格为 1# 样品 9.5 mm～13.2 mm、2# 样品 4.75 mm～9.5 mm、3# 样品 2.36 mm～4.75 mm，各档集料性能检测结果见表 6-1、表 6-2。

表 6-1　集料物理性能检测结果

粒径范围/mm	9.5～16	4.75～9.5	2.36～4.75
表观相对密度	2.973	2.965	2.906
毛体积相对密度	2.932	2.916	2.851
吸水率/%	0.47	0.57	0.66
针片状/%	8.2	9.5	—
压碎值/%	9.4	—	—
洛杉矶磨耗/%	7.2	10.2	—

表 6-2 各种矿料的筛分试验结果

筛孔尺寸/mm	16.0	13.2	9.5	4.75	2.36	1.18	0.6	0.3	0.15	0.075
1# 料通过方孔筛的百分率(%)	100	78.8	6.4	0.3	0.3	0.3	0.3	0.3	0.3	0.3
2# 料通过方孔筛的百分率(%)	100	100	96.1	6.3	0.7	0.4	0.3	0.3	0.2	0.2
3# 料通过方孔筛的百分率(%)	100	100	100	84.3	1.0	0.5	0.4	0.3	0.3	0.3

② 沥青

本研究使用的沥青胶结料为佛山弘业沥青有限公司生产的 SBS 聚合物改性沥青，沥青的性能测试结果见表 6-3。

表 6-3 沥青结合料检测结果

检测参数		检测结果	技术要求
针入度试验	针入度 (25℃，100 g，5 s)(0.1 mm)	66	40～70
	针入度指数：PI	0.79	−0.2～+1.0
延度 (5℃)(cm)		48	≮25
软化点 $T_{R\&B}$(℃)		85.0	≮70
动力黏度 (60℃) (Pa・s)		>20 000	≮20 000
运动黏度 (135℃) (Pa・s)		2.580	≯3.0
闪点 (℃)		328	≮245
溶解度 (%)		99.34	≮99
离析 (℃)		1.3	≯2.5
弹性恢复 (25℃) (%)		99	≮80
密度 (15℃) (g/cm^3)		1.029	—
旋转薄膜加热试验	质量变化 (%)	−0.5～+0.5	−0.060
	残留针入度比 (25℃) (%)	≮65	80.3
	残留延度 (5℃) (cm)	≮15	30

③ 细集料

本研究使用的细集料由彭泽县宏浩麻山矿业有限公司提供，集料性能检测结果见表 6-4、表 6-5。

表 6-4　集料物理性能检测结果

检测项目	规格型号 0～2.36 mm
表观相对密度	2.777
毛体积相对密度	2.655
吸水率/%	1.66
针片状/%	—
压碎值/%	—
洛杉矶磨耗/%	—
棱角性	36.5
砂当量	79
亚甲蓝	5.6

表 6-5　各种矿料的筛分试验结果

筛孔尺寸/mm	16.0	13.2	9.5	4.75	2.36	1.18	0.6	0.3	0.15	0.075
细集料通过方孔筛的百分率/%	100	100	100	100	72.0	44.6	28.9	18.5	14.0	11.2

④ 矿粉

本研究所用矿粉由镇江市丹徒区高资唐驾庄机铁砂厂生产，性能检测结果见表 6-6、表 6-7。

表 6-6　矿粉检测结果

	技术要求	测试结果	判定结论	试验方法
表观密度/(t/m^3)	≥2.50	2.718	合格	T0352

表 6-7　各种矿料的筛分试验结果

筛孔尺寸/mm	16.0	13.2	9.5	4.75	2.36	1.18	0.6	0.3	0.15	0.075
矿粉通过方孔筛的百分率/%	100	100	100	100	100	100	100	100	97.9	82.5

⑤ 木质纤维素

本研究采用的木质素纤维为江苏狮腾工程材料有限公司生产，相对密度为 1.13，纤维的作用有吸附沥青、稳定、增黏等作用，且能有效地防止沥青混合料的析漏现象出现。

⑥ 级配组成

依据《公路沥青路面施工技术规范》(JTG F40—2004)设计要求,选择混合料级配范围见表 6-8。

表 6-8　混合料级配的设计组成结果

级配类型 (1# ∶ 2# ∶ 3# ∶ 细集料 ∶ 矿粉)	通过下列筛孔(方孔筛/mm)的质量百分率/%									
	16.0	13.2	9.5	4.75	2.36	1.18	0.6	0.3	0.15	0.075
(38.0 ∶ 38.0 ∶ 0.0 ∶ 14.0 ∶ 10.0)	100	91.9	62.9	26.5	20.5	16.5	14.2	12.8	12.0	10.1

⑦ 油石比

根据工程经验选定初始油石比为 5.9%制备试件,根据《公路工程沥青及沥青混合料试验规程》(JTG E20—2011)技术规范及操作规程进行马歇尔试验。试验结果见表 6-9。

表 6-9　沥青混合料马歇尔试验结果

油石比/%	毛体积相对密度	计算理论最大相对密度	空隙率/%	矿料间隙率 *VMA* /%	饱和度 *VFA*/%	粗集料骨架间隙率 VCA_{mix}/%	稳定度/kN	流值/0.1 mm
5.9	2.515	2.621	4.0	17.0	76.2	40.1	10.14	31.5
要求	—	—	3～4.5	≥16.5	75～85	≤VCADRC	≥6.0	—

本研究中油石比设定为 5.9%时空隙率为 4.0%,其他指标均满足 SMA 路面设计要求,因此选取 5.9%为本研究中的设计油石比。

(2) 黏结层

选取广州嘉涂丽建材有限公司生产的 AMP-100 二阶反应型桥面防水黏结材料,固含量 52%,耐热温度 180℃,涂料与 SSUHPC 或者淡水河砂 UHPC 的黏结强度不低于 1.1 MPa。

(3) 混凝土的制备

制备 HAIS ZY—SSUHPC 和 HES ZY—FRUHPC 两组混凝土试件,比较研究海水海砂与淡水河砂制备的超高性能混凝土耐疲劳特征。

(4) 钢桥面刚柔复合铺装材料的制备

首先,成型尺寸为 400 mm ×100 mm ×80 mm 的 SSUHPC 与 FRUHPC

混凝土试件，高温热水养护到期后对混凝土试件表面进行打磨处理；其次，加入反应型黏结剂进行涂刷，反应型黏结剂洒布量为 0.8 L/m^2，待 12 h 后将成型的混凝土试件放入 400 mm ×100 mm ×180 mm 的钢模中；最后，按照《公路工程沥青及沥青混合料试验规程》（JTG E20—2011）中静压法成型沥青混合料上面层，上面沥青混合料层高度控制为 40 mm。

6.2.2 抗疲劳测试试验方法

钢桥面刚柔复合铺装材料的疲劳性能试验参数设置如下：

(a) 加载频率

疲劳试验加载频率为 10 Hz，对于本研究开展的试验，疲劳试验的荷载加载时间根据公式 4-1 来确定：

$$t=\frac{1}{2\pi f} \tag{6-2}$$

当加载频率为 10 Hz 时，加载时间为：

$$t=\frac{1}{2\pi f}=0.016\ \text{s} \tag{6-3}$$

0.016 s 加载时间对沥青混合料路面表面大致相当于 60 km/h～65 km/h 的行车速度，当沥青面层厚为 20 cm 时，则相对于基层表面的行车速度为 77 km/h。按照标准《公路工程技术标准》（JTG B01—2014）规定的高等级公路的计算行车速度范围为 60 km/h～120 km/h，本研究设置 10 Hz 的荷载频率是符合实际工程应用范围的。根据以上分析，最终选用 10 Hz 作为疲劳试验的荷载频率。

(b) 加载波形

在进行疲劳测试时设置的荷载波形将会直接影响到混凝土材料的疲劳寿命，为了更好地模拟实际使用时路面承载的荷载，本研究设定荷载波形为正弦波形进行 SSUHPC 与 FRUHPC 混凝土材料的疲劳试验。

(c) 测试停止依据

铺装结构破坏的形式比较多，在本研究中停止试验的评判标准如下：在铺装结构的应力面出现开裂时；铺装结构中各种材料分层错位时；各个层之间无法保持原状发生滑移时；控制器显示铺装结构的挠度出现明显突变时；试验人员自行判断停止时间。

本研究开展的复合梁疲劳试验参照《公路钢桥面铺装设计与施工技术规范》(JTG/T 3364-02—2019)中附录 E 三点加载复合梁疲劳试验方法进行试验。采用应力控制模式，复合铺装材料尺寸 400 mm ×120 mm ×100 mm，铺装下层厚度 80 mm，铺装上面层厚度 40 mm，试验温度为 20℃，如图 6-14 所示。

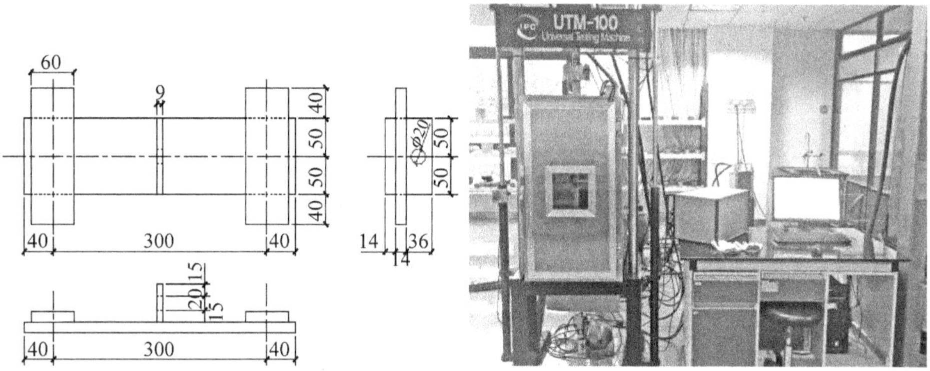

(a) 三点加载试验示意图　　(b) UTM-100 疲劳试验机

图 6-14　三点加载疲劳试验装置

待各项试验条件满足要求，准备好疲劳试件，在规定的温度和频率下使用 UTM-100 疲劳试验机进行试验，系统自动采集位移、应力、应变等试验数据。首先设置跨中荷载 P=5 kN 进行两组复合铺装结构的疲劳测试，均输入 100 万次疲劳荷载加载次数，待加载次数完成后观察淡水河砂和海水海砂超高性能混凝土试件的破坏情况。若无破坏，则将跨中疲劳试验荷载逐步加大直到跨中疲劳试验荷载增大到 P=10 kN，同时设置相同加载次数。具体方案见表 6-10，实验操作记录如图 6-15。

表 6-10　疲劳试验具体操作

	加载值	加载次数
FRUHPC+沥青表面	5 kN	1 000 000 次
FRUHPC+沥青表面	10 kN	1 000 000 次（实际 500 000 次）
SSUHPC+沥青表面	5 kN	1 000 000 次
SSUHPC+沥青表面	10 kN	1 000 000 次（实际 500 000 次）

(a) 测试试件的安装　　(b) 抗疲劳测试实时监测

图 6-15　疲劳试验操作记录

6.2.3　SSUHPC/FRUHPC-钢桥面刚柔复合铺装的疲劳开裂情况

超高性能混凝土的疲劳呈三阶段形式：裂缝形成、裂纹稳定开展、裂纹失稳开展阶段[33]。当疲劳测试的加载荷载为 5 kN 时，经历 100 万次加载循环后 SSUHPC 与 FRUHPC 制备的两种铺装结构均未出现疲劳破坏，如图 6-16 所示。无论是使用淡水、河砂还是模拟海水海砂制备的超高性能混凝土材料，均未出现形变且试件表面未出现裂缝或者破碎，这表明两种混凝土材料均具有较好的抗疲劳性能。

(a) FRUHPC-沥青面层　　(b) SSUHPC-沥青面层

图 6-16　跨中疲劳荷载为 5 kN 时 100 万次加载后试件形貌

当疲劳测试的加载荷载为 10 kN 时，经历 50 万次加载循环后 SSUHPC 与 FRUHPC 制备的两种铺装结构的损伤情况如图 6-17 所示。在 10 kN 荷载下加载 50 万次后 FRUHPC 铺装结构未出现损伤，SSUHPC 铺装结构在靠底部侧面出现开裂，如图 6-17(a)、图 6-17(b)所示。图 6-17(c)为 SSUHPC 铺装结构开裂区域局部特征，图中浅色圈内为疲劳试验过程中产生的裂缝，深色圈内为沥青挂浆，SSUHPC 上的裂缝呈树杈状延伸，裂缝开裂的分支较多且主裂缝较大。图 6-17(d)为 SSUHPC 铺装结构疲劳破坏示意图，此时 SSUHPC 表面的开裂超过试件厚度的一半且数量开始增多，处于裂纹稳定开展阶段。

(a) FRUHPC-沥青面层

(b) SSUHPC-沥青面层

(c) SSUHPC 疲劳破坏后局部特写

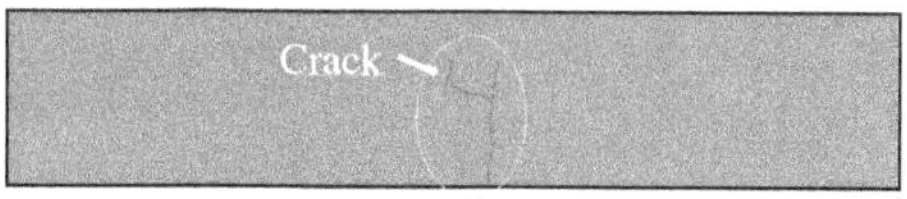

(d) SSUHPC 疲劳破坏后示意图

图 6-17　跨中疲劳荷载为 10kN 时 50 万次加载后试件形貌

在抗疲劳测试中，当加载荷载为 5 kN 时，经历 100 万次加载循环后 SSUHPC 与 FRUHPC 制备的两种铺装结构均未出现疲劳破坏，两组混凝土材料均表现出优异的抗疲劳性能；在 10 kN 荷载下加载 50 万次后 SSUHPC 铺装结构在混凝土底部侧面出现开裂，但两组试件均未出现明显的变形和破坏。从疲劳试验后的损伤情况来看，使用海水海砂制备的超高性能混凝土材料的抗疲劳性能低于使用淡水、河砂制备的超高性能混凝土材料。

6.2.4 疲劳荷载作用下 SSUHPC/FRUHPC-钢桥面刚柔复合铺装的变形规律

除了通过观察试件的开裂、破坏情况，还可以通过分析应变-荷载循环次数关系曲线来研究疲劳荷载作用下的试件变形，如图 6-18、图 6-19、图 6-20 以及图 6-21 所示。图中下端曲线为应变-荷载循环次数关系曲线，上端曲线为应力-荷载循环次数关系曲线。

当加载荷载为 5 kN 时，随着加载次数的增加，两组结构应变稳定后保持平稳，直到加载 100 万次时仍未出现纵向变化，如图 6-18、图 6-19 所示。这表明在这 100 万次循环疲劳测试中 SSUHPC 与 FRUHPC 铺装结构始终保持较好的抗疲劳性能，没有出现应力破坏。

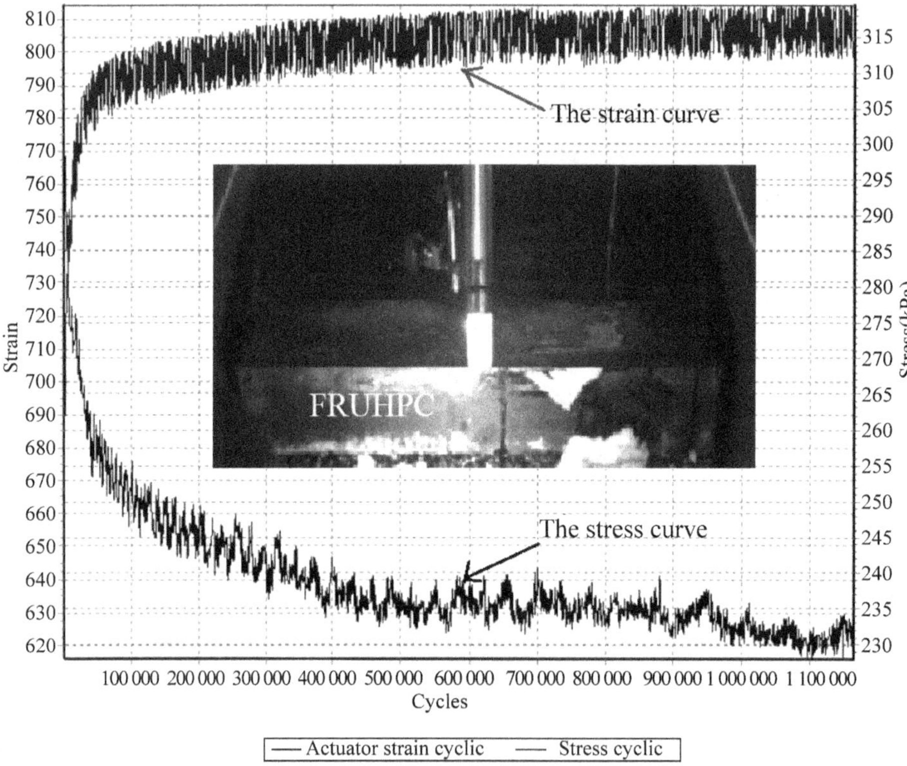

图 6-18　FRUHPC-沥青面层铺装跨中疲劳荷载为 5 kN 时 100 万次加载

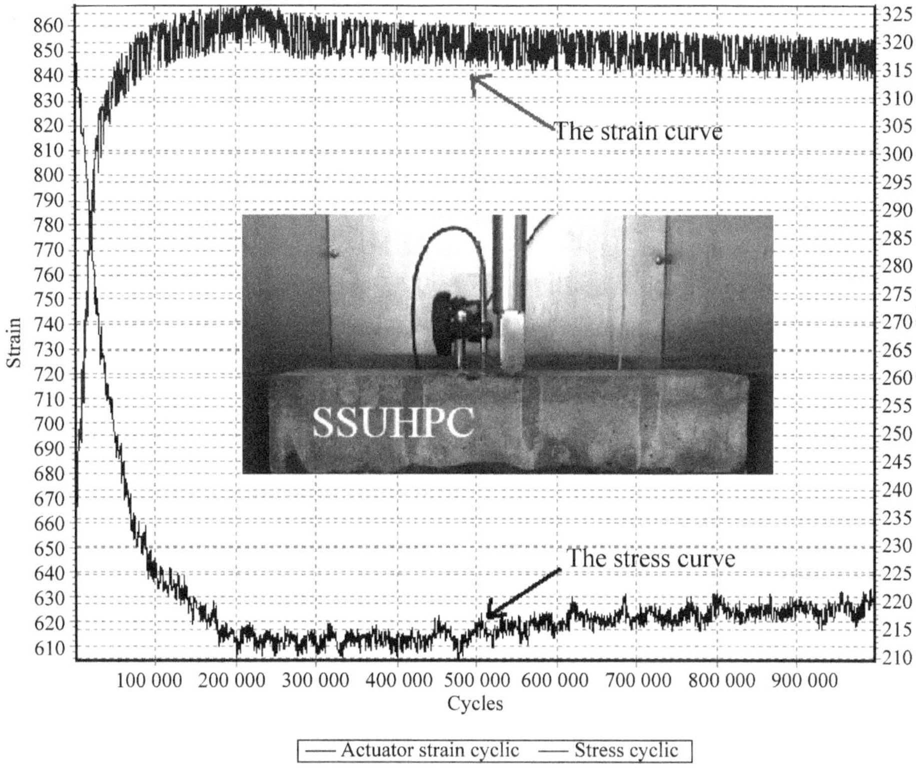

图 6-19　SSUHPC-沥青面层铺装跨中疲劳荷载为 5 kN 时 100 万次加载

当加载荷载为 10 kN 时，FRUHPC-沥青铺装结构仍然保持优异的抗疲劳性能，在进行的 50 万次加载循环中应变-荷载循环次数关系曲线始终保持稳定，无纵向变化，施加的应力同样无变化，保持稳定，如图 6-20 所示。

SSUHPC-沥青铺装结构在前 15 000 次加载循环时保持稳定无应变，在 15 000～35 000 次加载循环过程中应变有纵向变化的趋势，在 35 000～45 000 次加载循环过程中应变发生突变，在 45 000 次加载循环以后应变-荷载循环次数关系曲线又趋于稳定直至试验结束，如图 6-21 所示。与 FRUHPC-沥青铺装结构不同，SSUHPC-沥青铺装结构在 10 kN 加载荷载时疲劳试验过程呈现出明显的三阶段演变模式：在应力稳定加载一段时间后结构开始出现应力变化的前兆，这个阶段比较漫长且应变不明显；荷载加载循环较长时间后，应变陡增，应变突变时间较短但变化较大；突变后应变在短时间内又稳定下来直至测试结束。

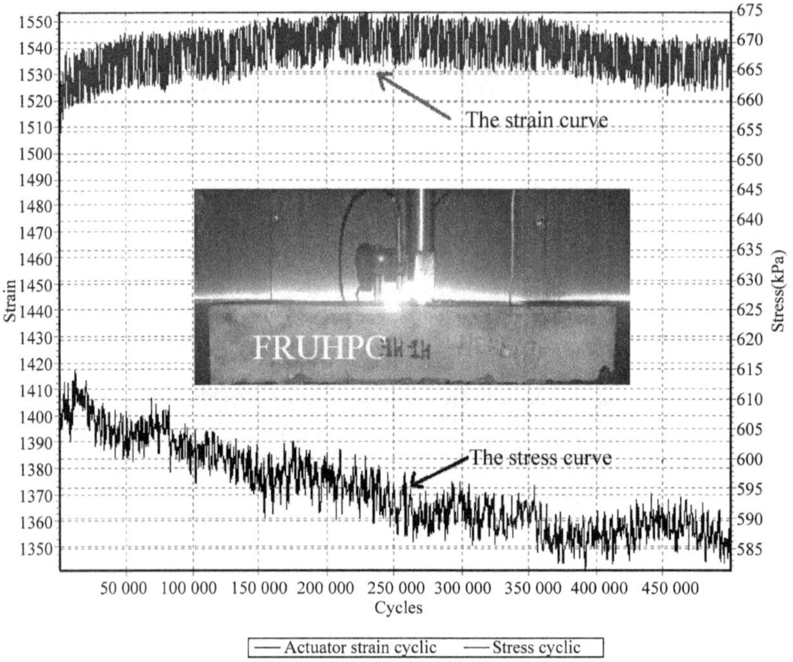

图 6-20 FRUHPC-沥青面层铺装跨中疲劳荷载为 10 kN 时 50 万次加载

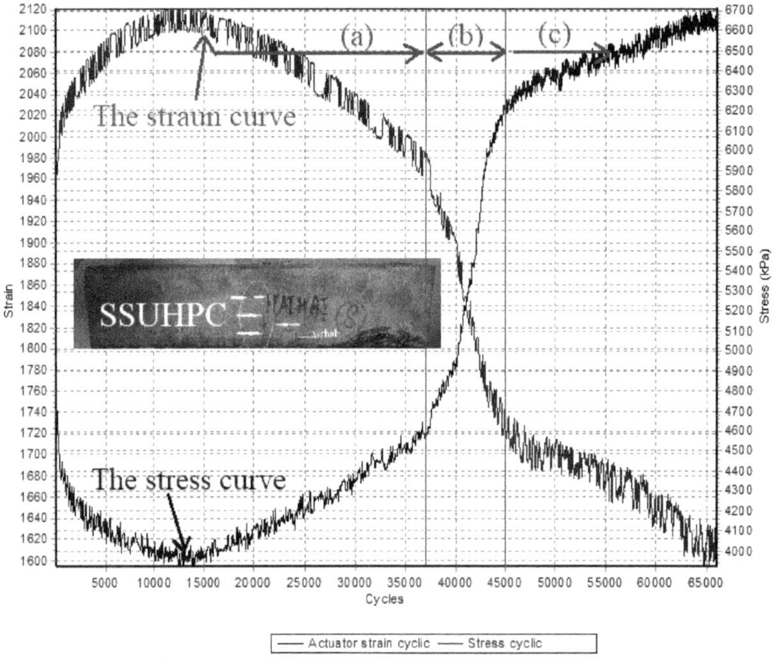

图 6-21 SSUHPC-沥青面层铺装跨中疲劳荷载为 10 kN 时 50 万次加载

6.2.5 SSUHPC/FRUHPC-钢桥面刚柔复合铺装材料抗疲劳性能分析

对比宏观疲劳损伤和疲劳荷载作用下的应变规律可知：SSUHPC 与 FRUHPC 两组铺装结构均具有较高的耐疲劳特征，无论是淡水、河砂还是海水海砂制备的超高性能混凝土材料，均具有较高的耐疲劳特征。在低应力 100 万次加载循环过程中没有出现开裂和应变；在高应力疲劳测试中 SSUHPC 率先出现应变纵向变化，但变化过程短暂急促，随后又保持稳定，SSUHPC 出现开裂后并没有发生更为严重的破坏，试件整体没有明显的变形，整体保持良好的完整性。

对 SSUHPC 而言，在结构出现裂纹前，SSUHPC 中的水泥砂浆部分主要承受着外界的应力，均匀分布的钢纤维结构保证了混凝土内部的稳定，遏止混凝土内部产生裂缝，水泥砂浆与钢纤维共同作用下保证了 SSUHPC 的结构完整。当出现裂缝时，开裂位置的水泥砂浆已经丧失了承受应力的作用，但是 SSUHPC 内部连续的钢纤维结构并不会轻易断开，均匀分布且各向异性的特点使钢纤维成为一个整体结构，在开裂处的钢纤维承担着外界的应力。一方面，由于钢纤维与水泥砂浆的紧密结合，开裂后的 SSUHPC 仍能保持结构的完整；另一方面，因为钢纤维的分布具有各向异性，这就使开裂不会向一个方向贯穿，而是寻找更薄弱的区域。因此 SSUHPC 的裂缝呈多向延伸的状态，多向延伸的开裂进一步弱化了每一个方向承受的应力，从而结构仍能保持较高的耐疲劳性能。由于钢纤维具有各向异性，当裂缝产生时，一方面外界应力需要破坏钢纤维与水泥砂浆紧密的黏结力，将钢纤维“拔出来”；另一方面，外界应力需要克服钢纤维的抗压强度，将与应力非垂直方向的钢纤维“压”变形。解决钢纤维 | 水泥砂浆的抗压强度和黏结力，才能对 SSUHPC 造成进一步的破坏。从宏观尺度表现为，当开裂产生后 SSUHPC 仍保持着一定的耐疲劳性能。

6.3 结论

本章通过在南海实地海洋环境测试 SSUHPC，研究其在海洋环境的性能变化规律。通过 SEM、XRD 以及 MIP 技术研究在海洋环境复杂多变的服役条件下 SSUHPC 表层区域与内部区域的孔结构变化，进而对 SSUHPC 进行腐蚀机理分析，总结在海洋环境服役时 SSUHPC 的抗腐蚀机理。利用超高性能混凝土高强度、高韧性、低孔隙率的特征，制备钢桥面刚柔复合铺装材料，即“钢-混凝土-沥青面层”组合体系中的“混凝土-沥青面层”部分，比较研究 SSUHPC 在耐疲劳特性上与 FRUHPC 的差别。

在海洋环境中测试后，SSUHPC 结构完好无损，无开裂和缺陷。混凝土表面附着一层透明发臭的海洋生物腐殖质，同时试件表面颜色呈现为褐色，清洗后混凝土表面无裂缝、无水泥浆体脱落。在海洋环境中服役后，SSUHPC 表面出现的棕色锈点造成美观性能下降，混凝土破开后裸露的钢纤维仍然保持着金属光泽，通过 SEM 技术观察到钢纤维表面光滑，没有锈蚀的迹象。在海洋环境中测试后，SSUHPC 的抗压强度降低了 11.68%，混凝土表面发生明显的碳化腐蚀，与海水接触区域的混凝土表层由于受到侵蚀破坏，表层硬度降低、pH 值降低、自由氯离子含量增加。SSUHPC 内部并无受侵蚀破坏的特征，同时水泥砂浆的水化程度进一步地增长与提高。

SSUHPC 在海洋环境表现出优异的高性能特征。在复杂多变的海洋环境中，CO_2、Cl^-、SO_4^{2-}、海洋微生物等从表面开始侵蚀 SSUHPC，海洋生物在混凝土表面附着生长，碳化、硫酸盐侵蚀、氯盐侵蚀生成的腐蚀产物不断填隙于混凝土表层孔隙、缝隙中，在腐蚀产物和再水化产物的充填作用下，混凝土的表层区域孔隙率降低，孔隙结构更加致密。海洋环境中水分的渗入促使未水化水泥颗粒继续水化，水化产物也不断充实表层混凝土结构。海洋腐殖质和腐蚀产物均匀地附着在混凝土表面，这些变化使 SSUHPC 表面形成一个密集的“保护层”，可以防止海洋环境中的侵蚀介质对混凝土内部造成进一步的侵蚀。在海洋环境综合影响下，SSUHPC 表层的变化保护了内部，使混凝土保持高的性能特征。

无论是淡水、河砂还是模拟海水海砂制备的超高性能混凝土材料，均具有较高的耐疲劳特征。在高应力疲劳测试中海水海砂超高性能混凝土率先出现应变纵向变化，说明在恶劣条件下 SSUHPC 的耐疲劳性低于 FRUHPC。SSUHPC 的疲劳破坏呈现出明显的三阶段演变模式：在应力稳定加载一段时间后结构开始出现应力变化的前兆，这个阶段比较漫长且应变不明显；荷载加载循环较长时间后，应变陡增，应变突变时间较短但变化较大；突变后应变在短时间内又稳定下来。SSUHPC 的疲劳破坏最终表现为应力集中部位出现轻微裂纹，未出现断裂或者大规模损伤的现象。

第7章 海水海砂超高性能混凝土与淡水河砂超高性能混凝土性能差异的机理研究

硬化后的混凝土是由结构复杂的非匀质、多相和多层次的复合材料体系组成的，混凝土微观结构的复杂性使混凝土的宏观特征表现出模糊不确定、非线性不规则等特点，其结构的致密堆积情况、孔结构的优劣直接影响着力学性能和耐久性能[193]。混凝土的微观结构中，孔结构是重要的组成部分。孔结构的特征参数包括孔隙率、孔径分布都对混凝土的力学与耐久性产生重要的影响，除孔隙率是最直接的能反映混凝土材料的性能的特征参数外，孔径分布对混凝土造成的影响最为复杂[194]。Miletić 等人[162]利用显微计算机断层扫描数据，进行 UHPC 的三维图像重建和图像处理，通过基于局部强度梯度的图像后处理技术获得定量纤维特征信息，研究发现 UHPC 内部纤维排列具有高度的各向异性，纤维主要沿一个方向排列，这与铸造工艺和流动有关。Oesch[166]在研究 FRC 样品时发现，纤维在板坯内部的取向是高度各向异性的，而在单独浇注的样品中纤维的取向分布更加不均匀。Kang[165]采用 X 射线计算机断层扫描(X-CT)和压汞法(MIP)两种方法研究了 UHPC 在 3 nm ～10 mm (直径)范围内的孔隙结构，研究发现由于可测孔隙尺度的不同，每种方法提供的总孔隙度和孔径分布也不同。Wang[167]等人利用 X 射线 CT 技术研究了 UHPC 试样中钢纤维和气泡的空间分布。UHPC 内部纤维的分布情况以及试样内部气泡的数量与孔结构特征，直接影响到 UHPC 的力学性能。

UHPC 是一种由水泥砂浆、孔隙和钢纤维组成的超高强水泥基材料，本章首先对本书主要研究的海水海砂超高性能混凝土与淡水河砂超高性能混凝土进行力学性能与耐久性能对比分析，然后采用 XRD、SEM 和 MIP 等微观表征技术研究 SSUHPC 和 FRUHPC 材料之间的性能差异。通过 X-CT 技术研究 SSUHPC 和 FRUHPC 在纤维分布与孔结构方面的差异，通过建模分析定量研究 SSUHPC 和 FRUHPC 的孔结构与纤维分布特征，进而揭示使用模拟海水海砂制备超高性能混凝土的高性能机理。

7.1 SSUHPC 与 FRUHPC 的力学性能与耐久性能对比

为了系统了解本研究中用海水和海砂制备的超高性能混凝土的性能，首先结合第 4 章、第 5 章的力学性能与耐久性能研究结果，对 SSUHPC 和 FRUHPC 的力学性能和耐久性能进行对比分析。

7.1.1 力学性能

经 85℃热水养护后，SSUHPC 和 FRUHPC 的抗压强度分别达到 162.1 MPa 和 173.3 MPa，如图 7-1(a)所示。海水海砂制备的 UHPC 的抗压强度为 FRUHPC 的 93.5%，强度略有降低。在本研究中，两种 UHPC 的抗压强度均高于 150.0 MPa。

本研究通过维氏硬度测试对比了 SSUHPC 和 FRUHPC 的力学性能，如图 7-1(b)所示。结果表明，UHPC 材料的内部维氏硬度相差不大，说明本研究制备的 UHPC 材料内部结构趋于均匀。但用海水和海砂制备的 UHPC 材料的维氏硬度高于用淡水和河砂制备的 UHPC 材料，说明用海水和海砂制备 UHPC 时砂浆的水化程度更成熟，相应硬化水泥砂浆的强度更高。

7.1.2 耐久性能

在淡水、3.5 wt% 和 7.0 wt% NaCl 溶液中进行 1 000 次冻融循环后，SSUHPC 和 FRUHPC 的相对弹性模量为 100%，28 天加速碳化的碳化深度均为 0，见表 7-1。这表明，SSUHPC 和 FRUHPC 均具有良好的抗碳化和抗冻性能，且无明显差异。SSUHPC 和 FRUHPC 均表现出良好的抗氯离子侵蚀性能。SSUHPC 中氯离子的扩散系数为 1.28×10^{-12} m^2/s，电通量为 85 C，略低于 FRUHPC。硫酸盐侵蚀试验结果也表明，SSUHPC 的抗侵蚀性能优于 FRUHPC。

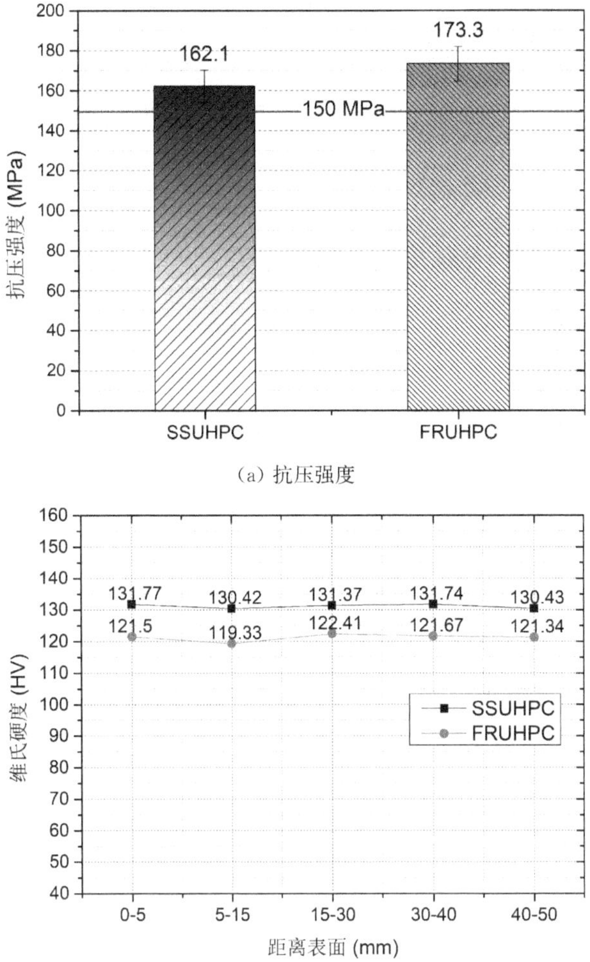

(a) 抗压强度

(b) 维氏硬度

图 7-1　SSUHPC 与 FRUHPC 力学性能对比

表 7-1　SSUHPC 与 FRUHPC 耐久性对比

	氯离子渗透系数（RCM 法）	氯离子渗透系数（电通量法）	碳化	抗冻			硫酸盐侵蚀
				清水	3.5 wt% NaCl 溶液	7.0 wt% NaCl 溶液	
SSUHPC	1.28× $10^{-12}m^2/s$	85 C	0 mm	100%	100%	100%	表面粗糙，无明显缺损，无钢纤维漏出
FRUHPC	1.33× $10^{-12}m^2/s$	91 C	0 mm	100%	100%	100%	表面粗糙，有明显缺损，钢纤维露出

7.2 SSUHPC 与 FRUHPC 性能差异的机理研究

研究发现，SSUHPC 和 FRUHPC 的力学性能和耐久性能基本相同，但存在一定差异。本研究通过 XRD、SEM、MIP、X-CT 等微观表征技术来探明造成 SSUHPC 与 FRUHPC 材料性能差异的机理。

7.2.1 水泥砂浆

(1) 试验方法

待 SSUHPC 与 FRUHPC 养护结束后，取试件体积中心位置样品，剔除砂子与钢纤维后，研磨至通过 16 μm 筛，将过筛后的粉末置于真空干燥箱 60℃ 干燥3 d，取出进行 XRD 试验。采用德国 BRUKER AXS 公司生产的 D8 ADVANCEX 射线衍射线粉末衍射仪定性分析胶凝材料水化产物。采用切割机切取 SSUHPC 与 FRUHPC 试件中尺寸约为 0.5 cm^3 的样品，放入真空干燥箱中烘干 24 h，干燥箱温度设为 45℃，烘干后关闭干燥箱，冷却至室温，然后采用密封袋将测试样品封装，并立即进行 SEM 测试，测试使用的是日本电子株式会社(JOEL)生产的 JSM-7610F 超高分辨热场发射扫描电子显微镜。

(2) 结果与讨论

通过 X 射线衍射技术，对 SSUHPC 与 FRUHPC 中水泥砂浆的水化产物进行研究，测试结果如图 7-2 所示。首先，XRD 图谱中都存在 C_3S 以及 C-S-H 的特征衍射峰，这是因为两种混凝土材料都采用低水胶比，造成水泥颗粒水化不完全，水化与未水化颗粒并存的现象。其次，在 SSUHPC 中没有出现 AFt(钙矾石)

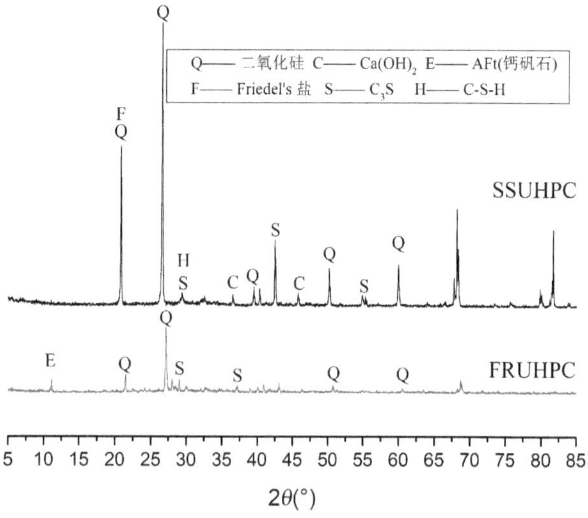

图 7-2　SSUHPC 和 FRUHPC 的 X 射线图谱

的特征峰，在 0.14 的水胶比条件下水泥水化产物能够生长的空间受限，在水分被未水化水泥尽可能争夺走时，AFt 无法获得充足的结晶水，因此无法正常生长和结晶；而 FRUHPC 试件中则出现了 AFt，进一步表明 FRUHPC 中水泥砂浆的孔结构相对比较疏松。最后，养护温度为 85℃时，$Ca(OH)_2$的数量达到较低水平；同时硅灰和粉煤灰的火山灰反应大量消耗 $Ca(OH)_2$；使用模拟海水海砂制备混凝土，模拟海水和海砂中的氯离子的存在促进了 $Ca(OH)_2$的溶解，同时溶解后进一步地扩散和结晶，推动水泥的水化向生成更为成熟的水化产物进行，促进了水泥水化，并产生 SSUHPC 典型的特征峰 Friedel's 盐。在 SSUHPC 配合比设计时对原材料体系的优化，使材料中的颗粒级配得到显著优化，优化的颗粒级配在水化过程中表现出的优势更加明显，既保证了原材料的紧密堆积又实现了水化产物的动态填充，进而使硬化后的微观结构得到显著改善和优化；粉煤灰、硅灰的二次水化反应在大量消耗 $Ca(OH)_2$的同时促进强度更高、密实度更高的 C-S-H 凝胶等水化产物的生成，同时由于 0.14 的超低水胶比，SSUHPC 中存在大量未水化颗粒，未水化颗粒与水化产物共同填充于水泥石的孔隙中，极大地优化了孔结构，从而使 SSUHPC 具有较好的致密性。

通过 SEM 技术研究高温热水养护后 SSUHPC 的微观形貌，如图 7-3 所示。使用模拟海水海砂制备的混凝土材料的结构非常致密，由于采用了极低的水胶比、胶凝材料的紧密堆积和较高的养护温度，混凝土的微观图像中看不到钙矾石；硅灰与 $Ca(OH)_2$发生火山灰反应以及胶凝体系中的二次水化反应，消耗了 $Ca(OH)_2$晶体，同时生成大量凝胶，改善了水泥石的微结构；高温压力养护后，水化产物 C-S-H 水化硅酸钙凝胶大量脱水，形成硬硅钙石结晶，使得混凝土具有较高的强度。如图 7-3(a)、图 7-3(b)所示，钢纤维与胶凝材料紧密地结合在一起，露出的钢纤维上分布着水化产物 C-S-H 凝胶。均匀分布的粉煤灰颗粒上分布着 C-S-H 凝胶体，这说明粉煤灰有二次水化的迹象，水化产物与粉煤灰结合得非常紧密，如图 7-3(c)、图 7-3(d)所示。

SSUHPC 与 FRUHPC 的微观形貌对比如图 7-4 所示。相比两种混凝土材料，使用模拟海水海砂制备的混凝土结构更加致密，水化产物丰富且均匀分布，粉煤灰的二次水化迹象明显，如图 7-4(a)所示；使用淡水、河砂制备的混凝土虽然也能看到粉煤灰的二次水化迹象，但是水化产物较少，微观结构中可以看到较多的孔隙，如图 7-4(b)所示，这对混凝土的力学性能以及耐久性造成负面影响。

与 SSUHPC 相比，FRUHPC 中砂浆部分略显劣势。

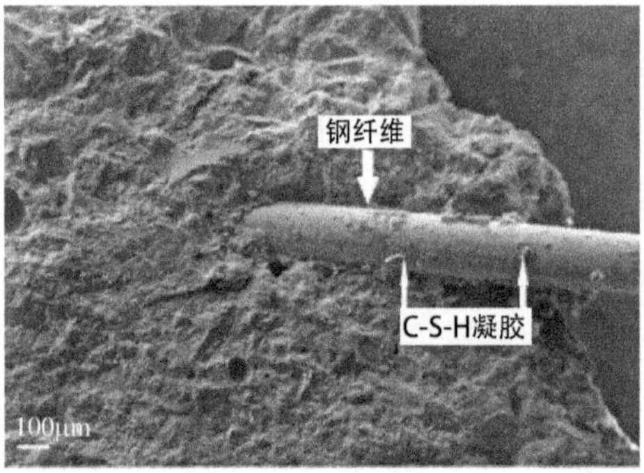

(a) 钢纤维与砂浆紧密结合

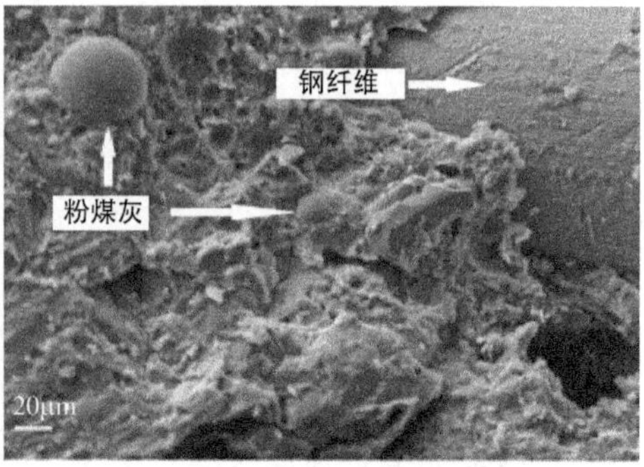

(b) 钢纤维与砂浆紧密结合

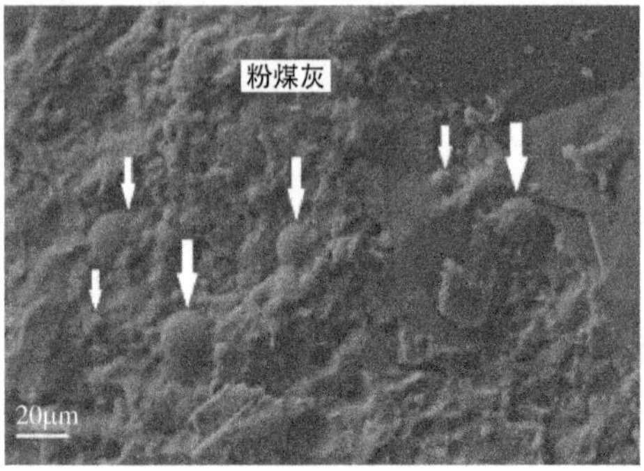

(c) 粉煤灰颗粒的均匀分布

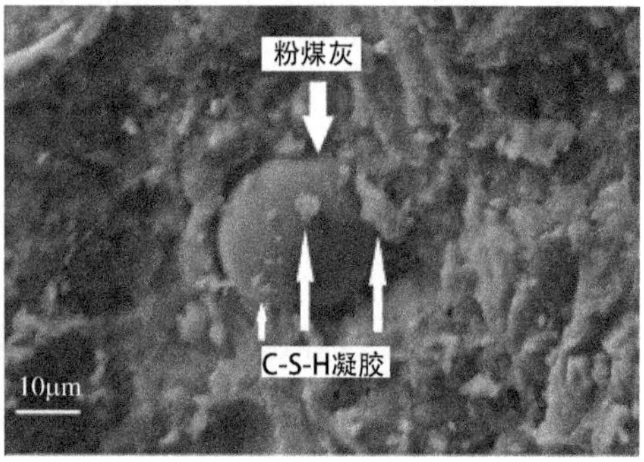

(d) 粉煤灰颗粒的再水化作用

图 7-3　SSUHPC 的 SEM 微观形貌

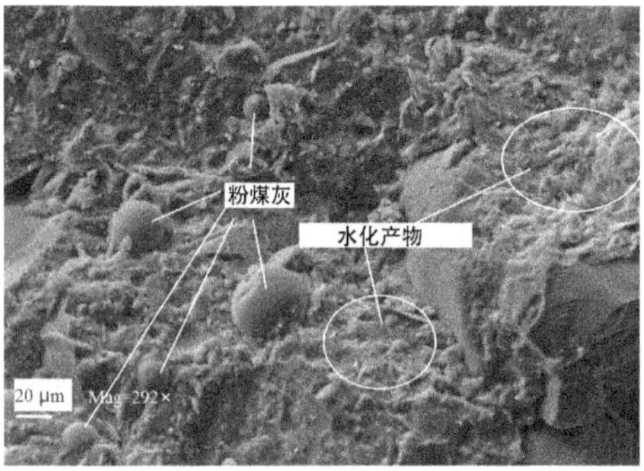

(a) SSUHPC

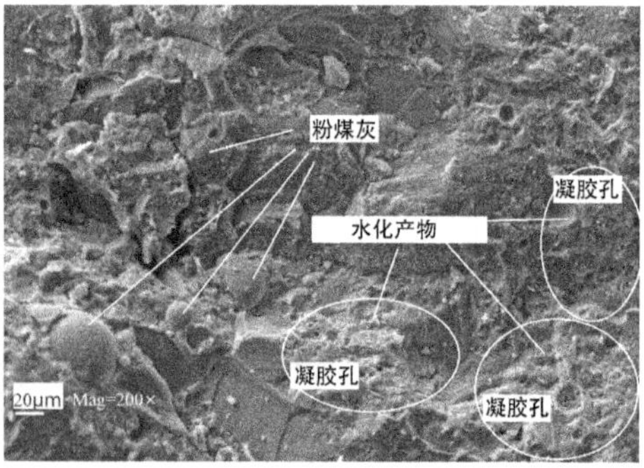

(b) FRUHPC

图 7-4　SEM 微观形貌对比

7.2.2 孔结构

(1) 试验方法

待 SSUHPC 与 FRUHPC 养护结束后，取试件体积中心位置样品，用乙醇浸泡脱水 24 h，然后在 60℃真空干燥箱内干燥 48 h，恢复室温后即用 AutoPore IV 9500 V1.09 全性能自动压汞仪进行压汞测试，记录孔隙率累积曲线和孔径分布微分曲线以及孔隙率。使用长江科学研究院的 Siemens Somatom Sensation 40 CT 机进行 X-CT 测试，对测试结果进行建模，分析 SSUHPC 与 FRUHPC 的孔结构特征。

(2) 结果与讨论

通过 MIP 技术研究 SSUHPC 与 FRUHPC 中水泥砂浆在 0～200 μm 范围内的孔结构特征，所得孔隙率与累积孔体积结果见表 7-2。UHPC 由于采用较低的水胶比，水泥浆体的孔隙率较低，为 6.973 6%；使用模拟海水海砂替代淡水、河砂后混凝土的孔隙率进一步降低，为 5.921 8%，累积孔体积降低了 15.2%。

表 7-2　SSUHPC 和 FRUHPC 的孔隙率与累计孔体积

	HAIS ZY(SSUHPC)	HES ZY(FRUHPC)
孔隙率/%	5.921 8	6.973 6
累积孔体积/(mL/g)	0.027 4	0.032 3

SSUHPC 与 FRUHPC 中水泥砂浆的孔径分布如图 7-5 所示，累积孔体积分布如图 7-6 所示。两种混凝土的孔径分布主要集中在小于 40 nm 的范围内：其中 FRUHPC 的孔径分布范围相对较大，在 1 nm～40 nm 区间，这里的孔主要为无害孔(＜20 nm)和少害孔(20 nm～50 nm)；SSUHPC 的孔径范围更窄，均小于 20 nm。较低的孔隙率和孔径分布，使 SSUHPC 与 FRUHPC 具备致密的孔结构特征，致密的孔结构是混凝土材料具备优异力学性能与耐久性能的重要因素。同时，在 0 μm～200 μm 范围内 SSUHPC 表现出比 FRUHPC 更加优异的孔结构特征。

通过建模得到 SSUHPC 与 FRUHPC 两种混凝土的孔结构模型，由于超高性能混凝土较低水胶比的设定，无论是使用淡水、河砂还是模拟海水海砂制备的混凝土结构中均存在大量的气孔，如图 7-7、图 7-8 所示。通过建模计算得到两

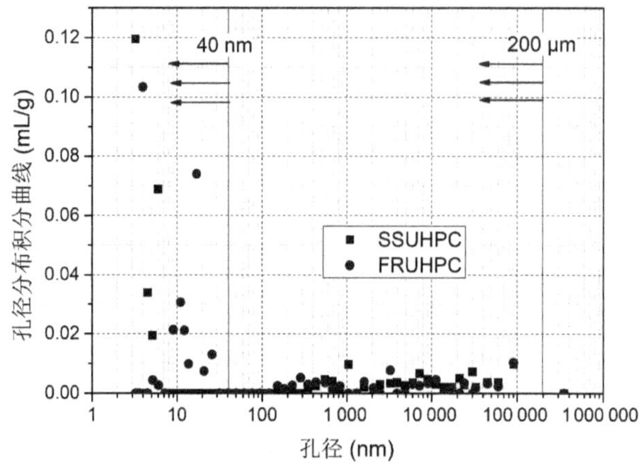

图 7-5　SSUHPC 和 FRUHPC 的孔径分布曲线

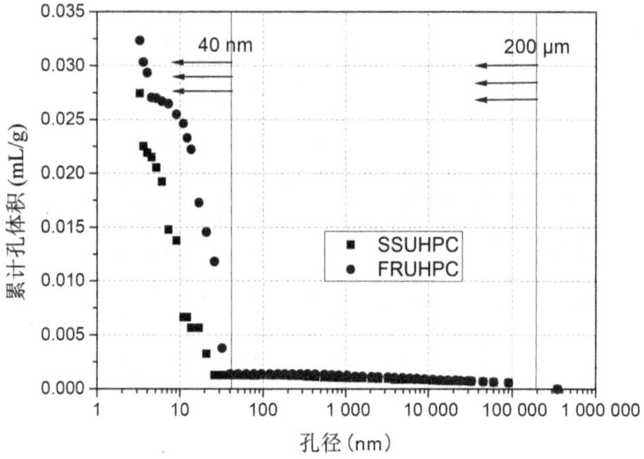

图 7-6　SSUHPC 和 FRUHPC 的累积孔体积分布曲线

种混凝土的孔隙率见表 7-3。比较 SSUHPC 与 FRUHPC 两种混凝土的孔结构模型可知，SSUHPC 中孔的数量大于 FRUHPC。从孔结构的分布特征来看：使用模拟海水海砂制备的 SSUHPC 中存在明显的分层，试件顶部区域气孔的尺寸大、数量多，如图 7-7(a)(Ⅱ)所示，试件底部气孔尺寸小、数量少，如图 7-7(a)(Ⅲ)所示，试件中间区域气泡相对均匀，如图 7-7(a)、图 7-7(b)所示；FRUHPC 中气孔整体分布均匀，并未出现 SSUHPC 结构中的分层现象，上端与底部区域无明显差别，如图 7-8(a)、图 7-8(b)所示。通过对孔结构模型进行孔特征分析计算得到的数据可知：SSUHPC 中共有 16 905 个孔，孔径分布在 200 μm～3 500 μm之间；FRUHPC 中共有 7 318 个孔，孔径分布在 200 μm～5 300 μm 之间；SSUHPC 孔隙率为 1.52%，超过 FRUHPC 孔隙率 0.60%的两倍。这些孔的产生主要是由气泡和未充分水化等原因造成的，影响着混凝土的结构强度。在孔径大于 200 μm 范围内 FRUHPC 表现出比 SSUHPC 更加优异的孔结构特征。

表 7-3　建模计算两种混凝土孔隙率

	HAIS ZY(SSUHPC)	HES ZY(FRUHPC)
孔隙率/%	1.52	0.60

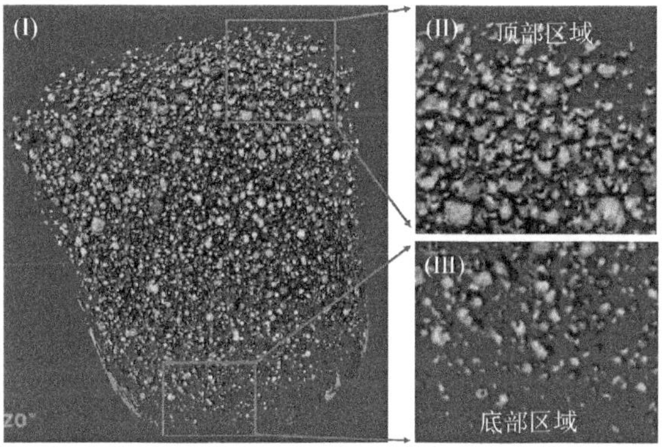

(a) SSUHPC 孔结构特征分析

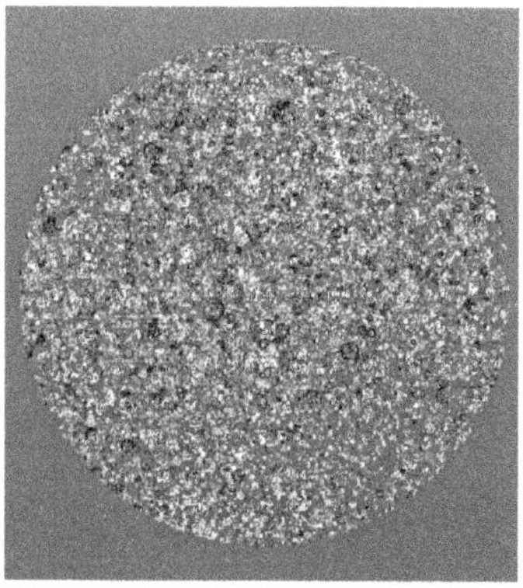

(b) SSUHPC 孔结构俯视图

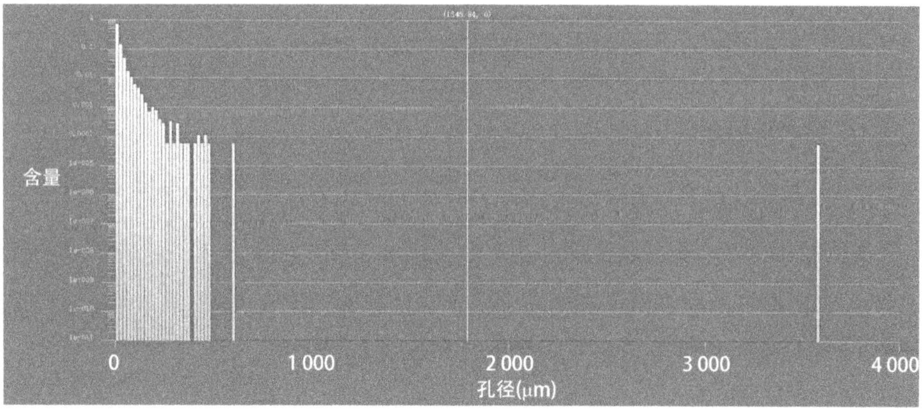

(c) SSUHPC 孔径分布

图 7-7　SSUHPC 孔结构

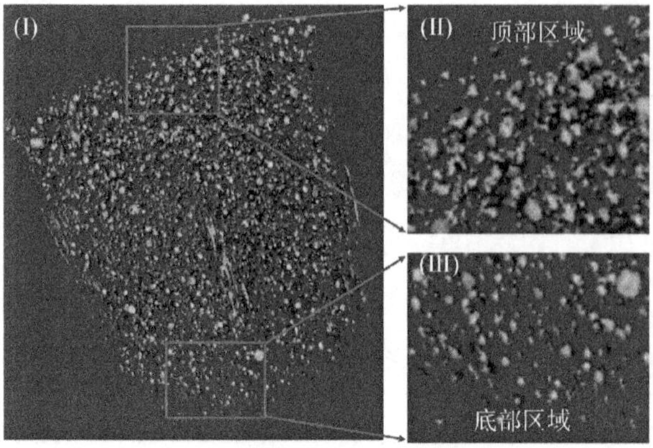

(a) FRUHPC 孔结构特征分析

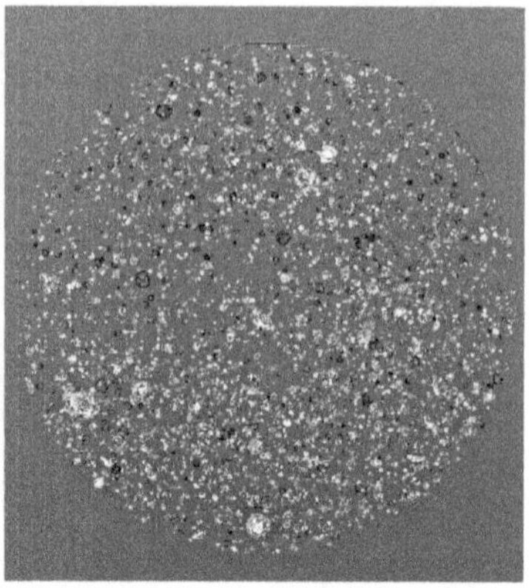

(b) FRUHPC 孔结构俯视图

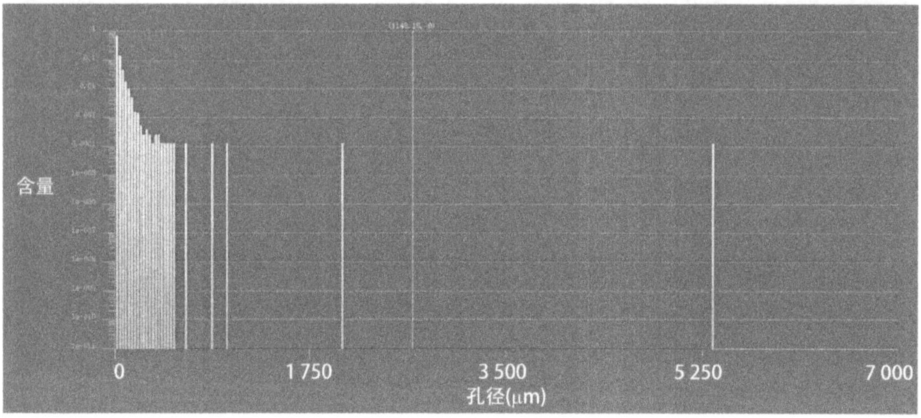

(c) FRUHPC 孔径分布

图 7-8　FRUHPC 试件孔结构

7.2.3　纤维结构

(1) 试验方法

使用长江科学研究院的 Siemens Somatom Sensation 40 CT 机进行 X-CT 测试，通过 X-CT 技术获得两种混凝土的连续切片数据，再通过 Avizo 软件建模得到 SSUHPC 与 FRUHPC 的纤维结构模型。

(2) 结果与讨论

两组混凝土中钢纤维分布均匀致密，试件中钢纤维分布具有各向异性，底部纤维分布以水平分散为主，如图 7-9、图 7-10 所示。从纤维的分布特征来看：使用模拟海水海砂制备的 SSUHPC 中存在沉淀现象，试件顶部区域纤维较为稀疏，试件底部纤维结构致密，如图 7-9(a)，图 7-9(b)所示；FRUHPC 中纤维整体分布均匀，并未出现 SSUHPC 结构中较为明显的沉淀现象，如图 7-10(a)，图 7-10(b)所示。钢纤维在 FRUHPC 中的分布比在 SSUHPC 中更加均匀。纤维在混凝土内部分布上的差异，也是影响混凝土力学性能的重要因素。

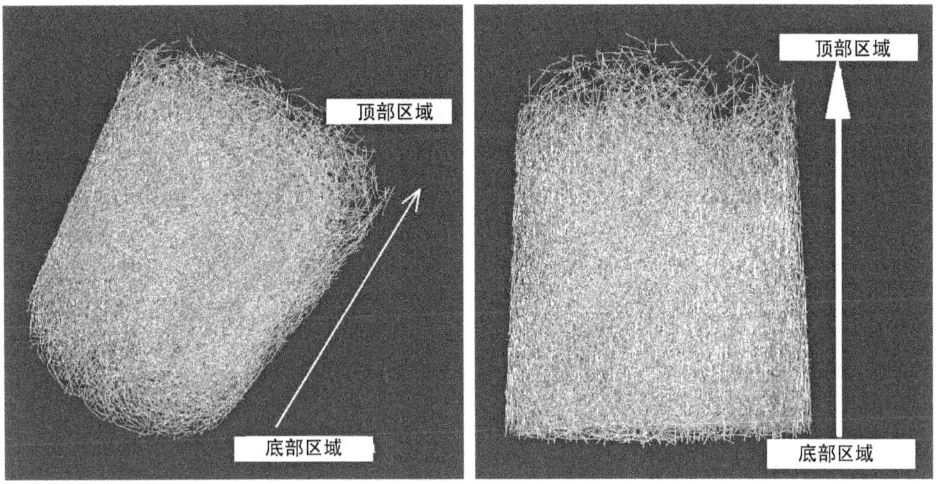

(a) SSUHPC 纤维结构特征分析　　(b) SSUHPC 纤维结构特征分析

图 7-9　SSUHPC 纤维结构

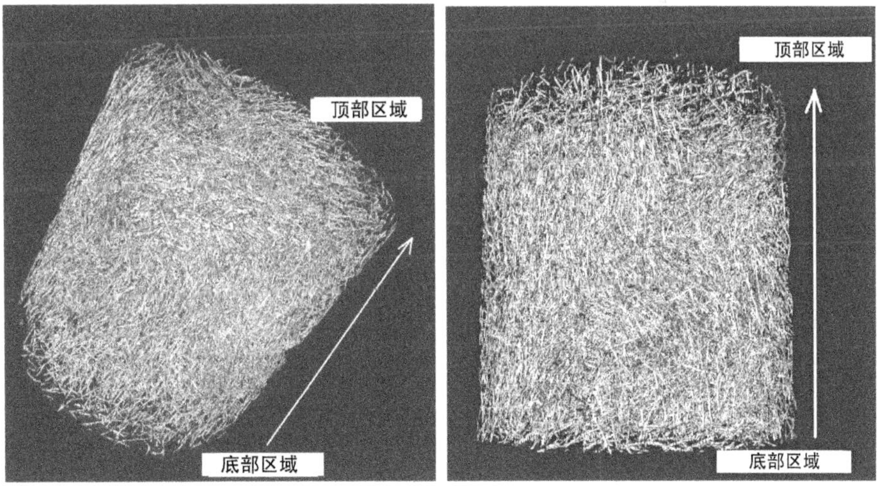

(a) FRUHPC 纤维结构特征分析　　(b) FRUHPC 纤维结构特征分析

图 7-10　FRUHPC 纤维结构

7.2.4 性能差异机理

本节将超高性能混凝土按照组成部分分成水泥砂浆、孔以及钢纤维三部分。砂浆的水化程度、孔结构的特征以及钢纤维的分散情况是影响混凝土材料力学性能与耐久性的重要因素。致密的钢纤维结构、水化成熟结构致密的水泥砂浆以及良好的孔结构是保证超高性能混凝土优异力学性能与耐久性的重要原因。在 SSUHPC 中，均匀分布的钢纤维形成一个完整的金属骨架，支撑起混凝土材料，如图 7-11(b)；大量的气孔虽然会对混凝土的性能产生负面影响，但节省了水泥砂浆，如图 7-11(a)；模拟海水和海砂的使用使水泥的水化更加充分和成熟，得到的水泥砂浆结构致密，强度高，如图 7-11(d)。三部分结构紧密结合[见图 7-11(e)]，使得使用模拟海水海砂制备的混凝土具备优异的力学性能与耐久性能。

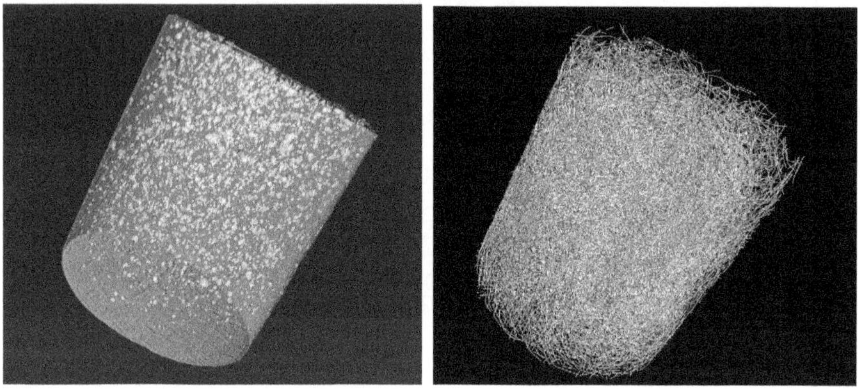

(a) 孔结构　　(b) 纤维分布

(c) 气孔与钢纤维结合　　(d) 水泥砂浆部分微观形貌

(e) SSUHPC 重构模型

(f) SSUHPC 实物图

图 7-11　SSUHPC 材料内部结构特征

与 FRUHPC 相比，SSUHPC 中的砂浆具有更高的水化程度，水化成熟、结构致密的砂浆使混凝土材料具备更高的耐侵蚀性能，如图 7-12 所示。孔与钢纤维的不均匀分布，使 SSUHPC 在抗压强度和抗疲劳性能上劣于淡水河砂制备的超高性能混凝土。首先，本文验证了使用海水海砂可以制备出具有超高力学性能与耐久性的超高性能混凝土。其在力学性能上略差于淡水河砂制备的超高性能混凝土，但是具备更加优异的耐久性能。针对出现的问题，后续可以通过改善孔结构以及纤维分布等方式，进一步提高 SSUHPC 的综合性能。

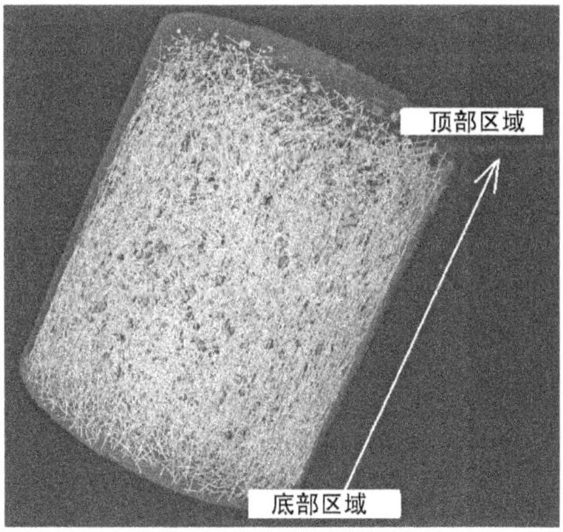

(a) SSUHPC

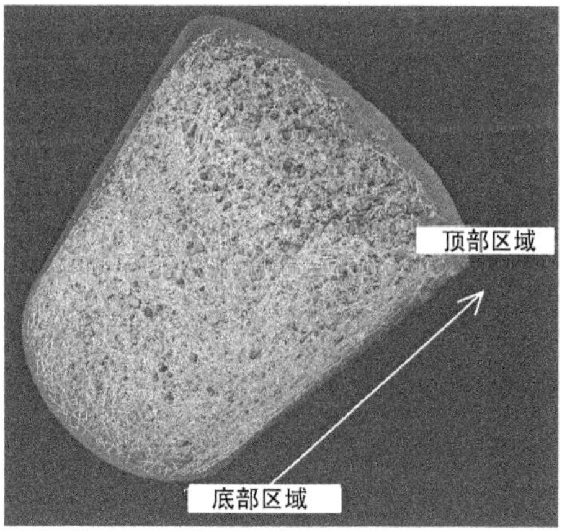

(b) SSUHPC

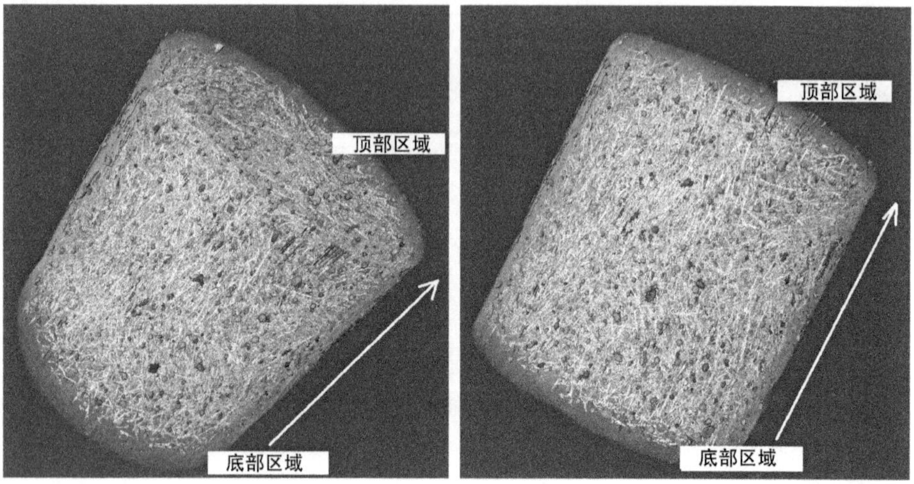

(c) FRUHPC　　(d) FRUHPC

图 7-12　海水、海水和淡水河砂制备 UHPC 的差异

7.3　结论

SSUHPC 表现出优异的耐久性能，包括抗碳化、抗盐冻、抗氯盐侵蚀和抗硫酸盐侵蚀，SSUHPC 的这些性能都优于 FRUHPC。与 FRUHPC 相比，SSUHPC 具有更高的水化程度和更好的凝胶孔隙特性，这些特征提高了砂浆的耐久性能。与其他海水海砂混凝土相比，SSUHPC 具有显著的优势。

FRUHPC 的抗压强度为 173.3 MPa。用海水和海砂制备的 SSUHPC 的抗压强度为 162.1 MPa，是 FRUHPC 的 93.5%。维氏硬度结果表明，SSUHPC 的硬度略高于 FRUHPC。与其他海水海砂混凝土相比，SSUHPC 具有较高的力学性能。虽然用海水和海砂制备的超高性能混凝土表现出优异的力学性能，但与相同配合比的淡水河砂制备混凝土对比，由于 SSUHPC 的孔隙结构和纤维结构的缺点，其宏观力学性能低于 FRUHPC。

按照对混凝土整体性能的影响因素划分，超高性能混凝土中的主要组成部分可分为硬化后的水泥砂浆、孔以及钢纤维三部分，即超高性能混凝土是一种由“水泥砂浆＋钢纤维＋孔”组成的超高性能混凝土材料。水泥砂浆的水化程度、孔结构的孔隙率与孔径分布以及钢纤维的分散情况是造成超高混凝土材料性能差异的主要原因。

SSUHPC 中的水泥砂浆比 FRUHPC 中水泥砂浆的水化程度更成熟、孔结构(孔径小于 200 μm 部分)更致密,因而硬化后 SSUHPC 中的水泥砂浆部分具有更高的强度。比较 SSUHPC 与 FRUHPC 两种混凝土的孔结构(孔径大于 200 μm 部分)可知,SSUHPC 试件上端孔的体积大、数量多,底部孔体积小、数量少;FRUHPC 中孔的分布比较均匀,上端与底部区域无明显差别。SSUHPC 孔隙率为 1.52%,超过 FRUHPC 孔隙率 0.60%的两倍。SSUHPC 的孔结构(孔径大于 200 μm 部分)与 FRUHPC 相比劣势明显。SSUHPC 与 FRUHPC 中钢纤维分布均匀致密,试件中钢纤维分布具有各向异性,底部钢纤维分布以水平分散为主。从钢纤维结构的分布特征来看:使用模拟海水海砂制备的 SSUHPC 中存在沉淀现象,混凝土顶部区域钢纤维结构较为稀疏,混凝土底部钢纤维结构致密;使用淡水、河砂制备的 FRUHPC 中钢纤维整体分布均匀,并未出现 SSUHPC 结构中较为明显的沉淀现象;SSUHPC 中钢纤维结构与 FRUHPC 相比存在一定的不足。

第 8 章 X-CT 技术在海水海砂超高性能混凝土研究中的应用

X 射线计算机断层成像(X-ray Computed Tomography)简称 X-CT,是以 X 射线为能量源,通过计算机重构获取物体内部结构图像的一种无损检测技术。第一台基于现代断层成像原理的可供临床应用的 CT 机于 1971 年 9 月建成,是重要的医疗诊断设备[232]。近年来,X-CT 逐渐被应用到建筑材料领域的研究中,如水泥的水化、孔结构的表征、砂浆界面过渡区、纤维在混凝土中的几何分布、硫酸盐侵蚀、钢筋锈蚀、碳化、冻融损伤和裂缝等。

通过 X-CT 技术建立三维模型并进行研究是一种无损高效的测试手段,但是在三维模型建立的过程中部分参数是由研究人员依据经验设定的,这就降低了三维模型的真实度。本研究基于 X-CT 技术建立海水海砂超高性能混凝土三维模型,分析了建模过程中参数的设定对模型真实性的影响。

8.1 X-CT 测试原理与 SSUHPC 原始数据的获取

典型的 X-CT 系统主要由四部分构成: X 射线源、机械扫描系统数据采集系统和数据处理系统。将被检测物体置于 X 射线源与平板探测器之间,具有一定能量的 X 射线束穿过被检测物体后会发生衰减,由探测器测量穿过被检测物体的 X 射线强度[233],如图 8-1 所示,通过被检测物体的旋转可以获得不同位置的 X 射线强度值。根据 Beer-Lambert 理论,入射与出射 X 射线强度的关系可表示为[232]:

$$I = I_0 \mu \Delta x \tag{8-1}$$

其中，I_0 是入射 X 射线强度；I 为出射 X 射线强度；Δx 为样品厚度；μ 为样品对 X 射线的线衰减系数[232]。

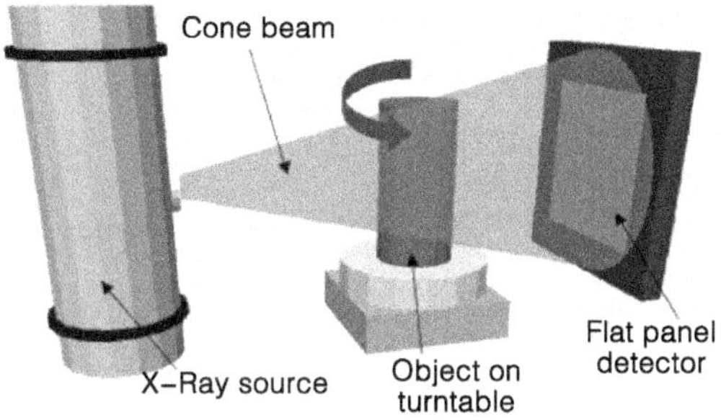

图 8-1 X-CT 扫描示意图[233]

实际上，μ 是一个随着 X 射线能量 E 和所选材料而改变的物理量。如果材料的等效原子序数用 Z 表示，其密度用 ρ 表示，则线衰减系数 μ 可写为 $\mu(E, Z, \rho)$。在实际应用中，式 8-1 可改写为：

$$\mu \Delta x = (\mu/\rho) \cdot (\rho \Delta x) \tag{8-2}$$

定义 $\mu m = \mu/\rho$ 为质量衰减系数[232]。

对于非均匀的物体(物体各处衰减系数不等)，X 射线穿透物体时总的衰减系数可将物体分割成小单元计算，如图 8-2 所示。当单元尺寸足够小时，每个单元可以看作是均一的物体。当一个单元出射 X 射线时，式 8-1 可以利用级联的形式重复应用，数学上，它可表示如下[232]：

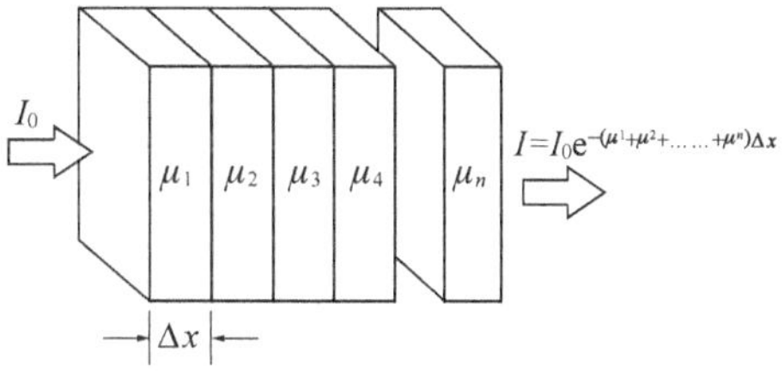

图 8-2 非均匀物体的 X 射线衰减[232]

$$I = I_0 e^{-\mu_1 \Delta x} e^{-\mu_2 \Delta x} e^{-\mu_3 \Delta x} \cdots e^{-\mu_n \Delta x} = I_0 e \sum_{n=1}^{N} - \mu_n \Delta x \tag{8-3}$$

式中，N 为级联的单元数。

对式 8-3 做标准化处理后可写成：

$$I/I_0 = I_0 e^{-\mu_1 \Delta x} e^{-\mu_2 \Delta x} e^{-\mu_3 \Delta x} \cdots e^{-\mu_n \Delta x} = e \sum_{n=1}^{N} - \mu_n \Delta x \tag{8-4}$$

取对数后得到：

$$P=-\ln(I/I_0)=\sum_{n=1}^{N}\mu_n\Delta x \tag{8-5}$$

在单元尺寸无限缩小时，式 8-5 可写成积分形式：

$$P=-\ln(I/I_0)=\sum_{n=1}^{N}\mu_n\Delta x=\int_L\mu_n\mathrm{d}x \tag{8-6}$$

式中，L 为沿着 x 轴方向的直线。一般的表达式中 I 和 μn 都是位置坐标 (y, z) 的函数，对于特定的断层，二维的位置坐标 (y, z) 变成了一维坐标 (y)；如果射线方向的坐标仍用 x 表示，μn 应写成 $\mu(x, y)$，式 8-6 可以写成：

$$P=p(y)=\sum_{n=1}^{N}\mu(x, y)\cdot\Delta x \tag{8-7}$$

由上面的公式可以看出，横断面足够小的单能 X 射线的入射能量 I_0 与沿着 x 轴方向衰减后的出射 X 射线强度 I 比值的负对数有着级联的线性关系。由于 I_0 与 I 都是实际测得的物理量，P 值就很容易计算得到，它被称为 X 射线穿透物体后的投影[232]。在测量单元缩小后，P 在数值上等于 X 射线路径上线衰减系数的线积分。接下来的任务就是通过实际测量的投影数据，得到不重叠的断层投影图像，也就是物体某个断面上对于特定能量 X 射线的线衰减系数的分布 $\mu(x, y)$，即通常说的 CT 图像[232]。

按照第 2 章叙述的来准备原材料，将水泥、硅灰、粉煤灰、钢纤维混配并用搅拌机搅拌均匀，加入海砂继续搅拌均匀，再加入模拟海水和减水剂，机械搅拌8 min～10 min直至搅拌均匀，得到混凝土浆体，装模震动后养护。试件尺寸为直径 100 mm，高100 mm的圆柱体，养护方式为热水养护，具体为试块成型 24 h 后拆模移至温度 85℃恒温水浴箱内养护 48 h。养护结束后得到的试件即为海水海砂超高性能混凝土(Seawater Seasand Ultra High Performance Concrete—SSUHPC)。

在养护到期后将试块表面擦拭干净进行 X-CT 测试。采用 X-CT 测试对样品没有特殊要求，样品形状为直径 100 mm，高 100 mm 的圆柱体。使用长江科学研究院的 Siemens Somatom Sensation 40 CT 机进行 X-CT 测试，如图 8-3(a)所示。每组试块测试结果为 255 张连续切片，同时设备可以输出试块的孔结构、纤维分布、三维模型，后文将对这些数据进行对比分析，如图 8-3(b)所示。X-CT测试结果的处理通过 Avizo 软件完成。

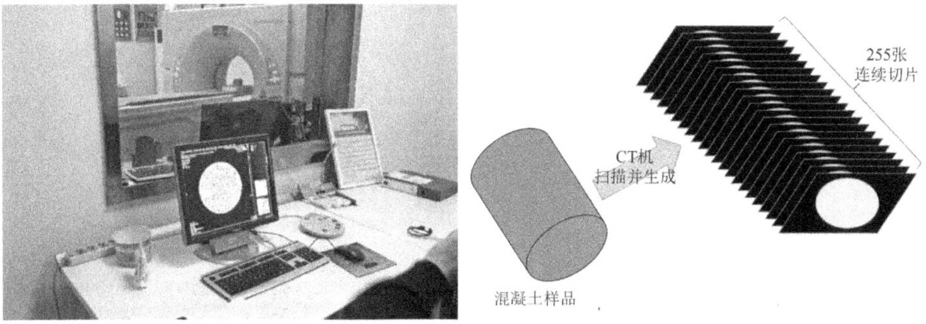

(a) X-CT 测试现场　　　(b) X-CT 测试示意图

图 8-3　X-CT 测试

图 8-4 展示的是 SSUHPC 试件上端、中间段以及底部区域 CT 切片。图中可以观察到：受制备时震动的影响，试件中的孔主要集中在中间以及上部，越靠混凝土试件的上端，孔的直径越大；试件中纤维分布均匀，试件的中间段纤维分布具有各向异性，底部纤维分布以水平分散为主，这是由于金属纤维较重，受成型时震动和重力影响引起其一定程度的沉淀。虽然通过切片数据可以一定程度上对试件中的孔结构以及纤维分布做出分析，但是无法完整地得到最直观的视觉效果以及定性、定量的分析结果。

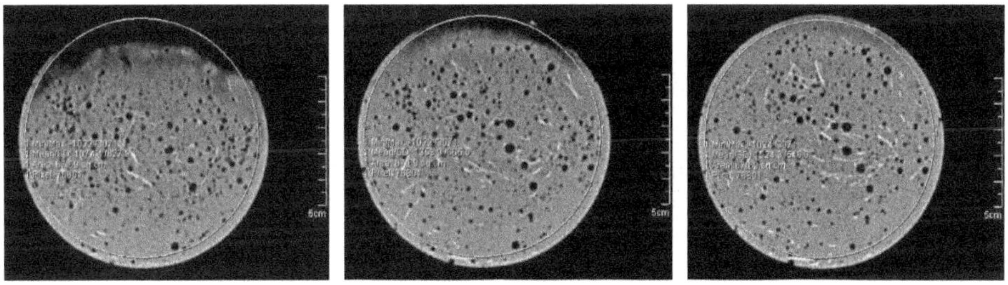

(a) SSUHPC 试件上端

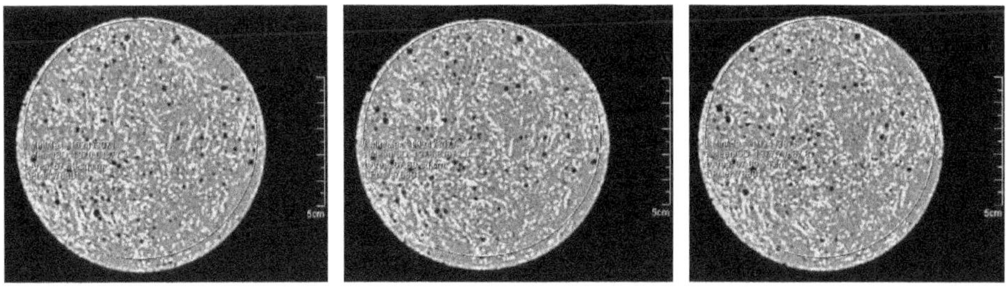

(b) SSUHPC 试件中间段

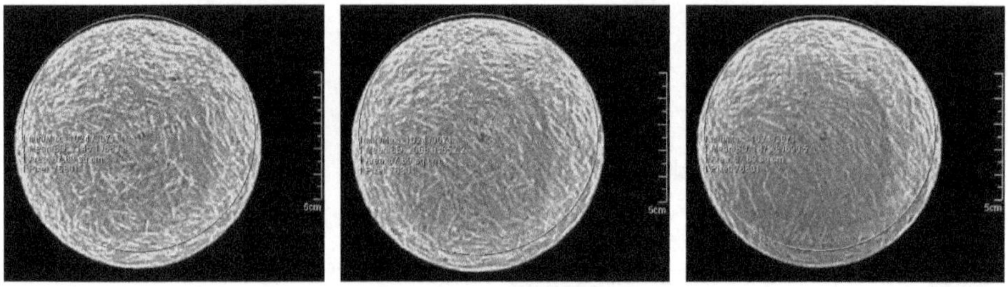

(c) SSUHPC 试件底部

图 8-4　X-CT 切片部分展示

8.2　X-CT 切片数据的导入与预处理

本研究使用 Avizo 软件对 X-CT 数据进行分析处理。Avizo 软件是一款先进的三维可视化及分析应用软件，可用来探索从断层扫描、显微镜、核磁共振以及更多表征技术获得的科学数据。

双击 Avizo 图标打开软件，如图 8-5(a)所示。点击 OPEN DATA 图标，在存放 X-CT 数据的文件夹选择所有数据并点击打开，如图 8-5(b)、图 8-5(c)所示。

(a) Avizo 软件开机界面图标

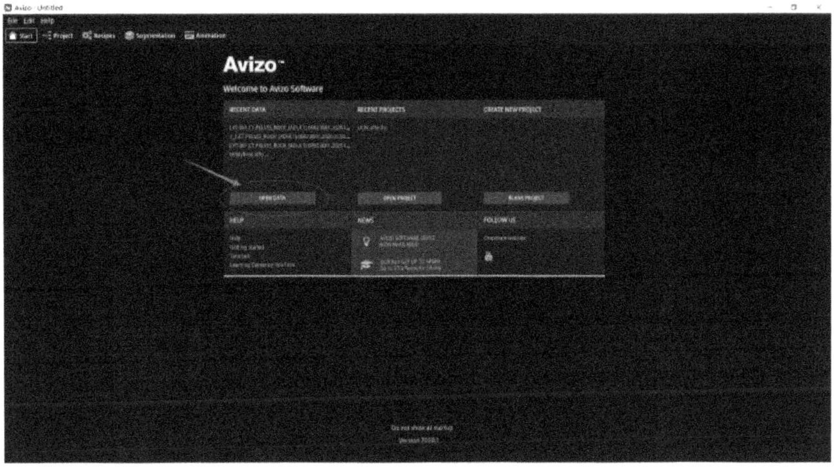

(b) 初始界面

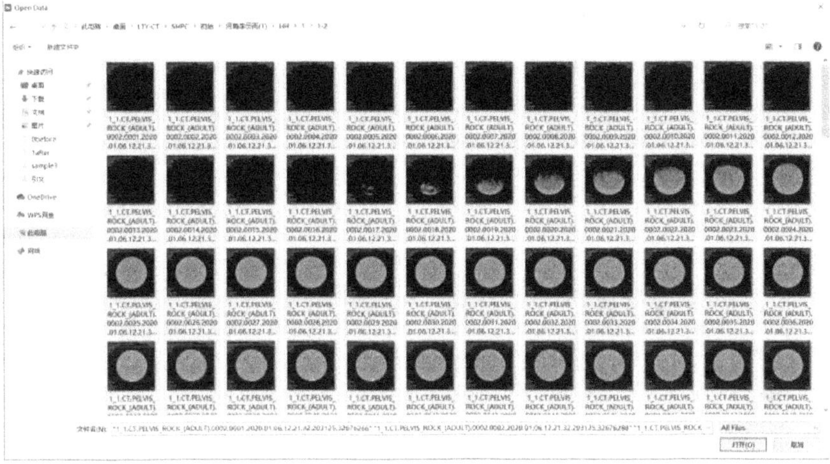

(c) 选择数据界面

图 8-5　软件操作流程

导入切片时，软件会根据导入数据的特征弹出名为 Image Read Parameters 的选项框，如图 8-6(a)。在选项框里面 Channel Conversions 选项中一般选择 channel 1，如果有多种选项推荐选择 maximum，谨慎选用 color field，如图 8-6(b)所示。修改 Object name 为 SSUHPC.JPEG；在设备条件允许前提下，测试层间距一般取小于需要观测物质的尺寸，不是层间距越小越好，太小的层间距会增大数据量、增加处理分析的难度，根据 X-CT 测试的精度，选择 Original coordinate units 中的单位，本节选择为 micrometer (μm)，如图 8-6(d)所示；最后重新输入 Voxel size 的 X、Y、Z 值，最后在软件中生成名为 SSUHPC.JPEG * 的格式为.am 文件。

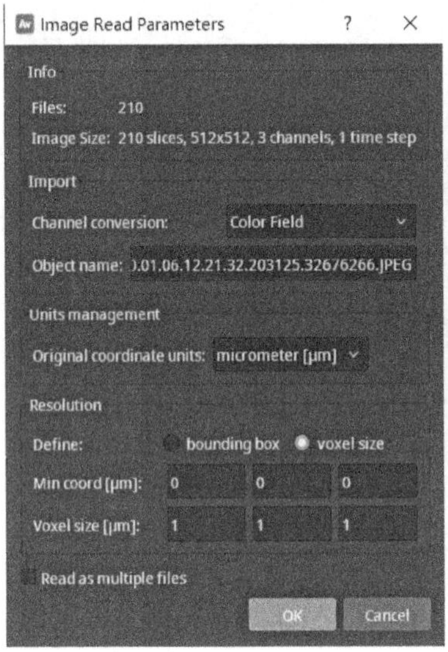

(a) Image Read Parameters 选项框

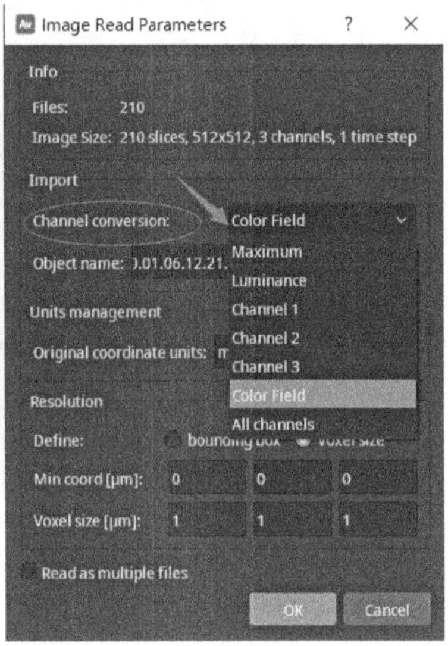

(b) Channel Conversions

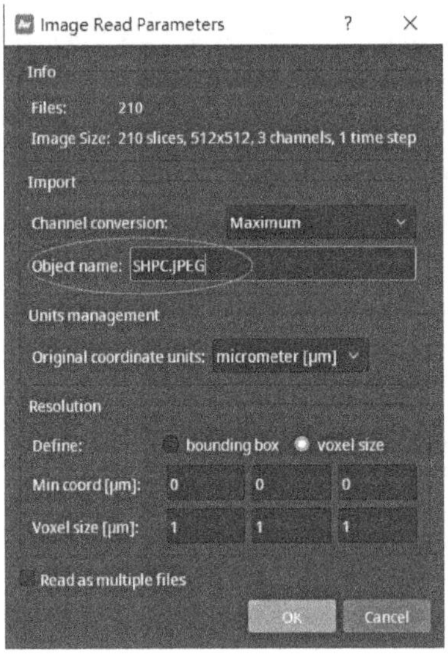

(c) Object name

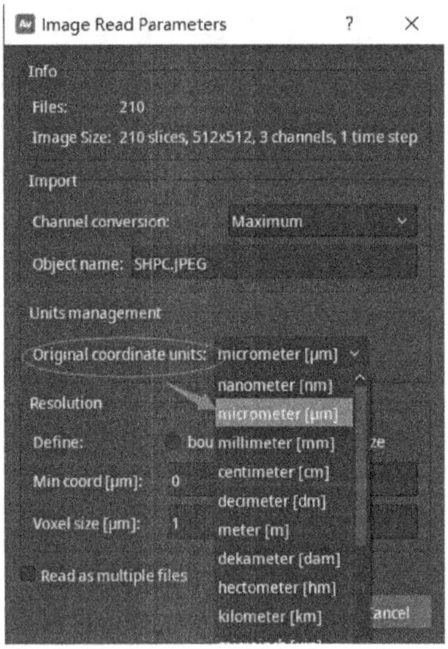

(d) Original coordinate units

图 8-6 Image Read Parameters 中参数设定

输入 Voxel size 的 X、Y、Z 值直接影响在软件中重构出模型的真实尺寸，间接对后续的各项分析处理造成影响。具体操作如下：

① 按默认值打开，记录 X、Y、Z 的默认值 X_0、Y_0、Z_0，在软件中用尺子测量样品长宽高 X_2、Y_2、Z_2；

② 真实环境中样品尺寸真实值为 X_1、Y_1、Z_1；

③ X、Y、Z 的输入值 $X_3 = X_0 * X_1/X_2$，$Y_3 = Y_0 * Y_1/Y_2$，$Z_3 = Z_0 * Z_1/Z_2$；

④ 通过不断调整 Voxel size 的设定值，最终输入 X_3(297)、Y_3(297)、Z_3(675)的值，此时软件中模型的尺寸与真实值相同。

⑤ 对软件中的 SSUHPC.JPEG＊.am 文件添加两个 Ortho slice 指令，一个 Ortho slice 指令设置 Orentation 为 xy 方向，另一个 Ortho slice 指令设置 Orentation 为 yz 方向，如图 8-7(a)、图 8-7(b)所示。在视图区域可以看到两个方向的切片交叉在一起，其中 xy 方向的切片上标有进行 X-CT 测试时的标尺。通过使用 Measure 指令测量并核对软件中模型的尺寸是否与真实值一致，如图 8-7(c)所示。

由于 X-CT 数据处理的工作量较大，耗时较长，需要对分析数据及时保存。对 X-CT 切片进行到当前的操作后，软件中默认数据为一个 project，点击 Save project 保存时 Save project policy 选择：minimize project computation(all the data of the project are saved to disk—no computation will be done at project loading)。同时 Save as type 选项选择 Avizo Project and data files(pack and go)(＊.hx)，此时可以保存所有的数据处理过程。

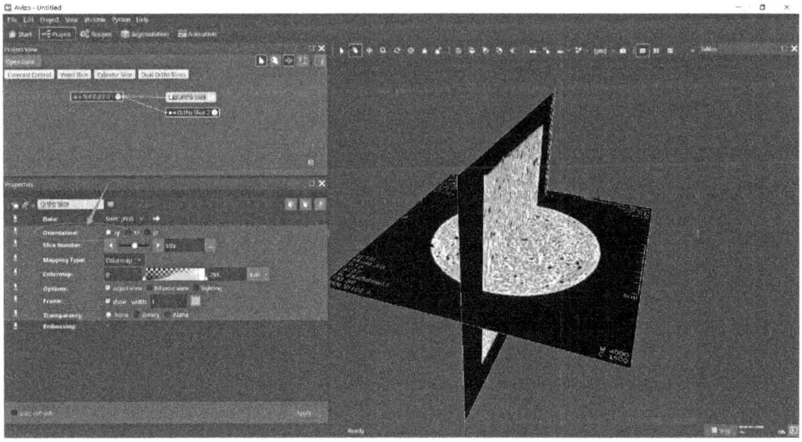

(a) 添加 xy 轴方向切片

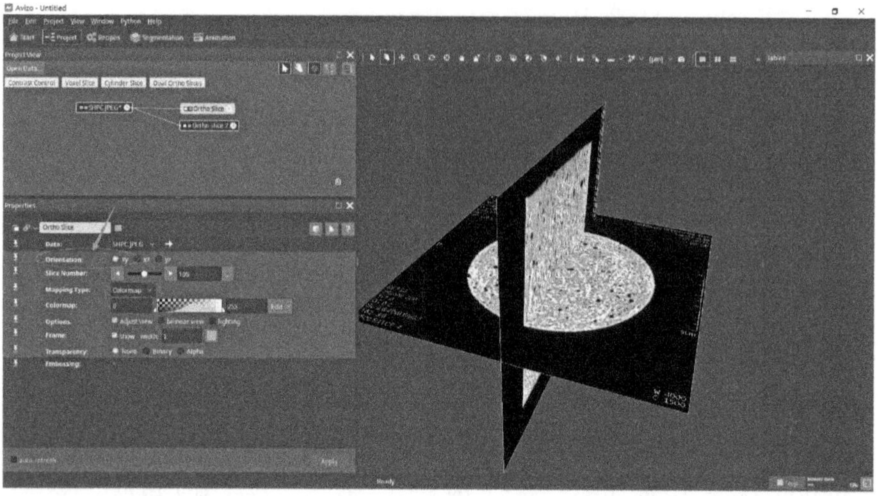

(b) 添加 yz 轴方向切片

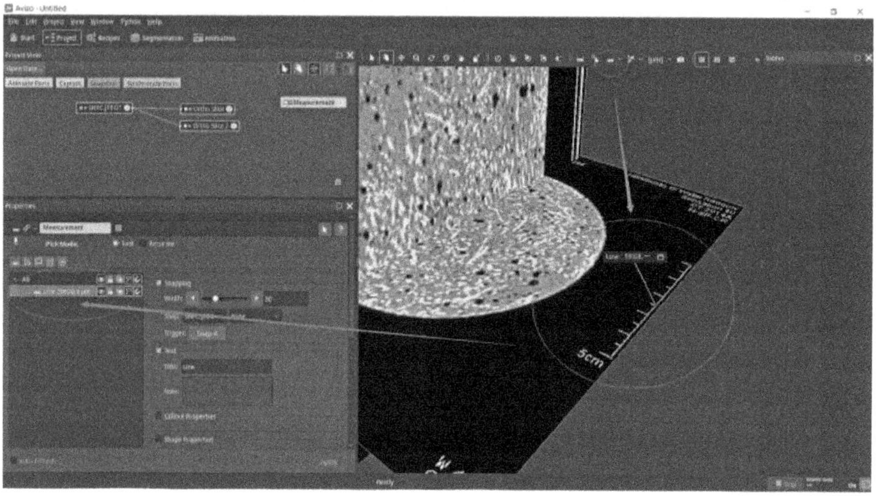

(c) 校核模型尺寸

图 8-7 Image Read Parameters 中参数设定

8.3 SSUHPC 三维模型的建立

8.3.1 三维模型的建立

对软件中的 SSUHPC.JPEG ＊.am 文件添加指令 Volume Rendering 建立

三维模型，此时可以看到 X-CT 切片中的其他信息被软件默认为图形也建立出三维模型，如图 8-8(a)所示。通过对 SSUHPC.JPEG＊.am 文件添加指令 Volume Edit，给模型添加一个圆柱形网格，点击 Cut 选项中的 Outside 将杂质去除，最后点击 Apply 就生成 SSUHPC 的三维模型，如图 8-8(b)、图 8-8(c)所示。此时得到名为 SSUHPC.modif＊的文件。为了得到符合科研论文要求的图片，在软件中点击 Snapshot，并在弹出的参数框内重命名需要导出图像的名称、格式，最后点击 OK 即可得到任意角度的 SSUHPC 三维模型，如图 8-8(d)所示。

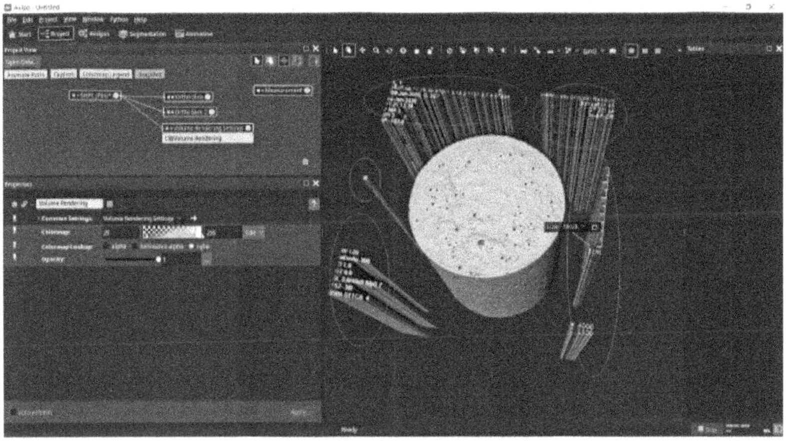

(a) 建立混凝土三维模型

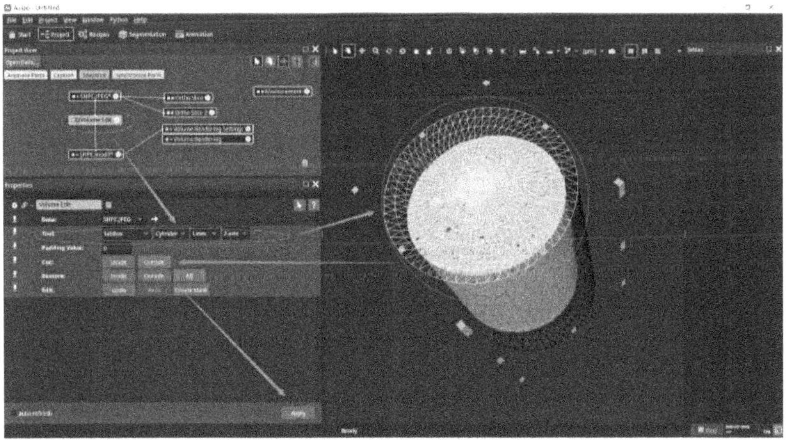

(b) 选中保留部分去除杂质

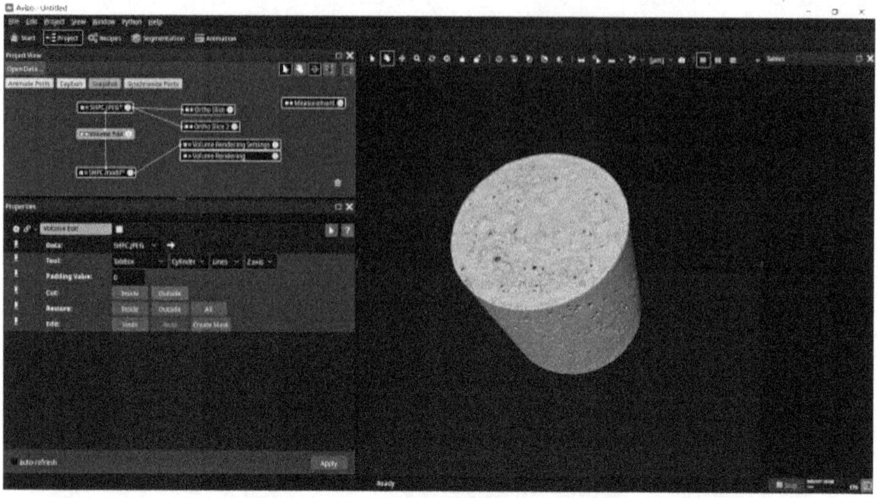

(c) 获得三维模型

(d) 导出图片数据

图 8-8　三维模型的建立与杂质的去除

还可以通过在软件中添加 Isosurface 指令并连接到 SSUHPC.JPEG＊.am 文件,通过调整 Isosurface 模块中的参数 threshold 得到合适的视图,得到混凝土样品的三维模型,如图 8-9 所示。再通过对 SSUHPC.JPEG＊.am 文件添加指令 Volume Edit,给模型添加一个圆柱形网格,点击 Cut 选项中的 Outside 将杂质去除,最后点击 Apply 就生成 SSUHPC 的三维模型。二维切片导入后进行可视化与探索,其实就是基于灰度值进行渲染。

模型建立后进行数据分割,分割处理后可以单独得到孔结构、纤维等的模

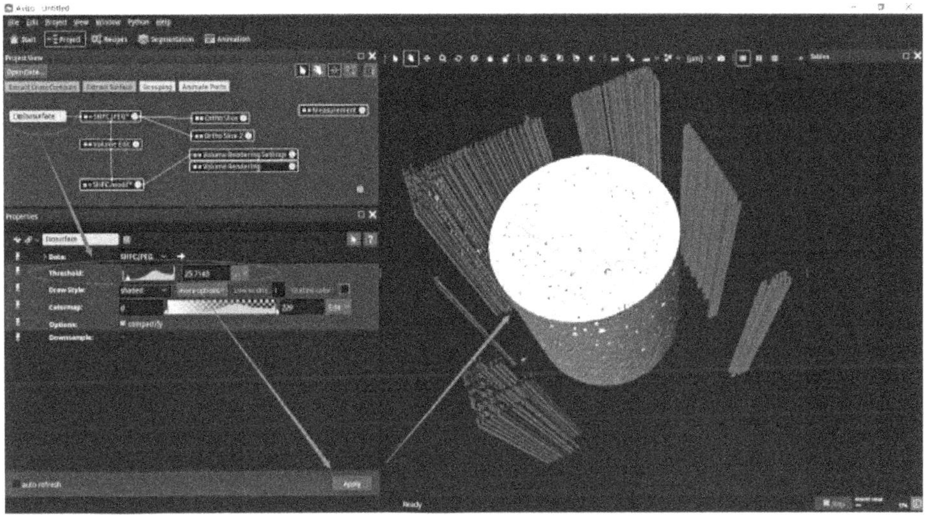

图 8-9　通过 Isosurface 建立三维模型的建立与杂质的去除

型，如图 8-10 所示。数据分割是图像处理的难点，分割是基于阈值进行的，通常会依据研究人员的经验来确定这些临界点。通过数据分割处理，我们可以对 SSUHPC 试件的孔结构、纤维等进行定性、定量分析。

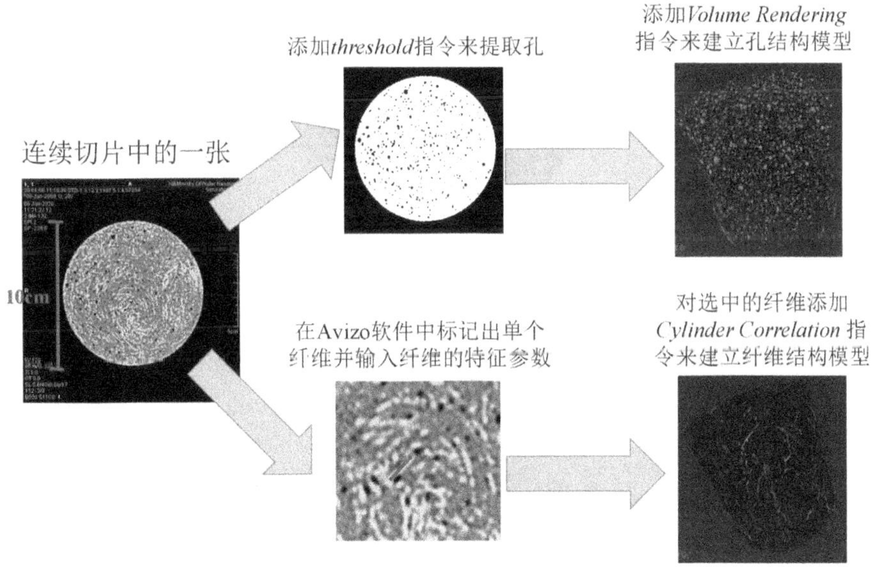

图 8-10　X-CT 切片重构建模示意图

8.3.2 SSUHPC的建模效果分析

图 8-11(a)、图 8-11(b)、图 8-11(c)、图 8-11(d)分别展示的是 SSUHPC 试件的真实形貌、X-CT 设备自动生成的三维模型、通过 Isosurface 指令建立的三维模型以及通过 Volume Rendering 指令建立的三维模型。比较 4 组图像可以发现,X-CT 设备以及 Avizo 软件都较为真实的还原的 SSUHPC 的形貌与物理特征。X-CT 设备自动生成的三维模型与试件真实形貌保持一致,通过图 8-11(a)与图 8-11(c)中圈定的区域进行核对,但是 X-CT 设备自动生成的三维模型只能对外观进行定性的观看,无法进行更深一步的研究。通过 Avizo 软件

(a) SSUHPC 真实形貌

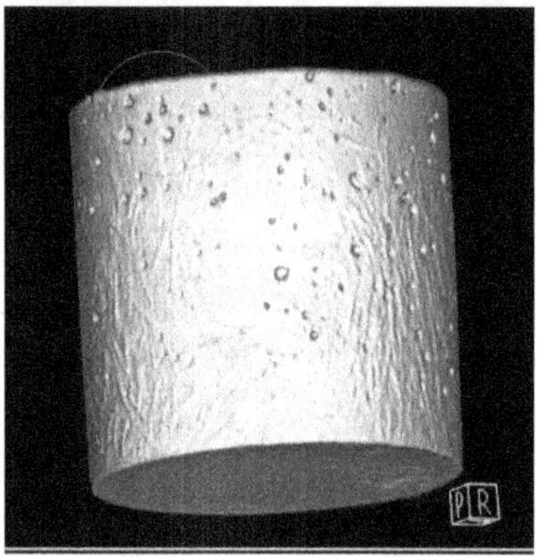

(b) X-CT 设备自动生成三维模型

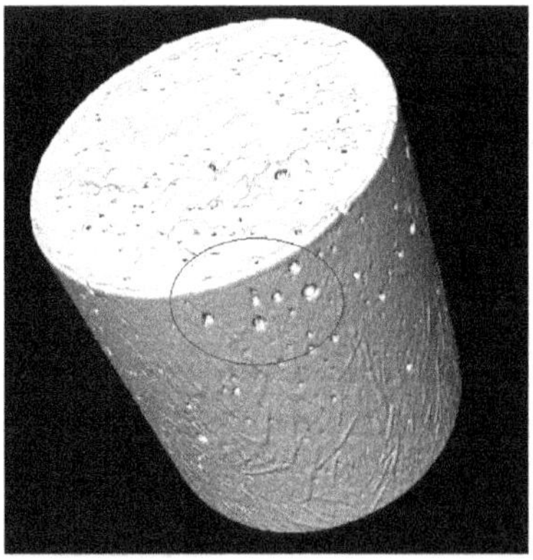

(c) Isosurface 指令建立的三维模型

(d) Volume Rendering 指令建立的三维模型

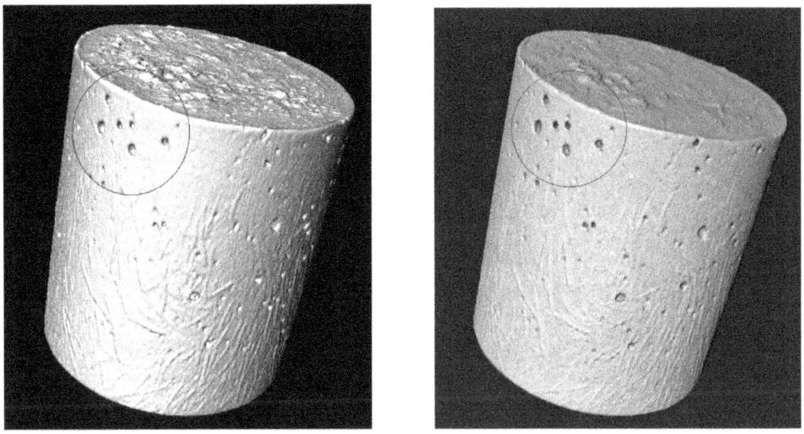

(e) 修正后 Isosurface 指令建立的三维模型　(f) 修正后 Volume Rendering 指令建立的三维模型

图 8-11　不同三维模型对比

建立的三维模型真实地反映了 SSUHPC 试件的各项特征信息，同时在软件中可以进行特定区域、任意角度、内部与表层以及特殊条件下的定性定量研究。比较图 8-11(a)、图 8-11(c)、图 8-11(d)可以发现在 Avizo 软件中建立的三维模型与 SSUHPC 真实形貌呈现出镜像相反的情况，可以在软件中通过 Crop Editor 指令进行调整修正，如图 8-12 所示。

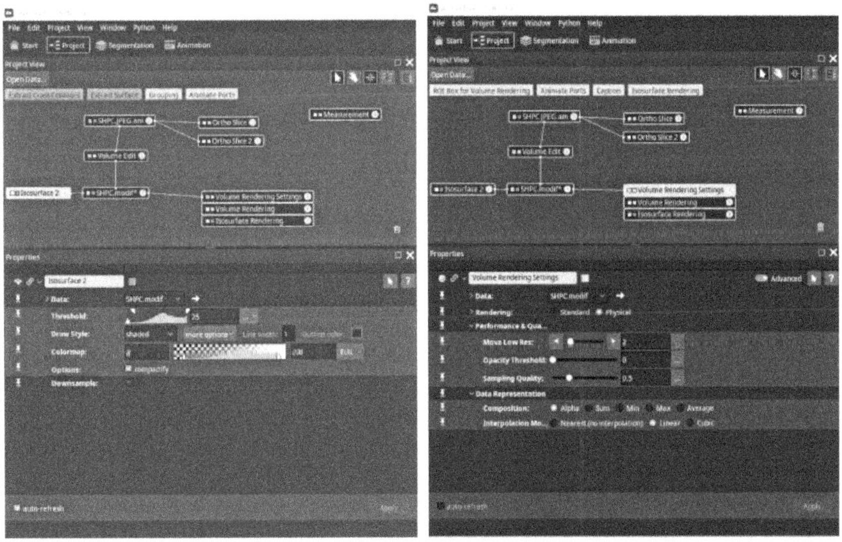

(a) Isosurface 指令操作　　(b) Volume Rendering 指令操作

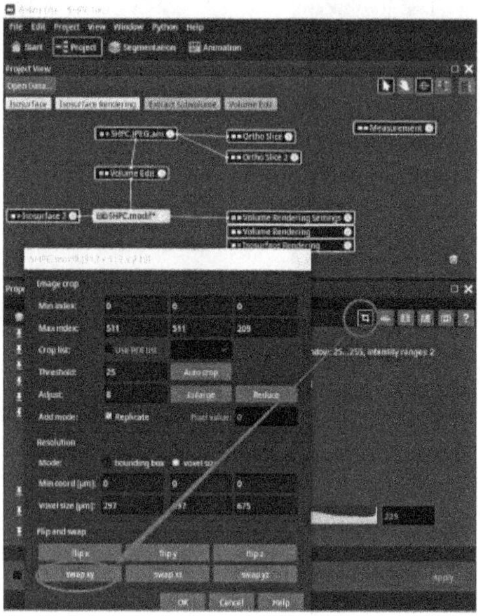

(c) Crop Editor 指令进行修正

图 8-12　三维模型镜像修正参数设置

对软件中的 SSUHPC.JPEG＊.am 文件添加 Volume Edit 指令进行杂质去除后，生成 SSUHPC. modif ＊ 的文件。对 SSUHPC. modif ＊ 的文件添加 Interactive Thresholding 指令以便调整阈值来得到需要研究的区域，此时会生成名为 SSUHPC.thresholded＊的文件；然后为 SSUHPC.thresholded＊文件添加 Fill Holes 指令，填充掉样品内部的孔隙，此时生成名为 SSUHPC.filled＊的文件；接着添加 Generate Surface 指令到 SSUHPC.filled＊文件上，生成需要研究的 SSUHPC 样品表层数据，名称为 SSUHPC.surf＊；最终通过 Surface View 功能使要研究的模型可视化，如图 8-13(a)所示。

图 8-13 展示的是 SSUHPC 试件表面透视图。通过透视图能更加直观地观察到试件的表面特征，图 8-13(b)、图 8-13(d)展示的是从外部视角观察试件的形貌特征，可以观察到试件表面分布着不同深度的凹坑，但是无法了解到这些坑洞的内部情况；图 8-13(c)、图 8-13(e)展示了透视图的优势，从外部即可观察到表面坑洞的真实形貌；图 8-13(f)、图 8-13(g)更加凸显出透视图的优势，从内部角度观察坑洞的侵入程度与变化。透视图在研究从试件表面向内部的开裂、破

损、剥落等问题上提供了极大的便利，从视觉角度提供最直观的效果。

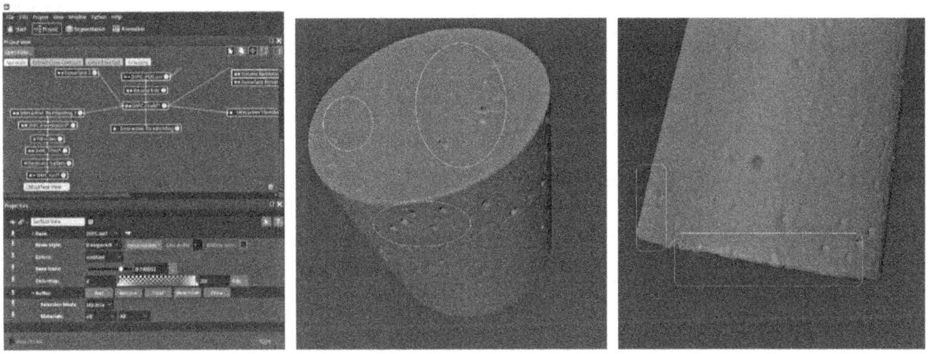

（a）Isosurface 指令操作　（b）外表面透视图外部视角　（c）外表面透视图内部视角

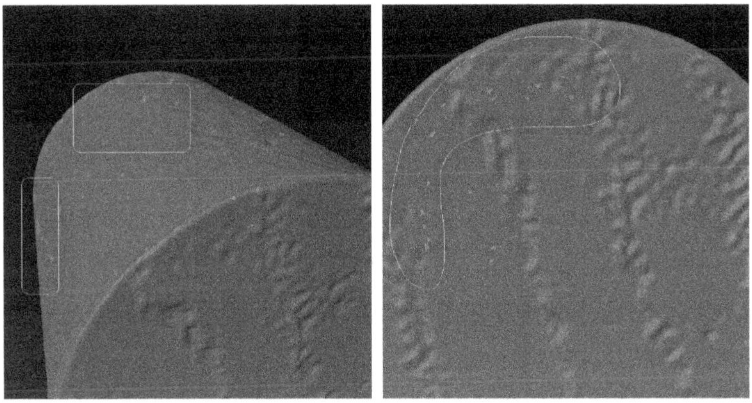

（d）外表面透视图外部视角　（e）外表面透视图内部视角

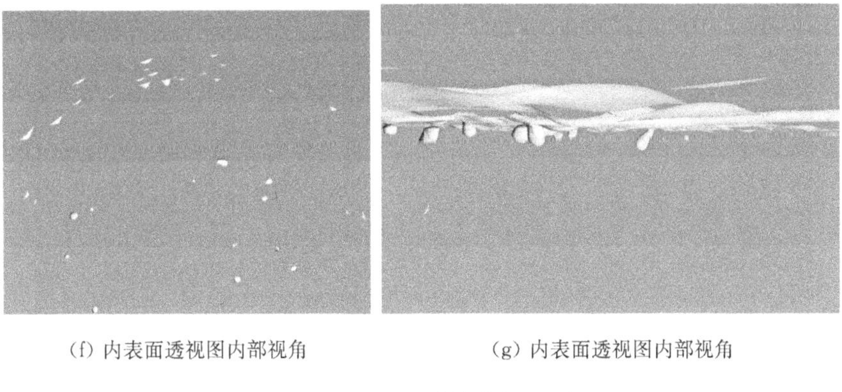

（f）内表面透视图内部视角　（g）内表面透视图内部视角

图 8-13　SSUHPC 试件外表面透视图

8.3.3 基于三维模型分析 SSUHPC 的孔结构

在 Avizo 软件中通过 Label Analysis 或者 Isosurface 指令进行孔结构分析。通过 Isosurface 指令分析孔结构比较便捷高效，这种方法是软件基于导入数据的三维模型进行增加透明度生成的孔结构模型，即通过软件对三维模型各组分的区别进行实体透明化处理，最终得到孔结构模型，这种方法无法发挥软件本身的功能得到完整的孔结构参数。通过 Label Analysis 指令分析孔结构，操作复杂，对设备硬件要求高，这种方法是通过锁定每张切片中所有的孔，基于设备的计算能力得到的完整孔结构。

1）通过 Isosurface 指令进行孔结构分析时

对名为 SSUHPC.modif * 的文件添加 Isosurface 指令，在 Isosurface 指令的属性框内设置 Draw Style 为 transparent，此时软件自动生成 SSUHPC 试件中所有闭合边界形成的模型，即 SSUHPC 外表面与孔结构模型，如图 8-14 所示。通过观察图 8-14(c)、图 8-14(d) 可知，试件上端孔较为密集，且以大尺寸孔为主；试件下端孔较为稀疏，为小尺寸孔。通过 measure 工具对孔结构模型的孔径进行测量，测量结果表明通过 Isosurface 指令建立的孔结构模型的孔径分布在 500 μm～3 100 μm，这个孔径范围内的孔主要为混凝土孔级分类中的大孔，这些孔的产生主要是由气泡或未充分水化等原因造成的，影响着混凝土的结构强度。

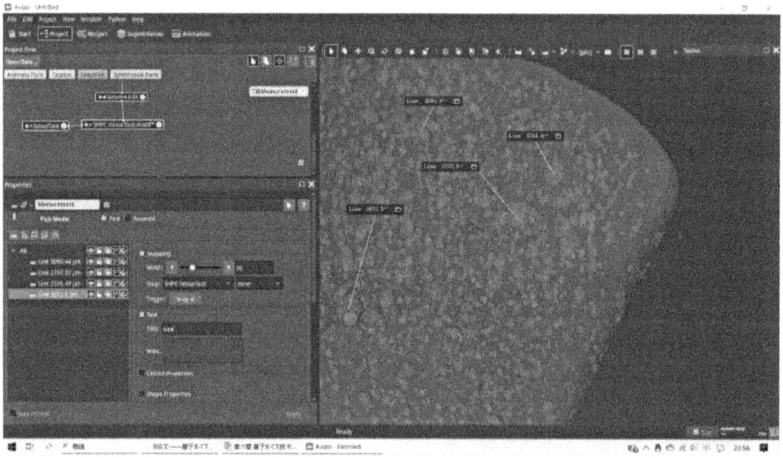

(a) SSUHPC 试件上端孔结构中孔径测量示意图

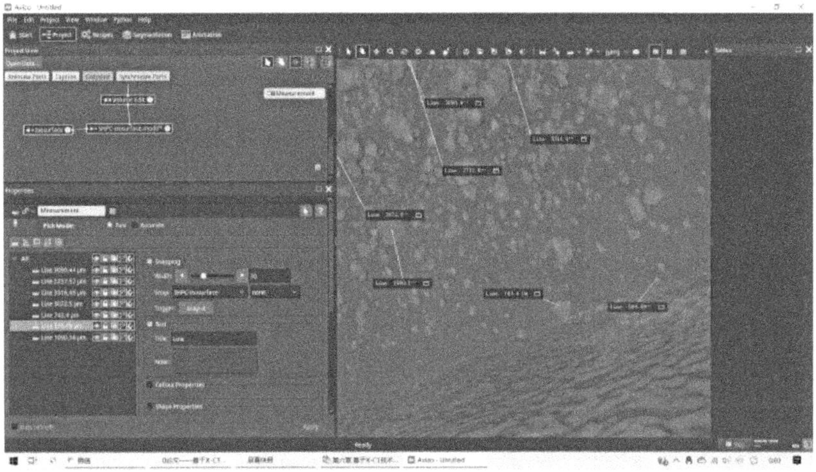

(b) SSUHPC 试件下端孔结构中孔径测量示意图

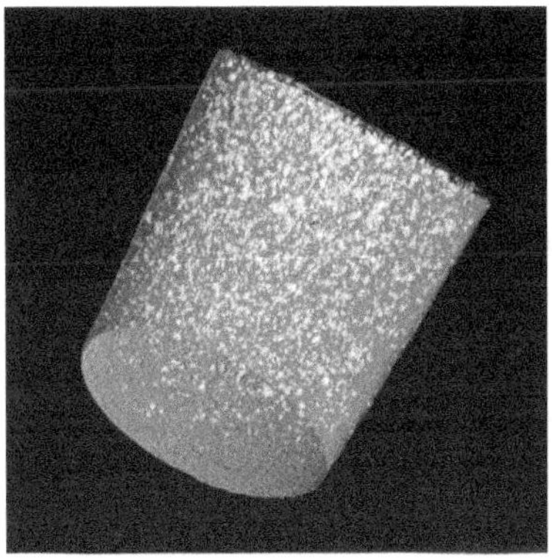

(c) 孔结构上端视角

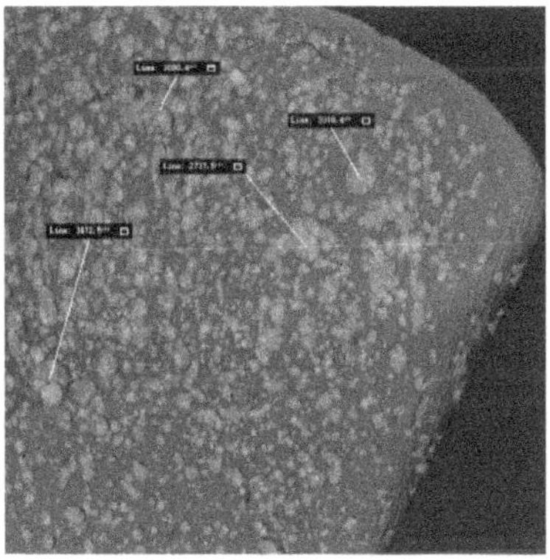

(d) 试件上端大尺寸孔径测量

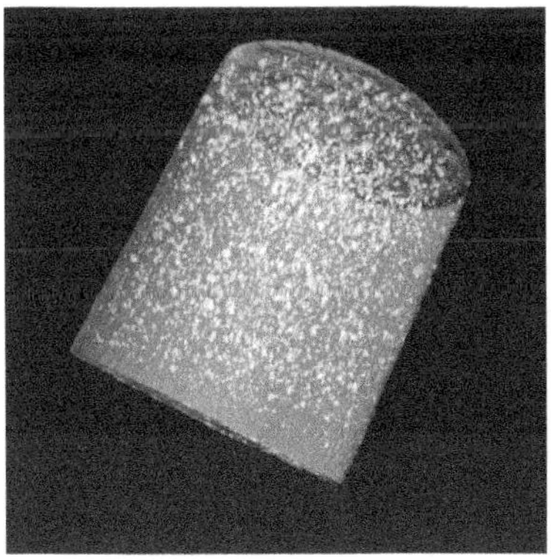

(e) 孔结构下端视角

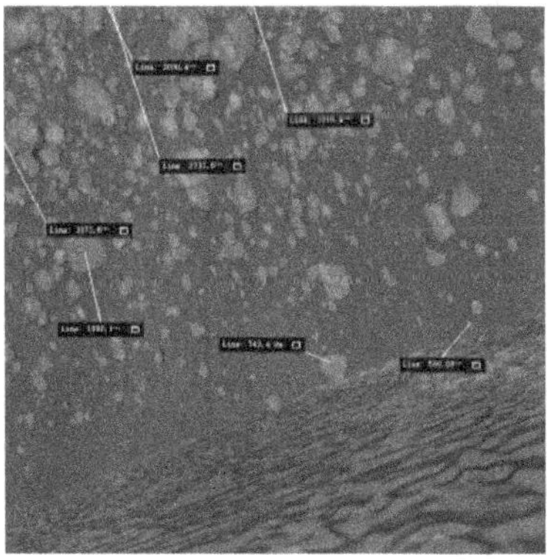

(f) 试件下端小尺寸孔径测量

图 8-14　基于 Isosurface 指令研究 SSUHPC 孔结构

2）通过 Label Analysis 指令进行孔结构分析时

对名为 SSUHPC.modif * 的文件添加 Interactive Thresholding 指令，在 Interactive Thresholding 指令中调整 Intensity Range 参数。如图 8-15(a)所示，在 X-CT 切片数据中黑色区域表示的是混凝土中的孔，在 Interactive Thresholding 指令中参数 Intensity Range 做出的操作是在软件中选定需要分析的孔的区域，选定后的区域变色，如图 8-15(b)所示。

软件默认选定的 Intensity Range 范围是 1～68，通过观察可以发现还有相当比例的黑色区域并未被选定，因此需要对 Intensity Range 范围进行调整，如图 8-15(b)所示。如果选定的 Intensity Range 过大，例如输入范围 1～160，此时软件中非孔区域被误认为孔而造成孔结构偏大，如图 8-15(c)所示；如果选定的 Intensity Range 过小，例如输入范围 1～1，此时软件中大部分孔区域被误认为非孔而造成孔结构偏小，如图 8-15(d)所示。通过对比研究，选定合适的 Intensity Range，本书最终设置为 1～90，如图 8-15(e)所示。同时可以观察到在视图区域 SSUHPC 的 X-CT 切片四周有相当大的区域被误认为孔，因此需要通过 Volume Edit 指令将四周非孔结构的区域切除，生成名为 SSUHPC2.modif * 的文件。

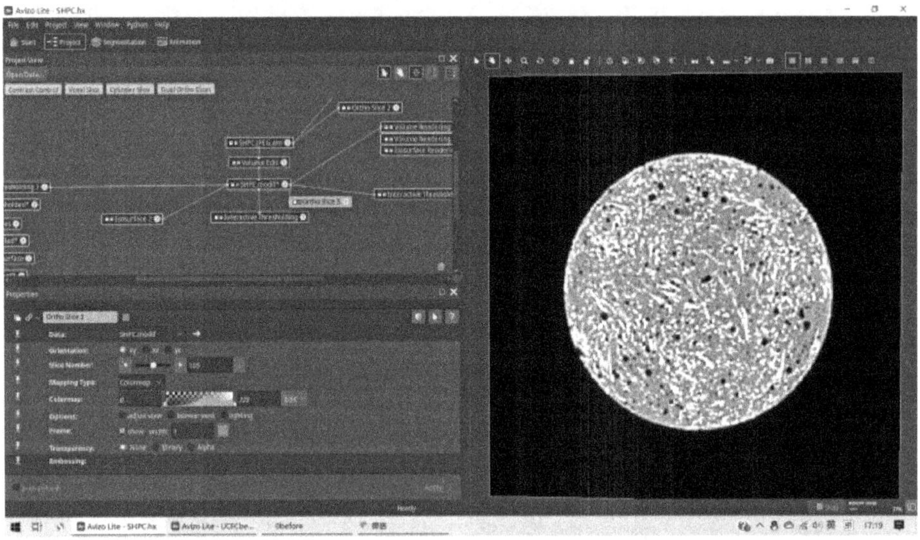

(a) X-CT 切片初始信息

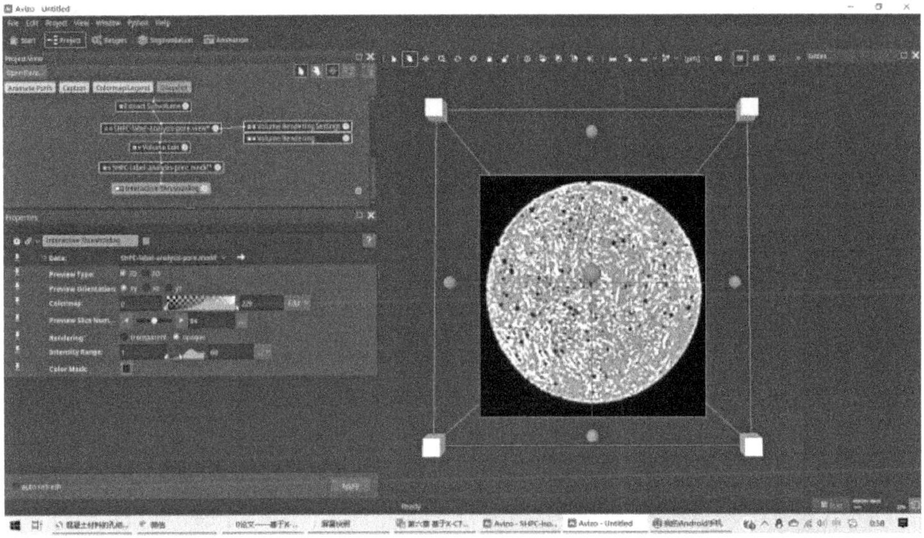

（b）Intensity range 默认值

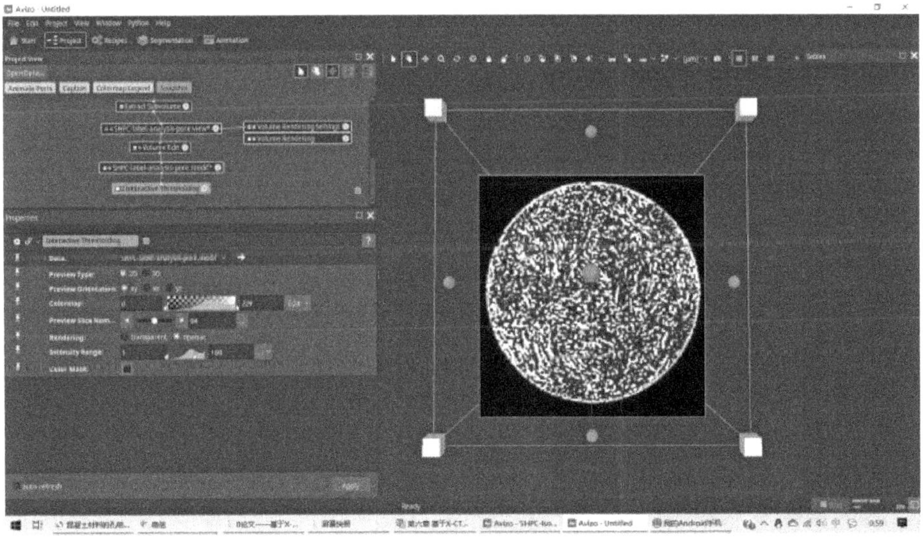

（c）Intensity range 设置过大

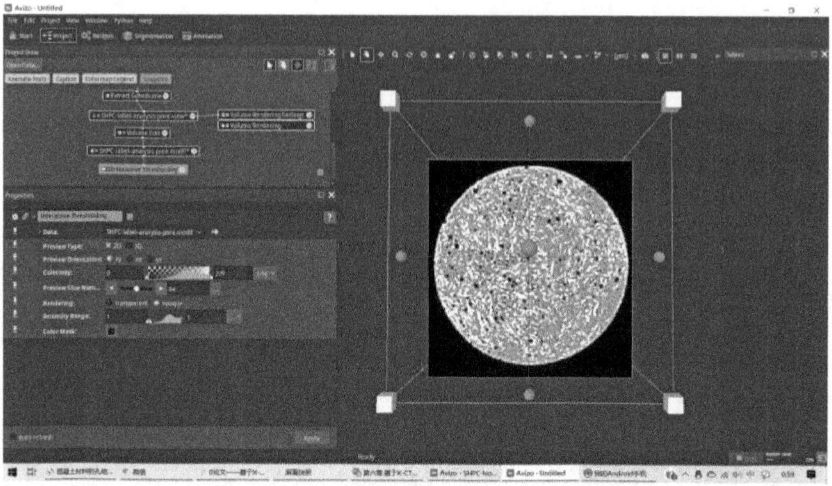

(d) Intensity range 设置过小

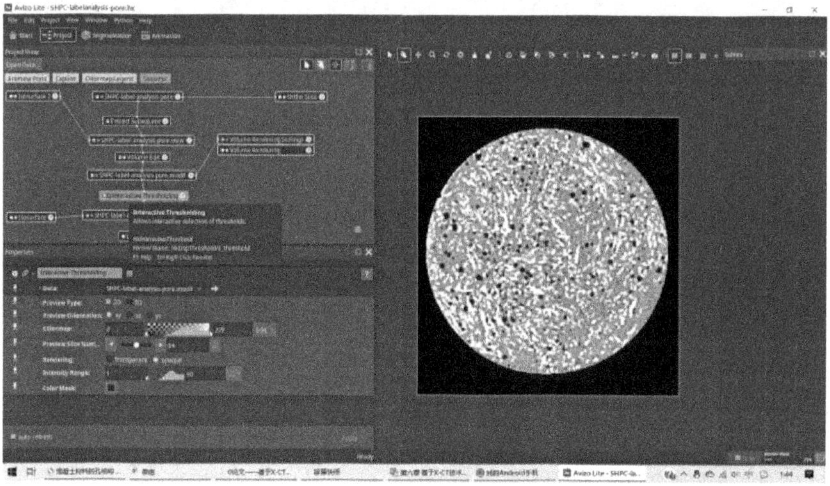

(e) 最终选定 Intensity range

图 8-15 基于二维切片选定孔区域

对名为 SSUHPC2.modif * 的文件添加 Label Analysis 指令来进行孔结构分析，经程序计算生成名为 SSUHPC2.Label-Analysis * 和 SSUHPC2.label * 的文件。SSUHPC2.Label-Analysis * 文件是 SSUHPC 所有孔的信息，包括累积孔体积、累积孔面积、孔隙率、孔径分布等。SSUHPC2.label * 文件是所有孔的视图信息，可以直接添加 Volume Rendering 指令建立三维模型，这时在软件中生成所有孔的初始三维模型，如图 8-16(a)所示；添加 Remove Small Spots 指令

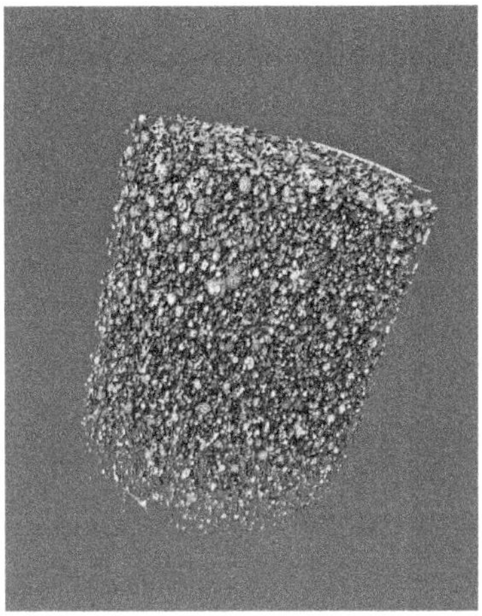

(a) 根据 Intensity range 设定值生成的完整孔体积三维模型

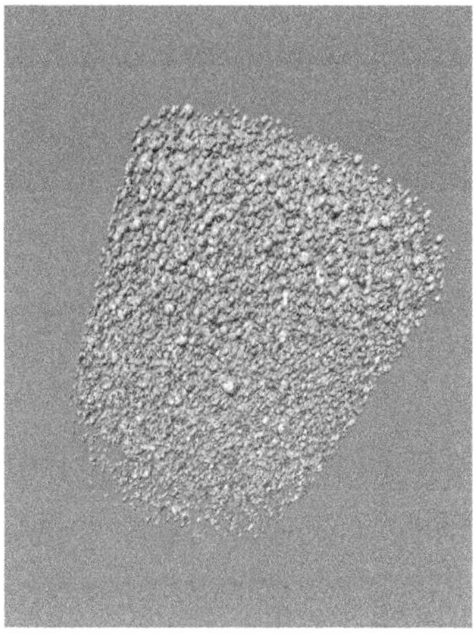

(b) 人为降噪后的孔体积三维模型

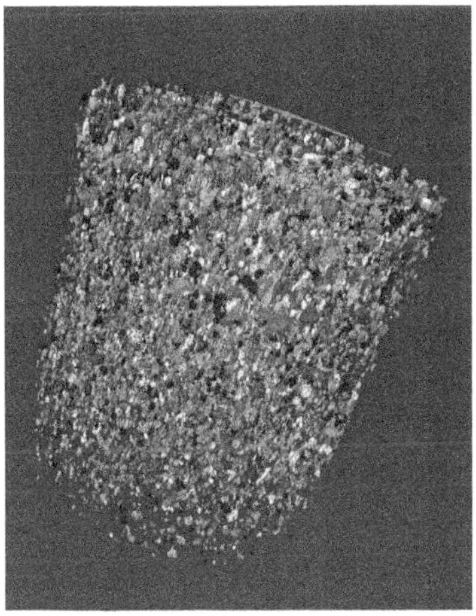

(c) 自动降噪并增加平滑度后的孔表面三维模型

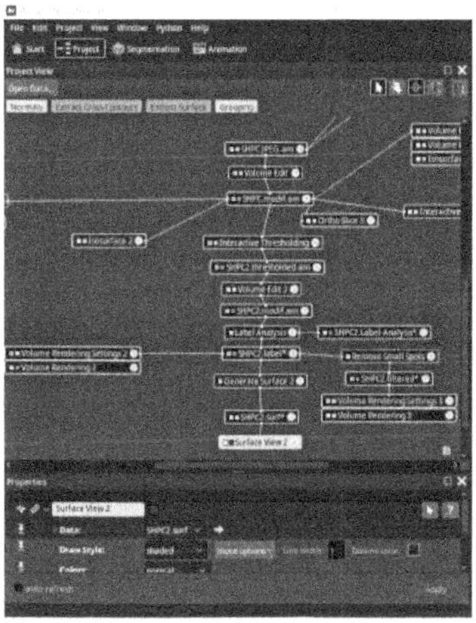

(d) 孔结构分析操作流程

图 8-16　不同方法建立的孔结构三维模型

到 SSUHPC2.label * 文件上生成名为 SSUHPC2.filtered * 的文件，这里人为设定降噪的参数 Size(px)，以过滤杂质像素点造成的影响，再添加 Volume Rendering 指令即可得到人为降噪后孔的视图信息，如图 8-16(b)所示。通过添加 Generate Surface 指令到 SSUHPC2.label * 文件上生成名为 SSUHPC2.surf * 的文件，这个操作是基于初始的孔结构三维模型对孔表面重新生成，在这个重构过程中对数据增加合适的平滑度(即设置 Smoothing Extent，目的是为了降低因为分辨率较低造成的孔表面非孔区域像素点被误认为孔区域而使孔形貌偏大的影响，这里设置 Smoothing Extent 值为 1)，最后添加 Surface View 指令即可得到表面平滑处理后后孔的视图信息，如图 8-16(c)所示。

通过 Label Analysis 指令进行孔结构分析的流程如图 8-16(d)所示。

在通过 Label Analysis 指令进行试件孔结构建模时，有三个因素直接影响孔结构三维模型的真实性和视觉效果。

(1) X-CT 切片分辨率

图 8-17(a)、图 8-17(b)所示为 X-CT 切片初始图，图中黑色区域即试件中的孔，选定部分区域放大观察，试件中的孔边界并不是严格的划分，像素点的大小直接影响到孔边界的精度；图 8-17(c)、图 8-17(d)为基于孔的边界选定的孔的区域，分辨率过低会造成孔边界的选定误差较大，分辨率越高，孔边界的判定越精准；图 8-17(e)、图 8-17(f)为基于选定的孔边界建立的孔结构三维模型。观察孔结构模型的建立过程可以发现，X-CT 测试的精度越高、切片分辨率越高，则建立的模型越精准。同时，X-CT 测试精度太高会给数据处理带来巨大的工作量，对硬件设备的要求也随之增加。

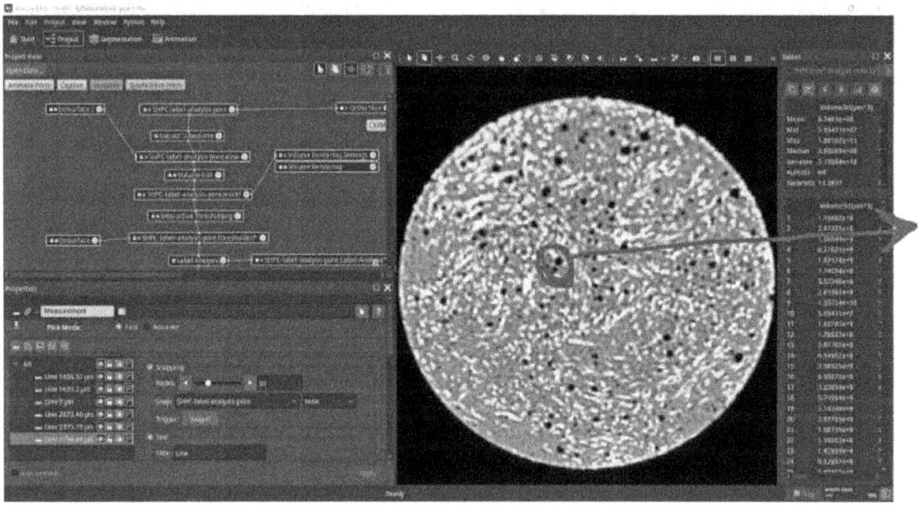

(a) X-CT 切片信息

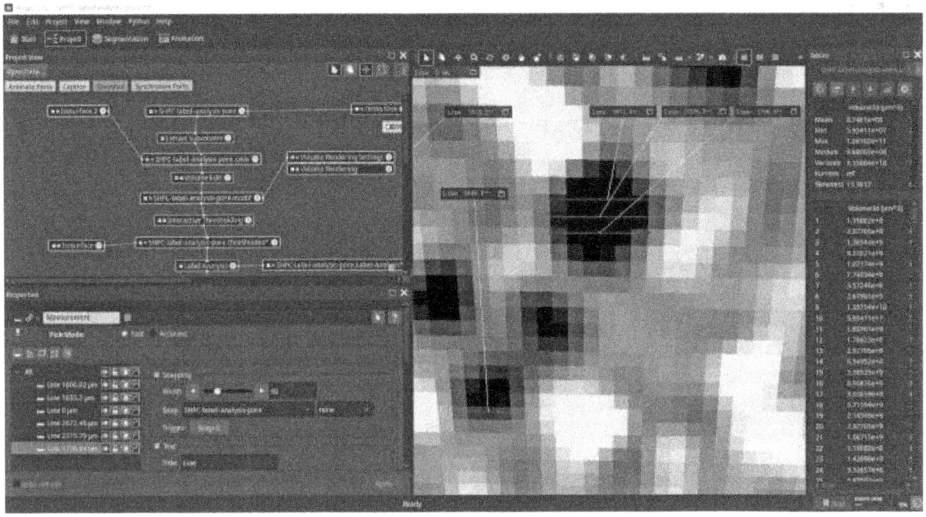

（b）局部放大图

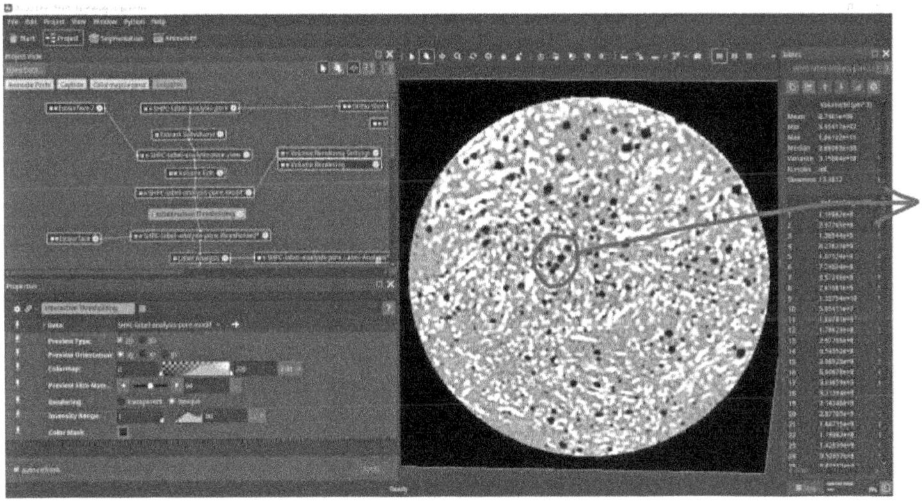

（c）通过调整 Intensity Range 阈值选定孔的边界

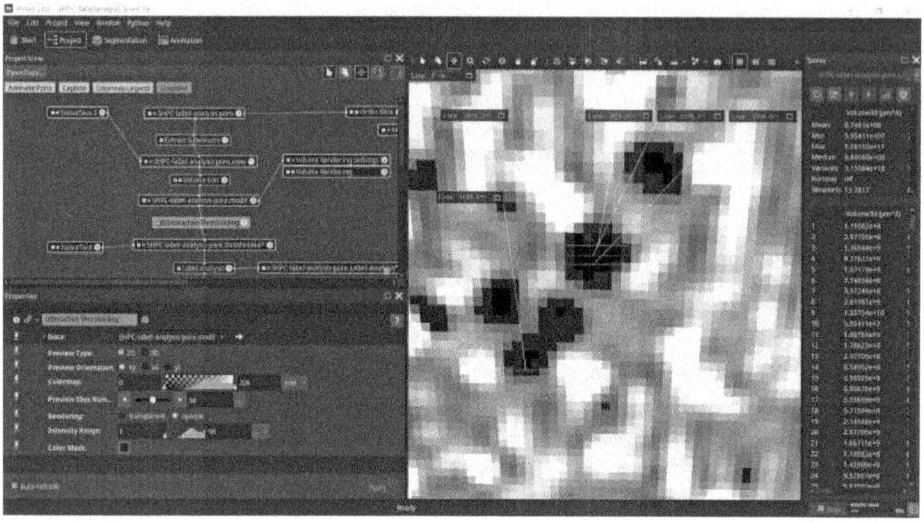

(d) 局部放大图

(e) 根据选定的孔边界建立孔结构三维模型

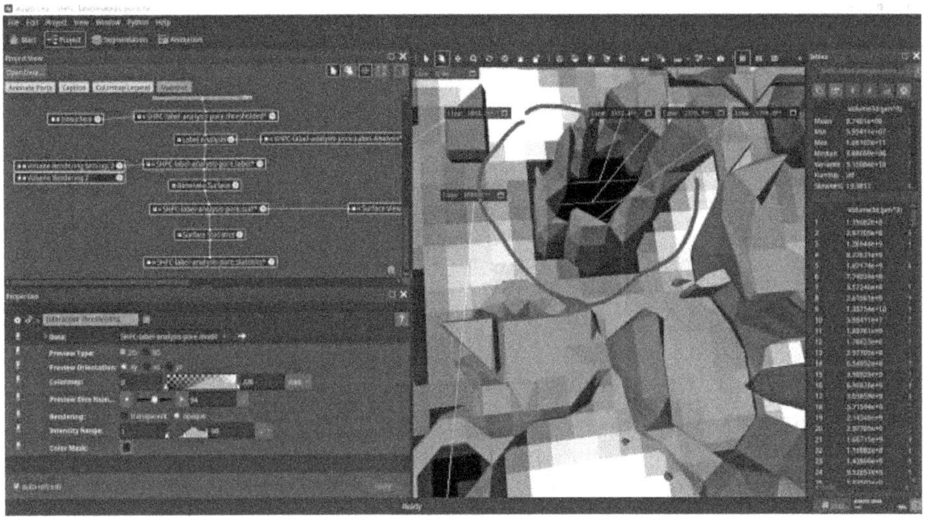

(f) 局部放大图

图 8-17　孔结构三维模型重构原理

(2) Interactive Thresholding 操作时阈值的设定

图 8-18(a)、图 8-18(b)、图 8-18(c)为 X-CT 切片在 Intensity Range 阈值设定不同时的二维图像信息，图中黑色区域即试件中的孔，被选定区域呈蓝色。如图 8-18(a)、图 8-18(d)所示，当阈值设置过小时，相当比例的小孔无法被选中，因此重构出的孔结构三维模型偏稀疏；如图 8-18(b)、图 8-18(e)所示，当阈值设置合适时，切片中的大孔、中孔、小孔均被选中，因此重构出的孔结构三维模型更符合真实情况；如图 8-18(c)、图 8-18(f)所示，当阈值设置过大时，孔边界非孔区域被选定为孔的边界，像素点稍微深一些的杂质点被认定为孔，因此重构出的孔结构三维模型偏密集。阈值的设定需要根据经验以及对试件的综合研究结果来确定，阈值选取越合适，重构出的三维模型越接近真实形貌，尤其是针对精度要求高的研究。

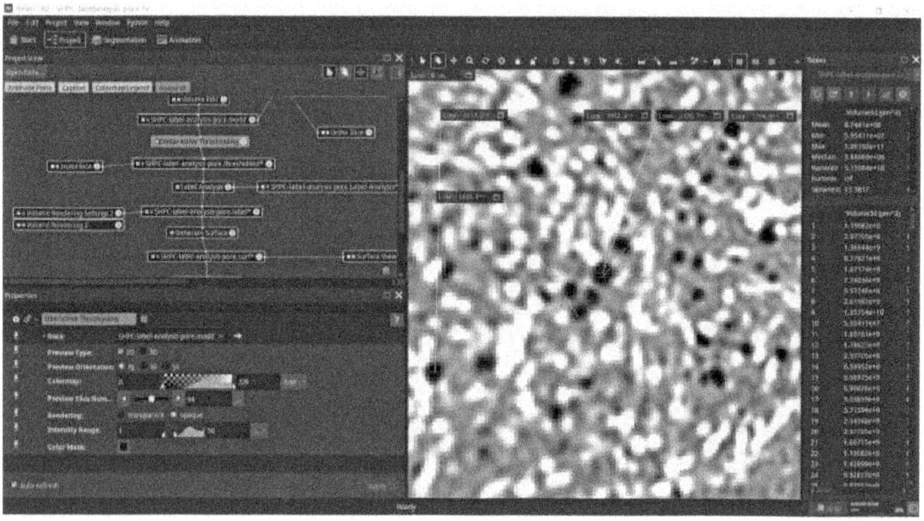

(a) Intensity range 设置过小

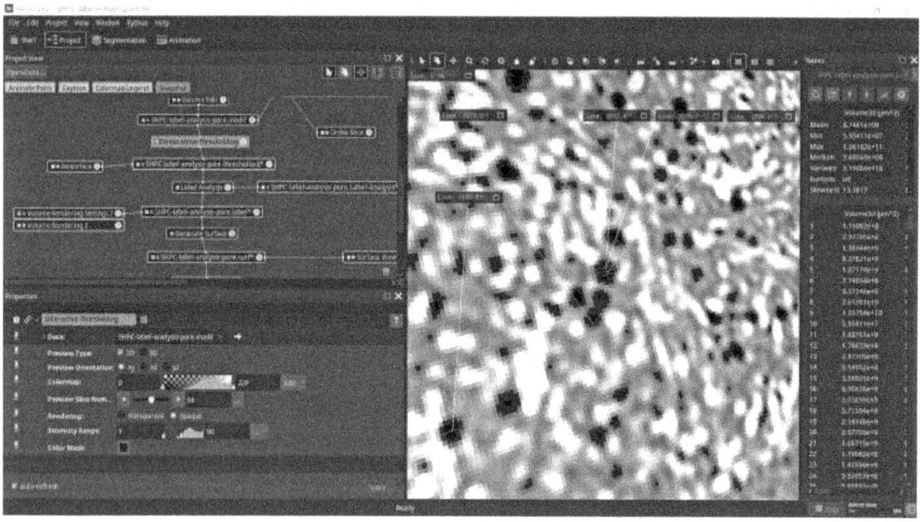

(b) Intensity range 设置合适

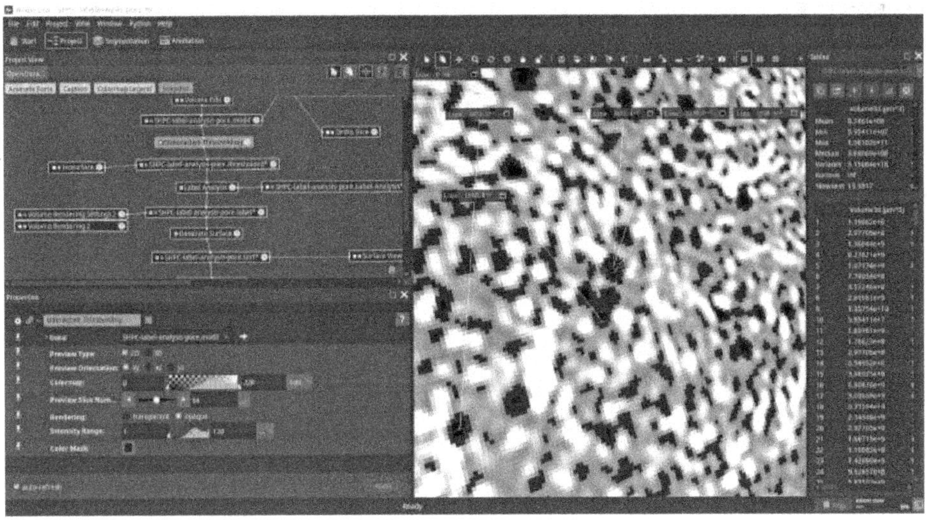

(c) Intensity range 设置过大

(d) Intensity range 设置过小时重构出的模型　(e) 设置过小时重构出的模型　(f) 设置过大时重构出的模型

图 8-18　通过 Interactive Thresholding 建立孔结构三维模型时的主要问题

(3) Generate Surface 时平滑度(Smoothing Extent)设定

在对 X-CT 切片进行孔边界选定后，如果直接进行体绘制(Volume Rendering)，此时重构出的三维模型过于粗糙和失真，此时每个孔的空间结构近似于立方体，如图 8-19(a)所示；Generate Surface 指令中的平滑度(Smoothing Extent)参数可以使立体结构表面平滑，通过输入不同的参数值得到不同程度的修正，修正后的孔结构三维模型更好地还原了试件孔结构的真实形貌，如图 8-19(b)、图 8-19(c)所示。

(a) 直接对选定的孔区域进行体绘制重构出的模型　(b) 调整平滑度过程　(c) 平滑度调整后的孔结构三维模型

图 8-19　平滑度的设置对三维模型的影响

8.3.4　基于三维模型分析 SSUHPC 的纤维分布

在 Avizo 软件中导入 SSUHPC 的 X-CT 切片，命名为 SSUHPC-Fiber，在软件中出现 SSUHPC-Fiber * . am 文件。通过 SSUHPC-Fiber * . am 文件对 SSUHPC 中纤维进行建模分析。

对 SSUHPC-Fiber * . am 文件添加 Resample 指令，在指令中选择调整 Mode 为 voxel size，在 voxel size 中输入 x=300、y=300、z=300。这个操作是为了使软件中的模型所在的操作空间修正为规则的立方体，避免模型中纤维提取的时候出现各向异性，如图 8-20 所示。

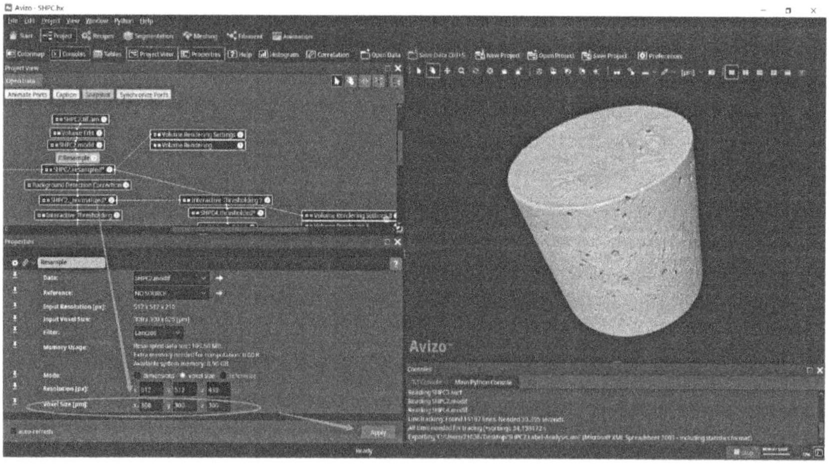

图 8-20　修正需要研究的空间

对修正后名为 SSUHPC-Fiber. resampled * 的文件添加 Interactive Thresholding 指令，调整指令中 Intensity Range 范围值为 166～255，此时将纤维的区域选定，如图 8-21 所示。点击 Apply 生成 SSUHPC-Fiber. thresholded * 文件。

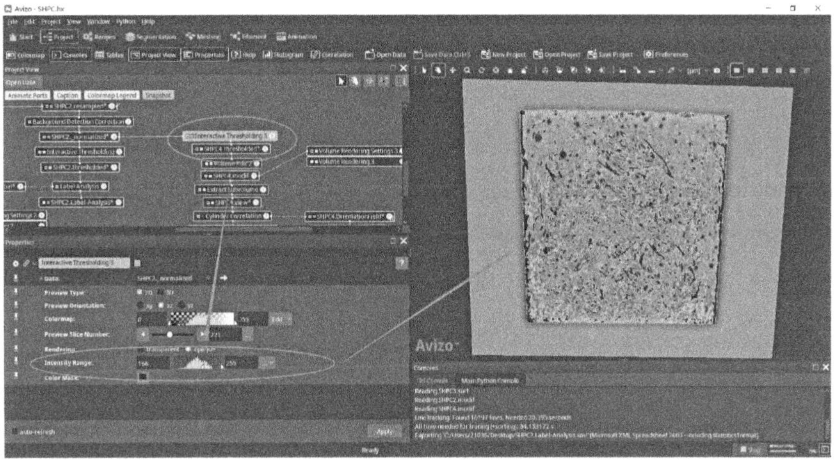

图 8-21　在二维切片中选定钢纤维区域

对 SSUHPC-Fiber. thresholded * 文件添加 Extract Subvolume 指令，通过调整立方体网格选定需要分析的区域，如图 8-22 所示。点击 Apply 生成 SSUHPC-Fiber. view * 文件。

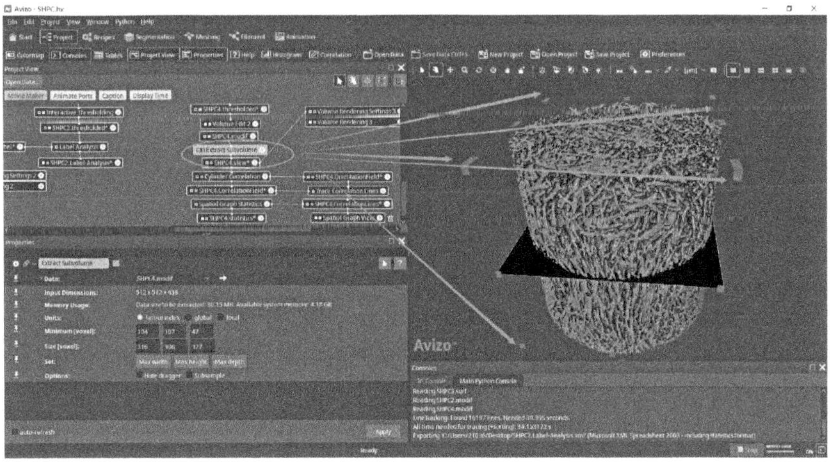

图 8-22　SSUHPC 试件中钢纤维的提取与三维模型重构

添加指令 Cylinder Correlation 到 SSUHPC-Fiber. view * 文件，输入 Cylinder Length、Mask Cylinder Radius 的值并赋予一个 Angular sampling，点击 Apply 后软件计算并生成 SSUHPC-Fiber.CorrelationField * 和 SSUHPC-Fiber.OrientationField * 两个文件，如图 8-23(a)、图 8-23(b)所示。Cylinder Length 为纤维长度，输入值 13 000 μm；Mask Cylinder Radius 为纤维半径，输入值 120 μm；同时赋予一个 Angular sampling，一般取值为 5。在生成的 SSUHPC-Fiber.CorrelationField * 和 SSUHPC-Fiber. OrientationField * 两个文件上添加 Trace Correlation Lines 指令，将会生成名为 SSUHPC-Fiber. CorrelationLines * 的文件，对生成 SSUHPC-Fiber.CorrelationLines * 文件添加 Spatial Graph View 指令使计算得到的纤维结构可视化，此时可以在软件中看到 SSUHPC 样品中所有纤维的三维形貌，如图 8-23(c)、图 8-23(d)所示。对生成的 SSUHPC-Fiber.CorrelationLines * 文件添加 Spatial Graph Statistics 指令可计算得到模型中所有纤维的特征信息，如图 8-23(e)所示。图 8-23(a)、图 8-23(c)为纤维提取和重构建模的过程，分别为 Computing Correlation 和 Found Lines，这两项操作通常耗时 1～2 h，涉及大量计算工作，对工作站硬件配置要求较高。

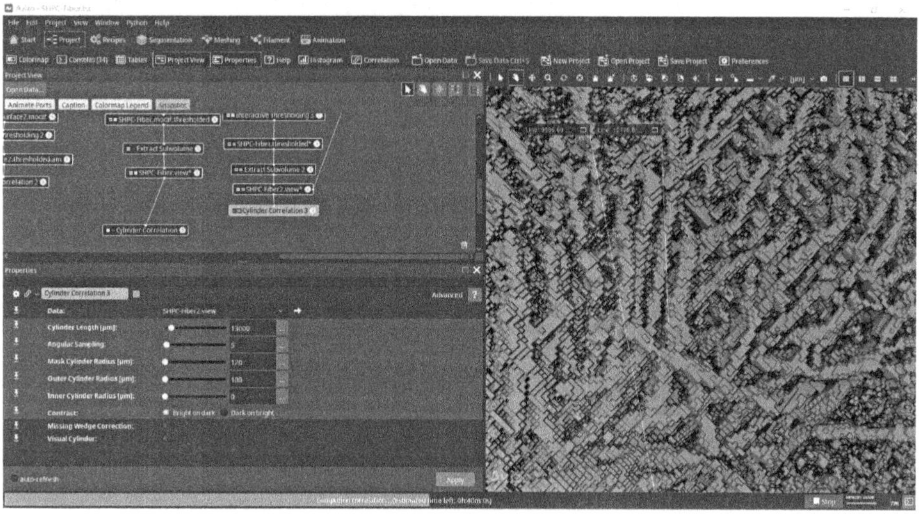

(a) 纤维模型重构前参数设置

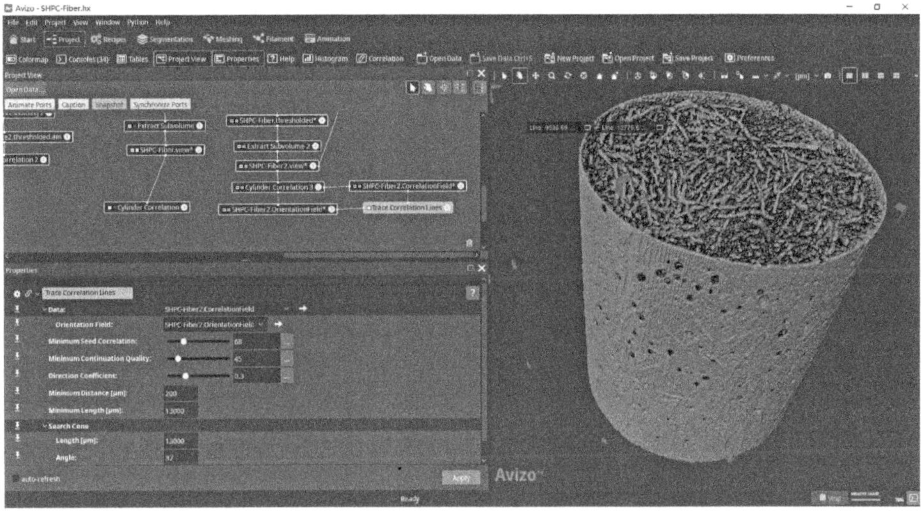

(b) 重构后得到纤维的图像与统计信息源文件

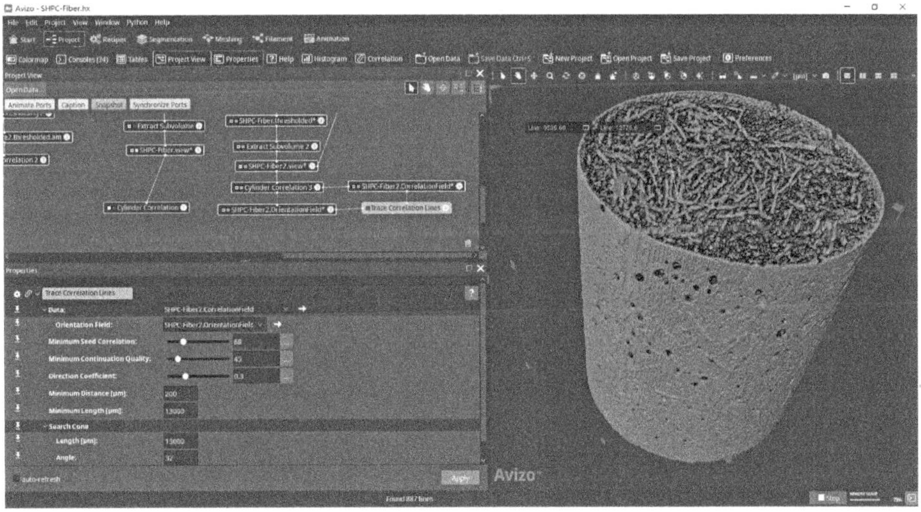

(c) 依据得到的纤维图像与统计信息源文件提取所有纤维

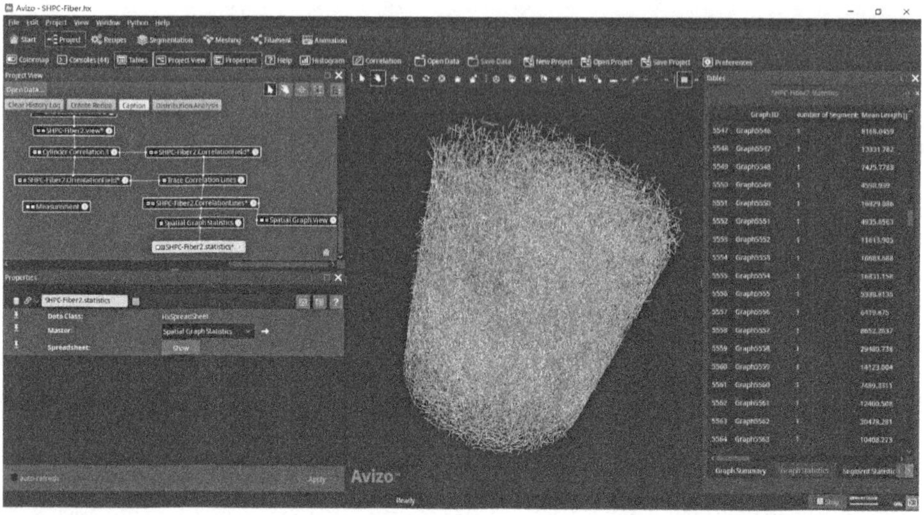

(d) 纤维模型可视化

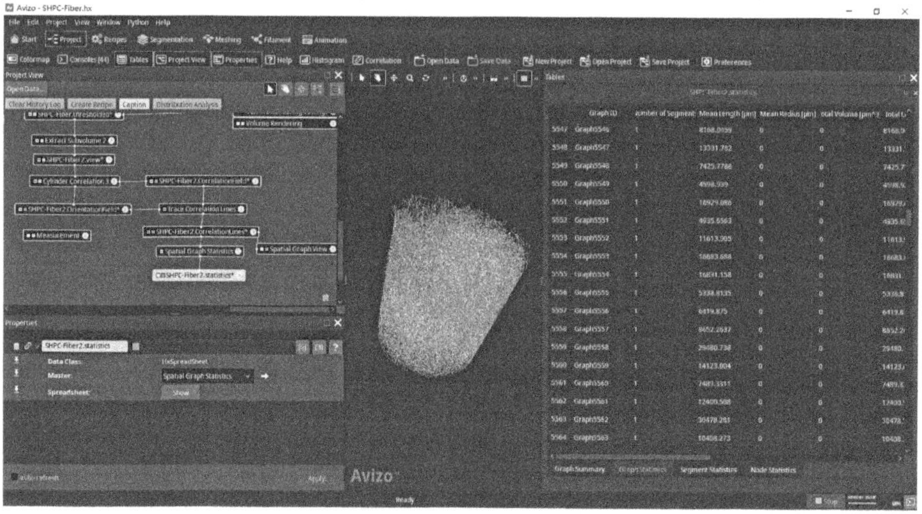

(e) 纤维分布统计数据表

图 8-23 SSUHPC 试件中钢纤维的分布数据

目前观测纤维空间分布的方法大多是将试样切成片状,如图 8-24(a)所示,并采用体视学的方法统计纤维的数量等信息,这种方式耗时较长,可靠性差。通过 X-CT 技术可以无损地观察到每根纤维,同时得到准确的纤维分布情况。图 8-24(b)、图 8-24(c)展示的是 SSUHPC 试件在经历一系列建模分析后的钢纤维分布。从图中可以直观地看到钢纤维的分布均匀且致密，钢纤维的分布并未出现窝团、聚集的现象，均匀分布的钢纤维骨架为 SSUHPC 试件高强度的力学性能提供了稳定的保障。

(a) 实物横切面　　(b) 纤维分布三维模型　　(c) 纤维分布三维模型

图 8-24　SSUHPC 试件中纤维分析方法比较

8.3.5　X-CT 技术进行研究工作的便捷性分析

在 Avizo 软件中导入 SSUHPC 的 X-CT 切片并建立三维模型，可以永久保存样品的数据信息。通过建立研究对象的三维模型，可以从任意区域、任意角度，在任一时刻展开研究，不用担心随着时间的流逝研究对象变质或者消失。通过对选定研究结构重构、建立模型并分析，可以得到需要研究的结构的可视化三维模型以及全部分析数据，实现对研究对象的全方位分析。

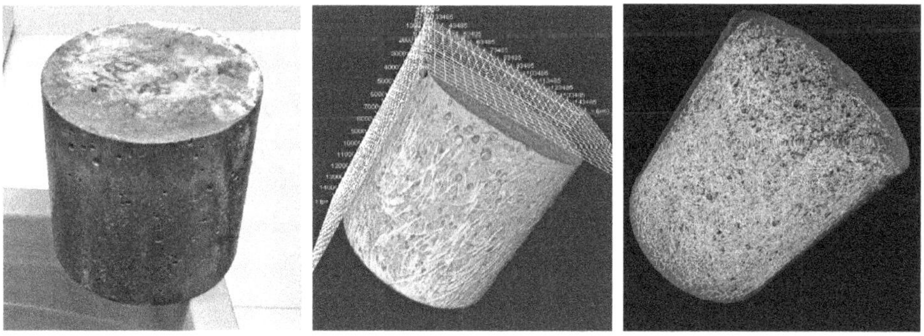

(a) 实物影像记录　　(b) 三维模型　　(c) 选定结构重组模型

图 8-25　不同研究技术下的 SSUHPC 对比

8.4 结论

通过透视图可以更加直观地研究混凝土试件的表面特征，透视图的使用在研究从试件表面向内部的开裂、破损、剥落等问题上提供了极大的便利，展现出最真实的视觉效果。

在水泥基材料孔结构分析方面，X-CT技术不需要特定的制样要求，可以无损地获得材料内部所有孔结构信息。对海水海砂超高性能混凝土的孔结构建模后，一方面得到所有孔的三维模型，可以任意角度、任意区域对需要研究的部位进行分析；另一方面得到所有孔的统计数据，包括孔体积、孔面积、孔径等，方便对研究对象进行定性和定量分析。从孔结构模型可知海水海砂超高性能混凝土内部存在大量孔径分布在500 μm～3 100 μm的孔，这个孔径范围内的孔主要为混凝土孔级分类中的大孔，这些孔的产生主要是由气泡或未充分水化等原因造成的，影响着混凝土的结构强度。通过孔结构模型可以直观地观察到由于混凝土制备工艺，混凝土顶部区域孔密集且孔径偏大；混凝土底部孔较少且孔径偏小。

目前观测纤维空间分布的方法大多是将试样切成片状，并采用体视学的方法统计纤维的数量等信息，耗时较长，可靠性差。X-CT技术可以观察到每根纤维，建立的纤维三维模型包括所有纤维的数据信息、分布情况。通过建立的钢纤维三维模型可以直观地观察到钢纤维的分布均匀且致密，钢纤维的分布并未出现窝团、聚集的现象，均匀分布的钢纤维骨架为混凝土试件提供了稳定且高强度的力学性能。

第9章 海水海砂超高性能混凝土研究的思考与展望

本书设计出一种海水海砂超高性能混凝土——Seawater Seasand Ultra High Performence Concrete(SSUHPC)，从使用丰富的海水海砂资源角度着手，基于“紧密堆积原则”、“多元胶凝体系”和“超低水胶比”等设计理念，大掺量使用粉煤灰、硅灰形成“水泥＋粉煤灰＋硅灰”三元胶凝体系，使用丰富的海砂资源替代河砂作为细骨料，采用0.14的超低水胶比并使用模拟海水代替淡水作为拌合水，最后通过高温热水养护的方式使混凝土在短期内达到可以服役的标准。本书系统研究了SSUHPC的早期工作性、力学性能、耐疲劳性能、耐久性能以及海洋环境服役性，通过多种微观表征技术与建模分析技术分析了SSUHPC与FRUHPC材料的性能增强机理差异，并深入分析其耐久性能变化机理。制备高抗侵蚀能力的超高性能海工混凝土，对降低施工与维护成本、减缓传统建筑资源过度开发、促进废旧物资循环利用、提高资源利用效率、实现可持续发展以及建设海洋强国具有深远的经济与社会效益。本书的主要创新点如下：

(1) 设计并制备了一种海水海砂超高性能混凝土，解决了海砂混凝土力学性能差、抗侵蚀性离子损害性能低的难题，实现了海砂混凝土耐久性能与力学性能质的提升。

(2) 对比研究了海水海砂超高性能混凝土与淡水河砂超高性能混凝土的力学性能与宏观耐久性能差异，相比于淡水河砂超高性能混凝土，海水海砂超高性能混凝土的力学性能略有降低，但表现出更加优异的耐久性特征，海水海砂超高性能混凝土在海洋环境中同样表现出优异的服役效果。

(3) 探明了海水海砂超高性能混凝土性能提升机理，海水海砂超高性能混凝土是一种由“水泥砂浆＋钢纤维＋孔”形成的纤维增强水泥基材料，水泥砂浆的水化程度、孔结构的孔隙率与孔径分布以及钢纤维的分散情况是影响超高性能混凝土材料性能的重要原因，相比于淡水河砂超高性能混凝土，海水海砂超高性能混凝土的水泥砂浆部分强度更高、水化程度更高、孔结构（大于 200 μm 部分）劣势明显，钢纤维结构的分散略显不足。

（4）揭示了海水海砂超高性能混凝土的耐侵蚀机理，超高性能混凝土优异的性能将明显的侵蚀破坏“封锁”在混凝土表面 1 mm 以内，混凝土表面受侵蚀区域，腐蚀产物与再水化产物在混凝土表面形成一个密集的“保护层”，阻止服役环境中的侵蚀介质对混凝土内部造成进一步的损害。

9.1 关于 SSUHPC 研究工作的思考

（1）如何使用海水与海砂资源制备兼具优异力学性能与耐久性的海水海砂超高性能混凝土材料

传统的海砂混凝土始终面临着力学性能不佳、氯离子导致金属锈蚀的问题，本书通过优化混凝土配合比设计、使用高性能减水剂提高水泥基材料的流动性、使用钢纤维提高韧性并采用高温热水养护缩短养护周期，使模拟海水海砂拌合的混凝土材料的力学性能与耐久性均得到质的提升。

粉煤灰、硅灰的使用在提高工业废渣利用率的同时降低了混凝土的成本；超低水胶比的设定以及模拟海水中氯离子的存在，使水泥的水化更充分，提高了水泥基材料的强度；高性能减水剂的使用保证了超高性能混凝土拌合物易于成型和高密实度的特征；高温热水养护技术在显著提高混凝土材料力学性能的同时大大缩短了养护时间。

（2）海水与海砂的使用对超高性能混凝土材料结构特征的影响

由于在配合比设计中去除了粗骨料，基于多种表征手段发现 SSUHPC 是一种由“水泥砂浆＋钢纤维＋孔”组成的高性能混凝土材料。水泥砂浆的水化程度、孔结构的孔隙率与孔径分布以及钢纤维的分散情况是影响超高性能混凝土材料性能的主要原因。

SSUHPC 比 FRUHPC 的水化程度更成熟、孔结构更致密，硬化后 SSUHPC 中的水泥砂浆部分具有更高的强度。SSUHPC 与 FRUHPC 相比，孔结构（大于 200 μm 部分）劣势明显，SSUHPC 孔隙率为 1.52%，超过 FRUHPC

孔隙率0.60%的两倍。SSUHPC中钢纤维分布均匀致密，试件中钢纤维分布具有各向异性，底部纤维分布以水平分散为主，SSUHPC中钢纤维结构的分布与FRUHPC相比存在一定的不足：使用模拟海水海砂制备的SSUHPC中存在沉淀现象，试件顶部区域纤维较为稀疏，试件底部纤维结构致密；使用淡水、河砂制备的FRUHPC中纤维整体分布均匀，并未出现SSUHPC结构中较为明显的沉淀现象。

(3) 海水与海砂对超高性能混凝土材料早期特征的影响

模拟海水和海砂中的氯离子对超高性能混凝土材料的早期水化进程以及早期工作性起到了积极的改善作用，内掺的氯离子并未对硬化后水泥基材料造成明显负面影响。模拟海水和海砂中的氯离子的存在促进了氢氧化钙的溶解，同时溶解后进一步地扩散和结晶，推动水泥的水化向生成更为成熟的水化产物进行，使混凝土具备较高的早期强度。模拟海水海砂中的氯离子在促进水化的同时使水泥颗粒间的摩擦阻力减小，最终表现为水泥浆体的黏度明显降低、流动度增大。

SSUHPC与FRUHPC中自由氯离子含量并无明显差异，相比之下使用海水海砂制备的超高性能混凝土中自由氯离子含量更低，并未出现混凝土中使用海水海砂后自由氯离子含量大幅提高的问题。整体比较而言，海水与海砂的使用一定程度上提高了超高性能混凝土材料的早期工作性。

(4) 海水与海砂对超高性能混凝土材料力学性能的影响

力学性能是混凝土材料最重要的性能指标之一，历史上"海砂屋"现象层出不穷，海砂混凝土力学性能的不足是影响海砂使用的重要原因。高温热水养护后得到的SSUHPC与FRUHPC具有优异的力学性能与抗疲劳性能。高温热水养护得到的SSUHPC抗压强度略低于FRUHPC，SSUHPC的抗压、抗折强度分别为162.1 MPa、46.5 MPa，FRUHPC的抗压、抗折强度则达到173.3 MPa、55.9 MPa。混凝土内部的维氏硬度相差不大，这表明本研究制备的超高性能混凝土内部结构均匀，由于水泥水化更加充分，水泥砂浆部分更加致密，SSUHPC比FRUHPC的硬度更高。

无论是使用淡水、河砂还是模拟海水海砂制备的超高性能混凝土材料，均具有较高的耐疲劳特征。在疲劳测试中SSUHPC率先出现应变纵向变化，表明SSUHPC的耐疲劳性低于FRUHPC。SSUHPC的疲劳破坏最终表现为应力集中部位出现轻微裂纹，未出现断裂或者大规模损伤的现象。本书研制的海水海砂超高性能混凝土材料与淡水河砂超高性能混凝土材料相比虽然力学性能略有降低，但仍表现出超高的力学特征。

(5) 海水与海砂对超高性能混凝土材料耐久性能的影响

耐久性是混凝土结构服役过程中的重要指标，传统的海砂混凝土结构在建成不久就会出现耐久性严重损伤的现象，而本文使用模拟海水与海砂制备的 SSUHPC 表现出优异的耐久性特征。相比于 FRUHPC，SSUHPC 表现出更加优异的耐久性特征，在海洋环境中 SSUHPC 同样表现出优异的服役效果。

在耐火性能、抗碳化性能、抗盐冻性能、抗氯盐侵蚀性能、抗硫酸盐侵蚀性能以及混凝土材料对内置钢筋的护筋性能这几个方面 SSUHPC 均表现出比 FRUHPC 更佳的耐久性特征。在主要进行的耐久性试验中 SSUHPC 与 FRUHPC 均未出现明显的变化，硫酸盐侵蚀是唯一一项使超高性能混凝土外观形貌出现明显变化的侵蚀类型。SSUHPC 在复杂多变的南海海洋环境中表现良好，试验后并未出现明显的膨胀开裂、锈蚀现象，SSUHPC 整体完整仍保持着较高的力学性能与耐久性特征。

(6) SSUHPC 的耐侵蚀机理研究

超高性能混凝土优异的性能将明显的侵蚀破坏“封锁”在混凝土表面 1 mm 以内，模拟海水与海砂中氯离子的存在使 SSUHPC 表层腐蚀区域的物相与形貌变化更加复杂。

由于超高性能混凝土自身优异的性能，与传统的混凝土和高强混凝土相比，其很少出现宏观受侵蚀破坏。自然环境中的 CO_2、Cl^-、SO_4^{2-}、微生物等从表面侵蚀 SSUHPC 时，微生物在混凝土表面附着生长，碳化、硫酸盐侵蚀、氯盐侵蚀生成的腐蚀产物不断填隙于混凝土表层孔隙、缝隙中，在腐蚀产物和再水化产物的充填作用下，混凝土的表层区域孔隙率进一步降低，孔隙结构更加致密。服役环境中水分的渗入促使 SSUHPC 中未水化水泥颗粒继续水化，生成的水化产物与混凝土内部存在的氯离子结合，使得更多的 Friedel's 盐生成，水化产物也不断充实表层混凝土结构。这些变化仅限于混凝土表面几百微米厚的区域内，腐蚀产物与再水化产物在混凝土表面形成一个密集的“保护层”，防止服役环境中的侵蚀介质对混凝土内部造成进一步的侵蚀。

当 SSUHPC 在具有严重硫酸盐侵蚀的环境中服役时，SSUHPC 表层区域随着硫酸盐腐蚀的进行，水化产物被消耗产生大量的腐蚀产物：石膏；硫酸盐腐蚀区域充足的水使未水化颗粒加速再水化，生成的水化产物与混凝土内部存在的氯离子结合，使得更多的Friedel's盐生成。强度较低的石膏与新生的水化产物导致原有的稳定结构被打破，在混凝土的表面接触到硫酸盐溶液的区域出现开裂等硫酸盐破坏特征，在宏观角度表现为混凝土表层水泥浆溶蚀。

(7) 使用海水与海砂制备超高性能混凝土材料的经济与社会效益分析

从原材料组成来看，减少阻锈剂/氯离子固化剂等化学外加剂的使用、简化海砂的预处理、大掺量使用工业废渣等措施降低了混凝土的成本。SSUHPC优异的力学性能与耐久性能一方面可以适应不同的恶劣服役环境、扩大应用市场，同时SSUHPC优异的性能使建(构)筑物的寿命得以延长，降低维护修补需要耗费的大量人力财力，大大降低后期维护成本。超高性能混凝土优异的工作性、力学性能与耐久性能，可以一定程度上替代钢筋混凝土结构，同时可以满足特种结构的需求，在降低钢筋使用量的同时扩宽自身的应用范围。海砂价格低廉、超高性能混凝土服役寿命长、服役场合广、综合成本低。

研究开发海水海砂超高性能混凝土，既可以缓解河砂过度开采造成的环境问题，又能确保河道的稳定进而保证防洪、保障人民群众的生命财产不受河道溃堤造成的威胁。合理地开发使用丰富的海砂资源，可以很好地解决因为河砂资源匮乏造成的基础建设原材料短缺的问题，扩宽建筑材料渠道，缓解因河砂短缺造成的价格暴涨以及产业链各个环节供应商的恐慌，促进经济建设稳步发展，使人民百姓切实感受到科技的进步带来的福祉。同时由于节约了大量钢材的使用，海水海砂超高性能混凝土的研究开发减少了钢材生产的能源消耗和环境污染，节能减排效益明显。在原材料中粉煤灰、硅灰等工业固体废渣的大量使用，既降低了水泥的用量，同时消耗了矿产资源开发产生的固体废料，对于行业的可持续发展起到了积极的促进作用。海水海砂资源的合理应用，将大力推动我国的海洋基础建设，强有力地推进沿海及海洋建设蓬勃发展，实现中华民族伟大复兴的中国梦。

传统的解决河砂短缺手段包括制取机制砂、使用淡化处理海砂、使用海砂河砂机制砂的混合料等，优点与劣势并存。海砂的使用一直以来饱受争议，最关键的问题就是海水海砂中的氯离子产生的损害无法避免，且海砂混凝土的力学性能与耐久性无法保证兼顾。海水海砂超高性能混凝土的问世，为行业内注入了一针强心剂。超高性能混凝土自身优异的性能可以实现使用海水和海砂作为原材料时仍能保证超高的力学与耐久性特征，这将在行业内产生积极的学术影响，为海砂的工程应用奠定坚实的理论基础。

9.2 展望

本书通过系统对比研究 SSUHPC 与 FRUHPC 的力学性能、耐久性以及材料的宏观与微观结构特征，获得了一定的研究成果。同时，在开展研究的过程中也发现了存在的问题与不足，并积极思考新的解决方法，后期将会继续开展进一步的研究工作。

(1) 氯离子在 SSUHPC 中存在形式的定性定量研究。扩散进入混凝土内部的氯离子，由两部分组成：存在于混凝土孔隙溶液中的自由氯离子，这部分氯离子会对混凝土中的钢筋产生严重的锈蚀作用；被混凝土的固相成分（如水化产物和孔结构表面）物理吸附或化学结合的结合氯离子，通常化学结合过程总是伴随着物理吸附过程，它不对钢筋产生锈蚀危害。在混凝土中，由自由氯离子浓度和结合氯离子浓度之和构成了混凝土中的总氯离子浓度。在混凝土结构中，通常认为只有自由氯离子才能导致钢筋表面的钝化膜破坏，并造成钢筋锈蚀和钢筋混凝土结构失效。在 SSUHPC 中氯离子存在的主要形式是什么、为什么测试得到自由氯离子含量低于同配合比 FRUHPC、自由氯离子以及结合氯离子在混凝土服役过程中会发生怎样的变化等问题，有待系统研究。

(2) X-CT 技术在 SSUHPC 抗侵蚀性能研究中的推广应用。通过 X-CT 技术建立三维模型并进行研究是一种无损高效的测试手段，传统的抗侵蚀研究为了保证在各个时间节点得到充分的研究数据，需要制备大量的样品；对研究样品按照各种表征要求进行取样时会对样品造成不可逆的损伤，严重影响样品的真实性。通过 X-CT 建模分析，大大减少了工作量，同时提高样品的真实性，为科研工作提供了极大的便捷性。

(3) 海洋实地环境 SSUHPC 长龄期服役性变化。在南海实地环境测试后的 SSUHPC 虽然出现了一定的腐蚀，但这种腐蚀只体现在混凝土表层几百微米的范围。研究使用 SSUHPC 制备的具有使用功能的结构的受力情况劣化行为，同样是混凝土服役效果评价的重要指标。腐蚀后的混凝土表层形成了一层致密的“保护膜”，随着服役时间的延长，几十年后混凝土会发生怎样的破坏，腐蚀破坏区域是保持不变、向外发展还是不断向混凝土内部侵入，在不同海域又会发生怎样的变化，需要开展进一步的研究。这对 SSUHPC 的推广应用具有深远的示范作用。

（4）SSUHPC 在桥梁工程中的实际应用效果。近年来，公路运输重载、超载现象日趋严重，在重载作用下，桥梁会产生较大的挠曲变形，导致铺装层产生较大的弯拉应力，而且在行车载荷的反复作用下，铺装层内会产生交替的弯拉应力作用，这样，在钢桥面铺装层内易产生疲劳破坏形成裂缝。疲劳问题是钢板桥面服役过程中面临的最大问题，而超高性能混凝土具有优异的抗疲劳性能，使用海水和海砂制备的超高性能混凝土在实际应用工程中会出现哪些结构与耐久性问题，是今后研究工作的重点之一。

参考文献

[1] 人民日报编辑部.习近平:共抓大保护 不搞大开发[N/OL].人民日报海外版.2018-04-27(1).http://paper.people.com.cn/rmrbhwb/html/2018-04/27/content_1850995.htm.

[2] 宁博,欧阳东,温喜廉.利用海砂制备高性能混凝土试验研究[J].混凝土,2012(1):88-90,93.

[3] 张海文.以党的十九大精神指引海洋战略研究[N].中国海洋报,2018-02-28(001).

[4] 周继凯,何旭,王泽宇,等.海水海砂混凝土与潜在危害研究进展[J].科学技术与工程,2018,18(24):179-187.

[5] 李黎.沿海地区钢筋混凝土防侵蚀措施的探讨[J].施工技术,2006,35(11):120-122.

[6] 董必钦,刘伟,马红岩,等.海砂砂浆水化过程的电化学阻抗谱研究[J].建筑材料学报,2013,16(02):306-309.

[7] FRAJ A, MIRAOUI M, BOINSKI F. Early age and durability properties of dredged marine sand mortars[C]. ACI Special Publication, 2012, 289(5): 437-451.

[8] 马志超.混凝土钢筋腐蚀的电化学研究[D].长沙理工大学,2012.

[9] 洪乃丰.海砂腐蚀与“海砂屋”危害[J].工业建筑,2004,34(11):65-67.

[10] ARSLAN H, KORKMAZ H. What is to be learned from damage and failure of reinforced concrete structures during recent earthquakes in Turkey[J]. Engineering Failure Analysis, 2007, 14(1): 1-22.

[11] LARRARD D, SEDRAN T. Optimization of ultra-high-performance concrete by the use of a packing model[J]. Cement & Concrete Research, 1994, 24(6): 997-1009.

[12] RICHARD P, CHEYREZY M. Composition of reactive powder concretes[J]. Cement & Concrete Research, 1995, 25(7): 1501-1511.

[13] WANG D, SHI C, WU Z, et al. A review on ultra high performance concrete: Part II. Hydration, microstructure and properties[J]. Construction & Building Materials, 2015,

95(8): 368-377.

[14] 2019年度中国超高性能混凝土(UHPC)技术与应用发展报告[J].混凝土世界,2020,12(2):30-43.

[15] WANG C, YANG C, LIU F, et al. Preparation of ultra-high performance concrete with common technology and materials[J]. Cement & Concrete Composites, 2012, 34(4): 538-544.

[16] SOLIMAN N, TAGNIT-HAMOU A. Partial substitution of silica fume with fine glass powder in UHPC: Filling the micro gap[J]. Construction & Building Materials, 2017, 139(2): 374-383.

[17] LARRARD F. Concrete mixture proportioning: a scientific approach[J]. Beijing Review, 1999, 55(5): 2.

[18] KWAN A, CHEN J. Adding fly ash microsphere to improve packing density, flowability and strength of cement paste[J]. Powder Technology, 2013, 234(11): 19-25.

[19] ZDEB T. An analysis of the steam curing and autoclaving process parameters for reactive powder concretes[J]. Construction & Building Materials, 2017, 131(11): 758-766.

[20] AHMAD S, HAKEEM I, AZAD A K. Effect of curing, fibre content and exposures on compressive strength and elasticity of UHPC[J]. Advances in Cement Research, 2015, 27(4): 233-239.

[21] LIU J, SONG S, SUN Y, et al. Influence of Ultrafine Limestone Powder on the Performance of High Volume Mineral Admixture Reactive Powder Concrete [J]. Advanced Materials Research, 2011, 1033: 1583-1586.

[22] 王震宇,李俊.活性粉末混凝土材料性能与配制技术的试验研究[J].混凝土,2008,(2):90-93,98.

[23] 陈广智,孟世强,阎培渝.养护条件和配合比对活性粉末混凝土变形率的影响[J].工业建筑,2003,(9):63-65,84.

[24] GRAYBEAL B. Compressive behavior of ultra high performance fiber reinforced concrete [J]. ACI Materials Journal, 2007, 104(2): 146-152.

[25] ABBAS S, SOLIMAN A, NEHDI M. Exploring mechanical and durability properties of ultra-high performance concrete incorporating various steel fiber lengths and dosages[J]. Construction & Building Materials, 2015, 75(2): 429-441.

[26] NGUYEN D, KIM D, RYU G, et al. Size effect on flexural behavior of ultra-high-performance hybrid fiber-reinforced concrete[J]. Composites Part B-Engineering, 2013, 45(1): 1104-1116.

[27] SMARZEWSKI P, BARNAT-HUNEK D. Property assessment of hybrid fiber-reinforced ultra-high-performance concrete[J]. International Journal Of Civil Engineering, 2017, 1(2): 1-14.

[28] 张哲,邵旭东,朱平,等.基于超高性能混凝土弯曲拉伸特性的二次倒推分析法[J].土木工程学报,2016,49(2):77-86.

[29] YAZICI H, YARDIMCI M, AYDIN S, et al. Mechanical properties of reactive powder concrete containing mineral admixtures under different curing regimes[J]. Construction & Building Materials, 2009, 23(3): 1223-1231.

[30] YAZICI H, DENIZ E, BARADAN B. The effect of autoclave pressure, temperature and duration time on mechanical properties of reactive powder concrete[J]. Construction & Building Materials, 2013, 42(9): 53-63.

[31] 蒲心诚,王勇威.超高强高性能混凝土的孔结构与界面结构研究[J].混凝土与水泥制品,2004,6(3):9-13.

[32] 鞠彦忠,王德弘,康孟新.不同钢纤维掺量活性粉末混凝土力学性能的试验研究[J].应用基础与工程科学学报,2013,21(2):299-306.

[33] 鞠彦忠,王德弘,李秋晨,等.钢纤维掺量对活性粉末混凝土力学性能的影响[J].实验力学,2011,26(3):254-260.

[34] 徐海宾,邓宗才.新型超高性能混凝土力学性能试验研究[J].混凝土,2014,1(4):20-23.

[35] 刘数华,阎培渝,冯建文.超高强混凝土 RPC 强度的尺寸效应[J].公路,2011,24(3):123-127.

[36] KUSUMAWARDANINGSIH Y, FEHLING E, ISMAIL M. UHPC compressive strength test specimens: Cylinder or cube[J]. Civil Engineering Innovation for a Sustainable. 2015, 125(1): 1076-1080.

[37] AN M, ZHANG L, YI Q. Size effect on compressive strength of reactive powder concrete[J]. Journal of China University of Mining & Technology, 2008, 18(2): 279-282.

[38] 金凌志,李月霞,付强.不同掺合料掺量的活性粉末混凝土抗压强度试验[J].河南科技大学学报(自然科学版),2014,35(5):55-62.

[39] 吴炎海,何雁斌,杨幼华.活性粉末混凝土(RPC200)的力学性能[J].福州大学学报(自然科学版),2003,31(5):598-602.

[40] PARK J, YOO D, PARK G, et al. Feasibility of reducing the fiber content in ultra-high-performance fiber-reinforced concrete under flexure[J]. Materials Journal, 2017, 104(2): 146-152.

[41] YOO D, KIM S, PARK J. Comparative flexural behavior of ultra-high-performance concrete reinforced with hybrid straight steel fibers[J]. Construction & Building Materials, 2017, 132(12): 219-229.

[42] WU Z, SHI C, HE W, et al. Effects of steel fiber content and shape on mechanical properties of ultra high performance concrete[J]. Construction & Building Materials, 2016, 103(11): 8-14.

[43] YOO D, BANTHIA N, KANG S, et al. Size effect in ultra-high-performance concrete beams[J]. Engineering Fracture Mechanics, 2016, 157(2): 86-106.

[44] 安明喆,张立军.RPC材料的抗折强度尺寸效应研究[J].中国矿业大学学报,2007,36(1):38-41.

[45] ROLAND B S. UHPC with steel and non-corroding high-strength polymer fibers under static and cyclic loading[J]. In: Proceedings of the International Symposium on Utral High Performance Concrete Kassel, Germany, 2004, 23(7): 673-681.

[46] OCEL J, GRAYBEAL B. Flexural Behavior of an Ultrahigh-Performance Concrete I-Girder[J]. Journal of Bridge Engineering, 2008, 13(6): 602-610.

[47] BIROL F R, KONRAD Z. Fatigue Behaviour of Utral High-Performance Concrete under Cylic Strsee Reversal Loading[C]. Proceeding of Second International Symposium of UHPC, Kassel, Germany, 2008: 529-536.

[48] EHAB S, NIGEL G, SHRIVE. Cyclic Loading and Fracture Mechanics of Ductal © Concrete[J]. International Journal of Fracture, 2008, 148(3): 251-260.

[49] FARHAT F, NICOLAIDES D, KANELLOPOULOS A, et al. High performance fibre-reinforced cementitious composite (CARDIFRC)-Performance and application to retrofitting[J]. Engineering Fracture Mechanics, 2007, 74(1-2): 151-167.

[50] LAPPA E. High Strength Fibre Reinforced Concrete: Static and Fatigue Behaviour[J]. Delft University of Technology, 2007: 88-97, 126-128.

[51] 余自若,安明喆,阎贵平.活性粉末混凝土的疲劳性能试验研究[J].中国铁道科学,2008,11(4):35-40.

[52] 石成恩,周瑞忠,姚志雄.活性粉末混凝土弯曲疲劳寿命研究[J].福州大学学报(自然科学版),2005,23(4):504-508.

[53] 丁楠.超高性能混凝土对轻型组合桥面结构疲劳寿命的影响研究[D].长沙:湖南大学,2014:1-9.

[54] SHAO X, YI D, HUANG Z, et al. Basic Performance of the composite deck system composed of orthotropic steel deck and ultrathin RPC layer[J]. Journal of Bridge

Engineering, 2013, 18(5): 417-428.

[55] 刘梦麟,邵旭东,张哲,等.正交异性钢板-超薄 RPC 组合桥面板结构的抗弯疲劳性能试验[J].公路交通科技,2012,29(10):46-53.

[56] MAJORANA C, PESAVENTO F. Damage and spalling in HP and UHP concrete at high temperature[J]. Damage & Fracture Mechanics VI, 2000, (6): 105-117.

[57] FELICETTI R, GAMBAROVA P, SORA M, et al. Mechanical behaviour of HPC and UHPC in direct tension at high temperature and after cooling[J]. Materials & Structures, 2000,749-758.

[58] 刘娟红,宋少民.大掺量矿物细粉掺和料活性粉末混凝土高温性能[J].北京工业大学学报,2012,38(8):1180-1184.

[59] 朋改非,郝挺宇,李保华,等.普通强度高性能混凝土的高温性能试验研究[J].工业建筑,2010,40(11):27-31.

[60] HERTZ K. Danish Investigations on Silica Fume Concretesat Elevated Temperatures[J]. Materials Journal, 1992, 89(4): 54-67.

[61] PENG Y, ZHANG J, LIU J, et al. Properties and microstructure of reactive powder concrete having a high content of phosphorous slag powder and silica fume [J]. Construction & Building Materials, 2015, 101(1): 482-487.

[62] PENG Y, CHEN K, HU S. Durability and microstructure of ultra-High performance concrete having high volume of steel slag powder and ultra-fine fly ash[J]. Advances in Civil Engineering, 2011, 255(260): 452-456.

[63] SMARZEWSKI P, BARNAT-HUNEK D. Effect of fiber hybridization on durability related properties of ultra-high performance concrete [J]. International Journal of Concrete Structures and Materials, 2017, 11(2): 315-325.

[64] MAGUREANU C, SOSA I, NEGRUTIU C, et al. Mechanical properties and durability of ultra-high-performance concrete[J]. Aci Materials Journal, 2012, 109(2): 177-183.

[65] ZHOU Z, QIAO P. Durability of ultra-high performance concrete in tension under cold weather conditions[J]. Cement & Concrete Composites, 2018, 94(18): 94-106.

[66] PIERARD J, CAUBERG N, REMY O. Evaluation of durability and cracking tendency of ultra high performance concrete. Creep, Shrinkage and Durability Mechanics of Concrete and Concrete Structures[M]. Leiden: CRC Press Balkema, 2009.

[67] WILHELM S, CURBACH M. UHPC pressure housings for applications in the deep sea experimental and numerical analysis [J]. Beton-und Stahlbetonbau, 2018, 113 (6): 414-422.

[68] SPIESZ P, BROUWERS H. Study on the chloride diffusion coefficient in concrete obtained in electrically accelerated tests[J]. Construction & Building Materials, 2015, 33(12): 169-178.

[69] GANESH P, MURTHY A. Tensile behaviour and durability aspects of sustainable ultra-high performance concrete incorporated with GGBS as cementitious material[J]. Construction & Building Materials, 2019, 197(19): 667-680.

[70] LI X, SHUI Z, YU R, et al. Magnesium induced hydration kinetics of ultra-high performance concrete (UHPC) served in marine environment: Experiments and modelling[J]. Construction & Building Materials, 2019, 224(13): 1056-1068.

[71] Lexikon dev Geowissen schaften. Carborat-Kompen sationstiefe[OL]. 2000. http://www.spektrum.de/lexikon/geowissenschaften/carbonat-kompensationstiefe/ 2549.

[72] 邵旭东,曹君辉.面向未来的高性能桥梁结构研发与应用[J].建筑科学与工程学报,2017,34(5):41-58.

[73] SHAO X, QU W, CAO J, et al. Static and fatigue properties of the steel-UHPC lightweight composite bridge deck with large Uribs[J]. Journal of Constructional Steel Research, 2018, 148(4): 491-507.

[74] GU C, YE G, SUN W. Ultrahigh performance concrete-properties, applications and perspectives[J]. Science China Technological Sciences, 2015, 58(4): 587-599.

[75] 苏东甫,王桂全.我国海砂资源开发现状与管理对策探讨[J].海洋开发与管理,2010,27(4):64-67.

[76] 曹雪晴,张勇,何拥军,等.中国近海建筑用海砂勘查回顾与面临的问题[J].海洋地质与第四纪地质,2008,35(3):121-125.

[77] 王圣洁,刘锡清,戴勤奋,等.中国海砂资源分布特征及找矿方向[J].海洋地质与第四纪地质,2003,23(3):83-89.

[78] VELEGRAKIS A, BALLAY A, POULOS S, et al. European marine aggregates resources: Origins, usage, prospecting and dredging techniques[J]. Journal of Coastal Research, 2010, 10(51): 1-14.

[79] 山崎宽司,曾瑞玉.对于在日本使用海砂作为混凝土骨料的看法[J].水利水运科技情报,1975,75(3):117-123.

[80] YAMAZAKI H. Views about using sea sand as concrete aggregate in Japan[J]. Translator:Zeng Ruiyu. Hydro-Science and Engineering, 1975, 44(3): 117-123.

[81] KIM T. Efficient management of marine resources in conflict: An empirical study of marine sand mining, Korea[J]. Journal of Environmental Management, 2009, 91(1):

78-86.
[82] CHO D. Challenges to sustainable development of marine sand in Korea[J]. Ocean and Coastal Management, 2005, 49(1): 1-21.
[83] Korea Institute of Geoscience and Mineral Resources. Survey of resources of aggregate (1993-1997), Korea, 2000.
[84] 史美鹏,卢福海.淡化海砂在高性能混凝土中的应用研究[J].混凝土,2004,1(4):63-66.
[85] 李学文.建筑用淡化海砂的生产和应用[J].广东建材,2009,8(1):17-18.
[86] ETXEBERRIA M, GONZALEZ-COROMINAS A, PARDO P. Influence of seawater and blast furnace cement employment on recycled aggregate concretes′ properties[J]. Construction & Building Materials, 2016, 115(3): 496-505.
[87] KAUSHIK S, ISLAM S. Suitability of sea water for mixing structural concrete exposed to a marine environment[J]. Cement & Concrete Composites, 1995, 17(3): 177-185.
[88] LIMEIRA J, ETXEBERRIA M, AGULLO L, et al. Mechanical and durability properties of concrete made with dredged marine sand[J]. Construction & Building Materials, 2011, 25(11): 4165-4174.
[89] SAFI B, SAIDI M, DAOUI A, et al. The use of seashells as a fine aggregate (by sand substitution) in self-compacting mortar (SCM)[J]. Construction & Building Materials, 2015, 78(11): 430-438.
[90] OTSUKI N, SAITO T, TADOKORO Y. Possibility of sea water as mixing water in concrete[J]. Journal of Civil Engineering and Architecture, 2012, 6(11): 1273-1279.
[91] CAGATAY I. Experimental evaluation of buildings damaged in recent earthquakes in Turkey[J]. Engineering Failure Analysis, 2005, 12(3): 440-452.
[92] RATNAYAKE N, PUSWEWALA U, CHAMINDA S. Evaluation of the potential of sea sand as an alternative to river sand for concrete production in Sri Lanka[J]. Journal of Geological Society of Sri Lanka, 2014, 16(2): 109-117.
[93] GIRISH C, TENSING D, PRIYA K. Dredged offshore sand as a replacement for fine aggregate in concrete[J]. International Journal of Engineering Sciences and Emerging Technologies, 2015, 8(3): 88-95.
[94] NAIDU G, PRASAD A, RAMLAL S. Effect of sea water on strength of concrete made by river sand and sea sand[J]. International Journal of Recent Technology and Engineering, 2019, 8(3): 2999-3002.
[95] GUO M, HU B, XING F, et al. Characterization of the mechanical properties of eco-friendly concrete made with untreated sea sand and seawater based on statistical analysis

[J]. Construction & Building Materials, 2020, 234(1): 17-33.

[96] LI Y, ZHOU L, JIANG M, et al. Experimental study on mechanical property of concrete based on seawater and sea sand[J]. Advanced Material Research, 2013, 641(1): 574-577.

[97] OLUTOGE F, MODUPEOLA A. The effect of seawater on shrinkage properties of concrete[J]. International Journal of Research in Engineering and Technology, 2014, 2(10): 1-12.

[98] DONG Z, WU G, ZHAO X, et al. Behaviors of hybrid beams composed of seawater sea-sand concrete (SWSSC) and a prefabricated UHPC shell reinforced with FRP bars[J]. Construction & Building Materials, 2019, 21(3): 32-42.

[99] 田美灵,唐志波.海砂混凝土耐久性研究现状综述[J].混凝土,2010,22(11):117-118.

[100] SOEDA K, ICHIMURA T. Present state of corrosion inhibitors in Japan[J]. Cement & Concrete Composites, 2003, 25(1): 117-122.

[101] HAMA A, SENPO O, AKITA R. Influence of concentration of nitride ion and chloride ion on reinforcement corrosion in concrete[J]. Process of Japanese Concrete Instruction, 2000, 122(2): 55-60.

[102] TATEMATSU H, SASAKI T. Repair materials system for chloride-induced corrosion of reinforcing bars[J]. Cement & Concrete Composites, 2003, 25(1): 123-129.

[103] 徐永模.迁移性阻锈剂——钢筋混凝土阻锈剂的新发展[J].硅酸盐学报,2002,30(1):94-101.

[104] 胡洪奇,王义方.钢筋阻锈剂的工程应用[J].工业建筑,1989(7):34-37.

[105] 洪乃丰.钢筋阻锈剂与结构物寿命期[J].工业建筑,1997(7):35-40.

[106] 俞洪春,郁伟.海砂应用及钢筋混凝土结构耐腐蚀施工技术研究[J].建筑施工,2007(5):366-368.

[107] 刘志勇,缪昌文,周伟玲,等.迁移性阻锈剂对混凝土结构耐久性的保持和提升作用[J].硅酸盐学报,2008,36(10):1494-1500.

[108] 刘志勇,吕永高,周新刚,等.含氯盐混凝土碳化过程钢筋锈蚀阈值与使用寿命预测[J].工业建筑,2005,37(10):50-53.

[109] CAI J, LIU J, CHEN C. Effect of a new type of organic corrosion inhibitor on anticorrosion for steel bar and the performance of mortar[C]. China Civil Engineering Society. Symposium of the 8th Conference on the Durability of Concrete, 2012: 178-184.

[110] 杨长辉,张航,欧忠文,等.适用于海水海砂混凝土的阻锈剂[J].混凝土,2010,10(11):

69-72.

[111] 张平均,董荣珍,张莉,等.粉煤灰在耐氯离子侵蚀混凝土中作用机理的研究[J].粉煤灰,2004,4(3):14-15.

[112] YU L, LIU Z, SUN H. Experimental study on the corrosion rate of rebars in chloride-contaminated concrete with adding or painting inhibitors [J]. Advanced Materials Research, 2013, 2331(671-674): 674-677.

[113] 叶建雄,李晓筝,廖佳庆,等.矿物掺合料对混凝土氯离子渗透扩散性研究[J].重庆建筑大学学报,2005,27(3):89-92.

[114] 周华林,胡达和.钢筋锈蚀状态的检测与MCI阻锈技术的应用[J].工业建筑,2001,31(4):76-78.

[115] JAMIL H, MONTEMOR M, BOULIF R, et al. An electrochemical and analytical approach to the inhibition mechanism of an amino-alcohol-based corrosion inhibitor for reinforced concrete[J]. Electrochimica Acta, 2003, 48(23): 3509-3518.

[116] JAMIL H, SHRIRI A, BOULIF R, et al. Electrochemical behaviour of amino alcohol-based inhibitors used to control corrosion of reinforcing steel[J]. Electrochimica Acta, 2004, 49(17-18): 2753-2760.

[117] ORMELLESE M, LAZZARI L, GOIDANICH S, et al. A study of organic substances as inhibitors for chloride-induced corrosion in concrete[J]. Corrosion Science, 2009, 51(12): 2959-2968.

[118] LIU Z, ZHOU X, LI X. Effect of migrating corrosion inhibitor on corrosion rate of reinforcing steel in concrete with various admixed chloride[J]. Applied Mechanics and Materials, 2012, 204-208: 3146-3150.

[119] YU L, LIU Z, SUN H. Experimental study on the corrosion rate of rebars in chloride-contaminated concrete with adding or painting inhibitors[J]. Construction and Urban Planning, 2013, 55(15): 674-680.

[120] 邢锋,刘军,董必钦,等.海砂型氯离子与水泥胶体的结合和机理[J].东南大学学报(自然科学版),2006,5(2):167-172.

[121] 刘军,邢锋,董必钦,等.海砂型氯离子在混凝土中扩散的微观形貌分析[J].混凝土与水泥制品,2007,10(6):15-17.

[122] 刘军,董必钦,邢锋,等.海砂氯离子与水泥胶体结合的模拟实验与结合机理[J].硅酸盐学报,2009,37(5):862-866.

[123] MOHAMMED T, Hamada H. Relationship between free chloride and total chloride contents in concrete[J]. Cement and Concrete Research, 2003, 33(9): 1487-1490.

[124] IPAVEC A, VUK T, GABROVSEK R, et al. Chloride binding into hydrated blended cements: the influence of limestone and alkalinity[J]. Cement and Concrete Research, 2013, 48: 74-85.

[125] 王小刚,史才军,何富强,等.氯离子结合及其对水泥基材料微观结构的影响[J].硅酸盐学报,2013,41(2):187-198.

[126] 马红岩.海砂对水泥基材料水化行为及护筋性能的影响研究[D].深圳:深圳大学,2008.

[127] YANG Z, GAO Y, MU S, et al. Improving the chloride binding capacity of cement paste by adding nano-Al_2O_3 [J]. Construction & Building Materials, 2019, 195: 415-422.

[128] 秦江.碾压橡胶混凝土抗盐冻性能和抗渗性能研究[D].天津:天津大学,2010.

[129] POWERS T. The mechanisms of frost action in concrete (Durability of Concrete, SP-8)[R]. Detroit: ACI, 1965.

[130] 李金玉,曹建国,徐文雨,等.混凝土冻融破坏机理的研究[J].水利学报,1999,10(1):42-50.

[131] LITVAN G. Frost action in cement in the presence of De-Icers[J]. Cement & Concrete Research, 1976, 6(3): 351-356.

[132] PETERSSON P. Influence of minimum temperature on the scaling resistance of concrete (SP-Report, 1994. 22) [R]. Stock holm: Swedish National Testing and Research Institute, 1994.

[133] FAGERLUND G. Effect of air-entraining and other admixtures on the salt scaling resistance of concrete[J]. Materials and Structures, 1977, 7(10): 58-65.

[134] POWERS T, In:Scholer C F. Durability of Concrete[M]. Detroit :American Concrete Institute, 1975:210-212.

[135] 黄士元,蒋家奋,杨南如,等.近代混凝土技术[M].西安:陕西科学技术出版社,1998:11-19.

[136] CHATTERJI S. Aspects of freezing process in porons material water system[J]. Cement & Concrete Research, 1999, 2(9): 781-784.

[137] 杨全兵.NaCl溶液结冰压的影响因素研究[J].建筑材料学报,2005,10(5):495-498.

[138] 郭丽萍,张健,曹园章,等.超高性能水泥基材料复合盐侵蚀研究:合成Friedel盐和钙矾石在硫酸盐和氯盐溶液中的稳定性[J].材料导报,2017,31(23):132-137.

[139] KUNTHER W, LOTHENBACH B, SKIBSTED J. Influence of the Ca/Si ratio of the C-S-H phase on the interaction with sulfate ions and its impact on the ettringite crystallization pressure[J]. Cement & Concrete Research, 2015, 69(11): 37-49.

[140] 李蓓，田野，金南国，等.基于水泥水化的混凝土碳化深度预测模型[J].水利学报，2015，46(1)：109-117.

[141] 周晓军，高波.地铁迷流对钢筋混凝土中钢筋腐蚀的试验研究[J].铁道学报，1999，10(5)：99-105.

[142] YUAN H, DANGLA P, CHATELLIER P, et al. Degradation modeling of concrete submitted to biogenic acid attack[J]. Cement & Concrete Research, 2015, 70(5): 29-38.

[143] 金伟良，赵羽习.混凝土结构耐久性(第二版)[M].北京：科学出版社，2014：1-7.

[144] 马开华，周仕明，初永清，等.高温下 H_2S 气体腐蚀水泥石机理研究[J].石油钻探技术，2008，36(6)：4-8.

[145] MORGAN I, ELLINGER H, KLINKSIEK R, et al. Examination of Concrete by Computerized Tomography[J]. Journal Proceedings, 1980, 77(1): 23-27.

[146] ZHAO Y, SUN Y, LIU S, et al. Pore structure characterization of coal by synchrotron radiation nano-CT[J]. Fuel, 2018, 215(18): 102-110.

[147] MINTO J, TAN Q, LUNN R, et al. 'Microbial mortar'-restoration of degraded marble structures with microbially induced carbonate precipitation[J]. Construction & Building Materials, 2018, 180(4): 44-54.

[148] MICHEL A, PEASE B, GEIKER M, et al. Monitoring reinforcement corrosion and corrosion-induced cracking using non-destructive x-ray attenuation measurements[J]. Cement & Concrete Research, 2011, 41(11): 1085-1094.

[149] SAVIJA B, LUKOVIC M, HOSSEINI S, et al. Corrosion induced cover cracking studied by X-ray computed tomography, nanoindentation, and energy dispersive X-ray spectrometry (EDS)[J]. Materials and Structures, 2015, 48(7): 2043-2062.

[150] LIU T, QIN S, ZOU D, et al. Mesoscopic modeling method of concrete based on statistical analysis of CT images[J]. Construction & Building Materials, 2018, 192(3): 429-441.

[151] 田威，党发宁，陈厚群.混凝土 CT 图像的 3 维重建技术[J].四川大学学报(工程科学版)，2010，42(6)：12-16.

[152] 雷光宇，韩霁昌，张扬，等.基于 CT 图像的混凝土细观力学层次模型重建[J].水力发电学报，2016，35(3)：105-112.

[153] WANG H, HUANG Z, LI L, et al. Three-dimensional modeling and simulation of asphalt concrete mixtures based on X-ray CT microstructure images[J]. Journal of Traffic and Transportation Engineering(English Edition), 2014, 11(01): 55-61.

[154] TIAN W, HAN N. Pore characteristics (> 0.1 mm) of non-air entrained concrete destroyed by freeze-thaw cycles based on CT scanning and 3D printing[J]. Cold Regions Science and Technology, 2018, 151(4): 314-322.

[155] 王宇,李晓,阙介民,等.基于CT图像灰度水平的孔隙率计算及应用[J].水利学报,2015,46(3):357-365.

[156] 吴文亮,王端宜,张肖宁,等.基于工业CT技术的沥青混合料内部空隙分布特性[J].中南大学学报(自然科学版),2012,43(6):2343-2348.

[157] 覃茜,徐千军.基于CT图像的混凝土初始缺陷分布规律研究[J].水利学报,2016,47(7):959-966.

[158] RUAN T, POURSAEE A. Fiber-distribution assessment in steel fiber - reinforced UHPC using conventional imaging, X-ray CT scan, and concrete electrical conductivity [J]. Journal of Materials in Civil Engineering, 2019, 31(8): 35-46.

[159] JIANG J, YUAN Y. Prediction model for the time-varying corrosion rate of rebar based on micro-environment in concrete[J]. Construction & Building Materials, 2012, 35 (11): 625-632.

[160] JANG B, OH B. Effects of non-uniform corrosion on the cracking and service life of reinforced concrete structures [J]. Cement & Concrete Research, 2010, 40 (9): 1441-1450.

[161] SAVIJA B, LUKOVIC M, PACHECO J, et al. Cracking of the concrete cover due to reinforcement corrosion: A two-dimensional lattice model study[J]. Construction & Building Materials, 2013, 44(15): 626-638.

[162] MILETIĆM, KUMAR L M, Ji-Youn Arns, et al. Gradient-based fibre detection method on 3D micro-CT tomographic image for defining fibre orientation bias in ultra-high-performance concrete[J]. Cement & Concrete Research, 2020, 129(33): 54-67.

[163] RUAN T, POURSAEE A. Fiber-dstribution assessment in steel fiber-reinforced UHPC using conventional imaging, X-ray CT scan, and concrete electrical conductivity [J]. Journal of Materials in Civil Engineering, 2019, 31(8): 35-46.

[164] XU Y, LIU J, LIU J, et al. Experimental studies and modeling of creep of UHPC[J]. Construction & Building Materials, 2018, 175(13): 187-194.

[165] KANG S, HONG S, MOON J. The effect of superabsorbent polymer on various scale of pore structure in ultra-high performance concrete[J]. Construction & Building Materials, 2018, 172(11): 29-40.

[166] OESCH T, LANDIS E, KUCHMA D. A methodology for quantifying the impact of

casting procedure on anisotropy in fiber-reinforced concrete using X-ray CT [J]. Materials and Structures, 2018, 51(3): 76-89.

[167] WANG R, GAO X, ZHANG J, et al. Spatial distribution of steel fibers and air bubbles in UHPC cylinder determined by X-ray CT method [J]. Construction & Building Materials, 2018, 160(5): 112-125.

[168] GU C, SUN W, GUO L, et al. Investigation of Microstructural Damage in Ultrahigh-Performance Concrete under Freezing-Thawing Action [J]. Advancesin Materials Science and Engineering, 2018, 28(56): 123-129.

[169] OESCH T, LANDIS E, KUCHMA D. Conventional Concrete and UHPC Performance-Damage Relationships Identified Using Computed Tomography [J]. Journal of Engineering Mechanics, 2016, 142(12): 54-71.

[170] 沈威.水泥工艺学[M].武汉:武汉理工大学出版社,1991:45-65.

[171] YANG T, YAO X, ZHANG Z. Quantification of chloride diffusion in fly ash - slag-based geopolymers by X-ray fluorescence (XRF) [J]. Construction & Building Materials, 2014, 69(23): 109-115.

[172] KANDASAMY S, SHEHATA M. The capacity of ternary blends containing slag and high-calcium fly ash to mitigate alkali silica reaction [J]. Cement & Concrete Composites, 2014, 49(6): 92-99.

[173] GU K, JIN F, AL-TABBAA A, et al. Mechanical and hydration properties of ground granulated blastfurnace slag pastes activated with MgO - CaO mixtures [J]. Construction & Building Materials, 2014, 69(1): 101-108.

[174] LEMONIS N, TSAKIRIDIS P, KATSIOTIS N, et al. Hydration study of ternary blended cements containing ferronickel slag and natural pozzolan[J]. Construction & Building Materials, 2015, 81(1): 130-139.

[175] LI Y, LI J. Relationship between fracture area and tensile strength of cement paste with supplementary cementitious materials[J]. Construction & Building Materials, 2015, 79(1): 223-228.

[176] SHI Y, CHEN H, WANG J, et al. Preliminary investigation on the pozzolanic activity of superfine steel slag[J]. Construction & Building Materials, 2015, 82(21): 227-234.

[177] 彭艳周.钢渣粉活性粉末混凝土组成、结构与性能的研究[D].武汉:武汉理工大学,2009.

[178] 缪昌文.高性能混凝土外加剂[M].北京:化学工业出版社,2008:12-16.

[179] PIMIENTA P, CHANVILLARD G. Durability of UHPFRC specimens kept in various

aggressive environments[C/CD]//Proceedings of the tenth International Conference on Durability of Building Materials and Components. Lyon:[s.n], 2005.

[180] 宋燚.级配纤维超高性能混凝土抗拉性能研究[D].长沙:湖南大学,2006.

[181] 何稳.钢纤维在超高性能混凝土中增强增韧作用的研究[D].长沙:湖南大学,2015.

[182] 高丹盈,刘建秀.钢纤维混凝土基本理论[M].北京:科学技术文献出版社,1994:12-16.

[183] 侯纯扬.中国近海海洋——海水资源开发利用[M].北京:海洋出版社,2012:41-49.

[184] 刘娟红,宋少民.活性粉末混凝土——配制、性能与微结构[M].北京:化学工业出版社,2013:1-5.

[185] 自然资源部第三海洋研究所.海洋可持续发展研究中心(APEC 海洋可持续发展中心)[R/OL]. http://www.tio.org.cn/OWUP/html/ywbm/20190526/583.html.

[186] ZHANG H, JI T, ZENG X, et al. Mechanical behavior of ultra-high performance concrete (UHPC) using recycled fine aggregate cured under different conditions and the mechanism based on integrated microstructural parameters [J]. Construction & Building Materials, 2018, 19(2): 489-507.

[187] 张云升,孙伟,胡曙光.矿物掺合料对高性能混凝土内胶结材浆体收缩性能的影响[J].建筑技术开发,2001,6(11):24-26.

[188] ZANNI H, CHEYREZY M, MARET V, et al. Investigation of hydration and pozzolanic reaction in reactive powder concrete (RPC) using 29 Si NMR[J]. Cement & Concrete Research, 1996, 26(1): 93-100.

[189] SAGÜÉS A, MORENO E, ANDRADE C. Evolution of pH during in-situ leaching in small concrete cavities[J]. Cement & Concrete Research, 1997, 27(11): 1747-1759.

[190] PU Q, JIANG L, XU J, et al. Evolution of pH and chemical composition of pore solution in carbonated concrete[J]. Construction & Building Materials, 2011, 28(1): 519-524.

[191] MCPOLIN D, BASHEER P, LONG A. Carbonation and pH in mortars manufactured with supplementary cementitious materials [J]. Journal of Materials in Civil Engineering, 2009, 21(5): 217-225.

[192] 刘志勇.基于环境的海工混凝土耐久性试验与寿命预测方法研究[D].南京:东南大学,2006.

[193] 吴中伟,廉慧珍.高性能混凝土[M].北京:中国铁道出版社,1999:99-110.

[194] 刘娟红,宋少民.颗粒分布对活性粉末混凝土性能及微观结构影响[J].武汉:武汉理工大学学报,2007,11(1):26-29.

[195] GRAYBEAL B A, DAVIS M. Cylinder or cube: Strength testing of 80 to 200 MPa

(11.6 to 29 ksi) ultra-high-performance fiber-reinforced concrete[J]. Aci Materials Journal, 2008, 105(6): 603-609.

[196] GRAYBEAL B A. Characterization of the behavior of ultra high performance concrete [M]. College Park:University of Maryland, 2005: 222-226.

[197] GRAYBEAL B A. Material property characterization of ultra high performance concrete [M]. Creep, 2007: 115-116.

[198] 唐爱华,王尚伟,金凌志,等.矿物掺合料对活性粉末混凝土力学性能的影响[J].河南科技大学学报(自然科学版),2015,36(2):65-69.

[199] 施养杭,王丹芳,吴泽进.海砂混凝土及其耐久性保护[J].工程力学,2010,27(S2):212-216.

[200] PAPADAKIS V, VAYENAS C, FARDIS M. Fundamental modeling and experimental investigation of concrete carbonation[J]. Materials Journal, 1991, 88(4): 363-373.

[201] MEIER S, PETER M, MUNTEAN A, et al. Dynamics of the internal reaction layer arising during carbonation of concrete[J]. Chemical Engineering Science, 2006, 62(4): 11-25.

[202] 许晨,王传坤,金伟良.混凝土中氯离子侵蚀与碳化的相互影响[J].建筑材料学报,2011,14(3):376-380.

[203] 张鹏,赵铁军,郭平功.冻融和碳化作用对混凝土氯离子侵蚀的影响[J].东南大学学报(自然科学版),2006,36(S2):238-242.

[204] ERLIN B, MATHER B. A new process by which cyclic freezing can damage concrete-the Erlin/Mather effect a concept[J]. Cement & Concrete Research, 2004, 35(7): 1407-1411.

[205] KRUSZEWSKI D, ZAGHI A, WILLE K. Durability evaluation of headed shear studs embedded in ultrahigh-performance concrete via electrochemical corrosion[J]. Journal of Bridge Engineering, 2019, 24(5): 87-98.

[206] VINCLER J, SANCHEZ T, TURGEON V, et al. A modified accelerated chloride migration tests for UHPC and UHPFRC with PVA and steel fibers[J]. Cement & Concrete Research, 2019, 11(7): 38-44.

[207] CHEN Y, YU R, WANG X, et al. Evaluation and optimization of Ultra-High Performance Concrete (UHPC) subjected to harsh ocean environment: Towards an application of Layered Double Hydroxides (LDHs)[J]. Construction & Building Materials, 2018, 17(7): 51-61.

[208] 曹园章,郭丽萍,臧文洁,等.氯盐和硫酸盐交互作用下水泥基材料的破坏机理综述[J].材料导报,2018,32(23):4142-4149.

[209] 吴福飞,侍克斌,董双快,等.硫酸盐镁盐复合侵蚀后混凝土的微观形貌特征[J].农业工程学报,2015,31(9):140-146.

[210] 丁庆军,刘勇强,刘小清,等.硫酸盐侵蚀对不同养护制度 UHPC 水化产物微结构的影响[J].硅酸盐通报,2018,37(3):772-780.

[211] BINICI H, AKSOGAN O. Sulfate resistance of plain and blended cement[J]. Cement & Concrete Composites, 2006, 28(1): 39-46.

[212] AL-AKHRAS N. Durability of metakaolin concrete to sulfate attack[J]. Cement & Concrete Research, 2006, 36(9): 1727-1734.

[213] 洪定海.混凝土中钢筋的腐蚀与保护[M].北京:中国铁道出版社,1998:69-99.

[214] ANGST U, ELSENER B, LARSEN C, et al. Critical chloride content in reinforced concrete - A review[J]. Cement & Concrete Research, 2009, 39(12): 1122-1138.

[215] ANN K, SONG H. Chloride threshold level for corrosion of steel in concrete[J]. Corrosion Science, 2007, 49(11): 4113-4133.

[216] BERTOLINI L, PEDEFERRI P, et al. Corrosion of steel in concrete[M]. John Wiley & Sons, 2013:39-47.

[217] SHI C, WU Z, XIAO J, et al. A review on ultra high performance concrete: Part I. Raw materials and mixture design[J]. Construction & Building Materials, 2015, 101 (4): 741-751.

[218] PYO S, KOH T, TAFESSE M, et al. Chloride-induced corrosion of steel fiber near the surface of ultra-high performance concrete and its effect on flexural behavior with various thickness[J]. Construction & Building Materials, 2019, 22(4): 206-213.

[219] AN M, WANG Y, YU Z. Damage mechanisms of ultra-high-performance concrete under freeze-thaw cycling in salt solution considering the effect of rehydration[J]. Construction & Building Materials, 2019, 198(19): 546-552.

[220] 刘斯凤,孙伟,林玮,等.掺天然超细混合材高性能混凝土的制备及其耐久性研究[J].硅酸盐学报,2003,3(11):1080-1085.

[221] ROUX N, ANDRADE C, SANJUAN M. Experimental study of durability of reactive powder concretes[J]. Journal of Materials in Civil Engineering, 1996, 8(1): 1-6.

[222] 宋少民,未翠霞.活性粉末混凝土耐久性研究[J].混凝土,2006,10(2):72,73,80.

[223] 周锡玲,张胜,谢友均.养护制度对 RPC 强度与干缩性能的影响[J].混凝土,2010,1(4):42-44.

[224] LIU J. Durability and micro-structure of reative power concrete[J]. Journal of Wuhan University of Technology(Materials Science Edition), 2009, 24(03): 506-509.

[225] 元成方,牛荻涛,段付珍,等.碳化过程中混凝土模拟孔溶液 pH 值变化规律研究[J].硅

酸盐通报,2011,30(5):1126-1130.

[226] 张誉,蒋利学,张伟平,等.混凝土结构耐久性概论[M].上海:科学技术出版社,2003:155-163.

[227] SURYAVANSHI A, SWAMY R. Stability of Friedel's salt in carbonated concrete structural elements[J]. Cement & Concrete Research, 1996, 26(5): 729-741.

[228] PYO S, TAFESSE M, KIM H, et al. Effect of chloride content on mechanical properties of ultra high performance concrete[J]. Cement & Concrete Composites, 2017, 84(13): 175-187.

[229] 张胜,周锡玲,谢友均,等.养护制度对活性粉末混凝土强度及微观结构影响的研究[J].混凝土,2007,12(6):16-18.

[230] YANG H, JIANG L, ZHANG Y, et al. Predicting the calcium leaching behavior of cement pastes in aggressive environments[J]. Construction & Building Materials, 2012, 29(4): 88-96.

[231] LEE G, CHOI H. Study on interfacial transition zone properties of recycled aggregate by micro-hardness test[J]. Construction & Building Materials, 2013, 40(12): 455-460.

[232] 张朝宗,郭志平,张朋,等.工业 CT 技术和原理[M].北京:科学出版社,2009:33-171.

[233] 张萍,秦鸿根,万克树,等.X-CT 技术在水泥基材料孔结构分析中的应用[J].商品混凝土,2011,4(11):27-29.